高等学校应用型特色规划教材

Oracle 数据库应用开发基础教程

主 编 张晓霞 田 莹

副主编 王彩霞 云晓燕 孟 丹

清华大学出版社

北 京

内 容 简 介

本书系统、完整地讲述了 Oracle 11g 数据库应用开发的基础知识。全书共分为 12 章,详细介绍了 Oracle 数据库服务器的安装与配置、数据库的创建、数据库体系结构、数据库对象管理与应用、SQL 语言基础、PL/SQL 语言基础、PL/SQL 程序设计、数据库安全管理、数据库备份与恢复、基于 Oracle 数据库的应用。本书内容编排合理,循序渐进,通俗易懂,涵盖了必要的基础知识和新知识。

Oracle 数据库应用开发已经成为国内外高校计算机专业和非计算机专业的必修或选修课程。本书重点突出实际案例和过程展示,并提供大量习题供学生参考和实际练习,加强实践,使学生容易上手,提高学生的动手能力。本书可作为高等院校本科生学习 Oracle 数据库开发应用及相关内容课程的教材和参考书,也可作为 DBA 的入门参考资料。

图书在版编目(CIP)数据

Oracle 数据库应用开发基础教程/张晓霞,田莹主编. —北京:清华大学出版社,2017(2019.1重印)
(高等学校应用型特色规划教材)
ISBN 978-7-302-47833-1

Ⅰ. ①O… Ⅱ. ①张… ②田… Ⅲ. ①关系数据库系统—高等学校—教材 Ⅳ. ①TP311.138

中国版本图书馆 CIP 数据核字(2017)第 171800 号

责任编辑:汤涌涛
装帧设计:杨玉兰
责任校对:周剑云
责任印制:沈　露
出版发行:清华大学出版社
　　　　　网　　　址:http://www.tup.com.cn, http://www.wqbook.com
　　　　　地　　　址:北京清华大学学研大厦 A 座　　　邮　　编:100084
　　　　　社 总 机:010-62770175　　　　　　　　邮　　购:010-62786544
　　　　　投稿与读者服务:010-62776969, c-service@tup.tsinghua.edu.cn
　　　　　质量反馈:010-62772015, zhiliang@tup.tsinghua.edu.cn
　　　　　课件下载:http://www.tup.com.cn, 010-62791865
印 装 者:北京鑫海金澳胶印有限公司
经　　销:全国新华书店
开　　本:185mm×260mm　　　印　张:16　　　字　数:386 千字
版　　次:2017 年 9 月第 1 版　　　印　次:2019 年 1 月第 2 次印刷
定　　价:45.00 元

产品编号:074938-02

前　言

大数据与云技术的快速发展，对数据库具有更高的要求。Oracle 数据库系统是目前最优秀的大型数据库管理系统之一，也是当前应用最广泛的关系数据库产品，因其优越的安全性、完整性、稳定性和支持多种操作系统、多种硬件平台等特点，得到了广泛的应用。Oracle 是一种非常复杂的软件系统，在激烈竞争的人才市场中，具有一定 Oracle 数据库应用开发经验的人不但容易找到工作，而且还能获得很好的职位和优厚的待遇。为了适应企业的需求，提高毕业生的就业率，越来越多的高校开设了 Oracle 数据库应用开发的相关课程。本教材是针对"校企结合"的教学改革而编写的。对教材的知识结构、深度、难度、实用性等方面都有一些新的要求。作者熟悉 Oracle 课程的知识体系，在多年教学和实践中，积累了比较丰富的教学经验，在平时的教学过程中不断积累有关方面的知识，将最新、最前沿的知识与技能融入教材编写过程中。本教材强调培养学生的实际编程开发能力、应用能力与创新能力，通过大量有趣的典型实例，深入浅出地介绍了 Oracle 开发应用的编程方法和相关技术，并避免了一些枯燥、空洞的理论。

本书针对 Oracle 11g 编写，基于 Linux 操作系统环境，以 Oracle 数据库应用开发的常用知识点作为主要介绍对象。目前市场上 Oracle 数据库相关的图书虽然比较多，但是大部分教材是围绕 Oracle 基础教学的，内容过于单一、比较简单；其次，实践技能知识不足，缺乏实际应用案例；另外，开发环境都是针对 Windows 的，基于 Linux 环境的 Oracle 应用开发相关教材几乎没有。本书以通俗易懂的文字，简短精练的示例代码，力求让读者尽快掌握 Oracle 数据库应用开发的基本知识，本书在很多章节中均提供了若干综合性的应用开发实例，开发人员可以通过实例学习，提高综合编程能力。

本书各章的主要内容如下。

第 1 章：Oracle 11g 数据库安装及创建数据库。介绍如何在 Linux 环境下正确安装数据库，以及使用 DBCA 创建数据库的过程。

第 2 章：Oracle 数据库管理工具。介绍 Oracle 的常用数据库管理工具，主要包括企业管理器、SQL*Plus、SQL Developer、网络配置助手(Net configuration assistant)。

第 3 章：物理存储结构。首先简单介绍 Oracle 的体系结构，然后重点介绍 Oracle 的物理存储结构及其管理方法，包括数据文件、控制文件、重做日志文件的管理及数据库的归档。

第 4 章：逻辑存储结构。主要介绍 Oracle 11g 数据库的逻辑存储结构，包括表空间、段、区和数据块的基本概念、组成及其管理。

第 5 章：数据库实例。介绍 Oracle 数据库实例的构成及其工作方式。

第 6 章：模式对象管理。主要介绍表、表的完整性约束及分区表，对索引、表、索引、视图、序列和同义词视图等也做了较为详尽的讲解。

第 7 章：SQL 基础。主要介绍 SQL 语言应用基础，包括数据查询、数据更新(插入、修改、删除)操作。

第 8 章：PL/SQL 基础。介绍 PL/SQL 语言的特点、基础语法、词法单元、数据类型、控制结构、游标和异常处理机制。重点介绍游标的使用方法和技巧。

第 9 章：PL/SQL 程序设计。介绍存储过程、函数、触发器三种数据对象的创建、调用及管理。通过多种典型例题的探讨，希望读者能够从典型实例中快速掌握存储过程、函数、触发器的使用方法和技巧，并能灵活应用它们，从而提高程序设计的能力。

第 10 章：安全管理。主要介绍 Oracle 数据库的认证方法、用户管理、权限管理、角色管理、概要文件管理等。

第 11 章：备份与恢复。简单介绍备份与恢复类型，详细介绍物理备份与恢复、逻辑备份与恢复、利用 RMAN 备份与恢复。

第 12 章：基于 Oracle 数据库的应用。介绍一个有线收费管理系统的系统分析、数据库的设计与实现，以及应用程序的设计与开发。该典型案例来源于一个实际应用科研项目，通过对案例的学习，希望读者能够领会到复杂问题的分析和解决过程。

本书叙述简明易懂，有丰富的案例和习题，非常适合 Oracle 数据库开发应用的入门级用户，可以使读者逐渐全面地了解 Oracle 数据库应用开发的基本知识。本书可作为高等学校计算机相关专业的教材，以及初、中级 Oracle 数据库培训班的培训教材，还可作为 Oracle 应用开发人员的参考资料。

本书第 1、10、11 章由张晓霞编写，第 8、9 章由田莹编写，第 2、3 章由卢明编写，第 4 章由云晓燕编写，第 5 章由王彩霞编写，第 6 章由包含编写，第 7 章由唐笑飞编写，第 12 章由孟丹编写。全书由张晓霞统稿。

由于作者水平有限，书中难免有不足之处，恳请广大读者批评指正。

编 者

目　　录

第1章 Oracle 11g 数据库安装及创建数据库

本章要点：Oracle 数据库是应用最广泛的大型关系数据库管理系统。本章将介绍 Oracle 数据库的发展、特点、如何在 Linux 环境下正确安装数据库，以及使用 DBCA 创建数据库。通过本章的学习，读者可以了解 Oracle 数据库产品及其性能，为进行 Oracle 数据库管理奠定基础。

学习目标：了解 Oracle 数据库的发展及特点，掌握 Oracle 数据库安装、使用 DBCA 创建数据库、数据库的启动与关闭过程。重点掌握创建数据库、数据库的启动与关闭过程。

1.1 Oracle 数据库概述

1.1.1 Oracle 数据库简介

Oracle 公司起源于由创始人 Larry Ellison 在 1977 年成立的软件开发公司 Relational Software。如今 Oracle 已经是世界领先的信息管理软件供应商，总部位于美国加州红木城的红木岸(Redwood Shores)，是融数据库、电子商务套件、ERP、财务产品、开发工具、培训认证于一体的软件公司。Oracle 是仅次于微软公司的世界第二大软件公司，是加利福尼亚州的第一家在世界上推出以关系型数据管理系统(RDBMS)为中心的软件公司。

Oracle 在古希腊神话中被称为"神喻"，指的是上帝的宠儿。在中国的商周时期，人们把一些刻在龟壳上的文字也称为上天的指示，所以在中国 Oracle 又翻译为"甲骨文"。

Oracle 是第一个跨整个产品线(数据库、业务应用软件和应用软件开发与决策支持工具)开发和部署，100%基于互联网的企业软件的公司。事实上，Oracle 已经成为世界上最大的 RDBMS 供应商，并且是世界上最主要的信息处理软件供应商。其 RDBMS 被广泛应用于各种操作环境：Windows、基于 Unix/Linux 系统的小型机、IBM 大型机以及一些专用硬件操作系统平台。

Oracle 数据库一共经历了 11 个发展阶段，成就了世界上独一无二的数据库技术。Oracle 公司的发展史也是数据库技术的发展史，在短短的 30 年数据库发展历程中，Oracle 公司掌控着全球企业数据库技术和应用的黄金标准。Oracle 公司是世界上领先的信息管理软件供应商和独立软件公司，其技术几乎遍及各个行业。

从 1979 年 Oracle 数据库产品 Oracle 2 的发布，到今天 Oracle 12c 的推出，Oracle 的功能不断完善和发展，性能不断提高，其安全性、稳定性也日趋完善。特别是从 Oracle 8 开始使用 Java 语言作为开发语言，使得 Oracle 数据库产品具有优良的跨平台特性，可以适用于各种不同的操作系统，这也是 Oracle 数据库产品比 IBM DB2 和 Microsoft SQL Server 应用更广泛的原因之一。Oracle 12c 数据库已经从网格(grid)时代全面迈进了云(cloud)时代。

目前企业级稳定的应用版本为 Oracle 11g。

1.1.2　Oracle 数据库的特点

Oracle 数据库经过三十多年的发展，由于其优越的安全性、完整性、稳定性和支持多种操作系统、多种硬件平台等特点，得到了广泛的应用。从 Unix/Linux 到 Windows 操作系统，到处都可以找到成功的 Oracle 应用案例。Oracle 之所以得到广大用户的青睐，其主要原因在于以下几个方面。

1)　支持多用户、大事务量的事务处理

Oracle 数据库是一个大容量、多用户的数据库系统，可以支持 20000 个用户的同时访问，支持数据量达百吉字节的应用。

2)　提供标准操作接口

Oracle 数据库是一个开放的系统，它所提供的各种操作接口都遵守数据存取语言、操作系统、用户接口和网络通信协议的工业标准。

3)　可实施安全性控制和完整性控制

Oracle 通过权限设置限制用户对数据库的访问，通过用户管理、权限管理限制用户对数据的存取，通过数据库审计、追踪等监控数据库的使用情况。

4)　支持分布式数据处理

Oracle 支持分布式数据处理，允许利用计算机网络系统，将不同区域的数据库服务器连接起来，实现软件、硬件、数据等资源共享，实现数据的统一管理与控制。

5)　具有可移植性、可兼容性和可连接性

Oracle 产品可运行于很宽范围的硬件及操作系统平台上，可以安装在 70 种以上不同的大、中、小型机上，可在 VMS、DOS、Unix、Windows 等多种操作系统下工作。Oracle 产品采用标准 SQL，支持各种网络协议(如 TCP/IP、DECnet、LU6.2 等)。

1.2　数据库安装前的准备

本节首先介绍安装 Oracle Database 11g 数据库的硬件与软件要求，然后介绍环境变量的设置及 Oracle 11g 数据库安装前的预处理。

1.2.1　安装 Oracle 11g 的硬件与软件要求

Oracle 的产品有多种，每种产品的版本也有所不同。目前，企业应用稳定级版本是 Oracle 11g。本书以 Oracle 11g 作为讨论环境。可以直接从 Oracle 的官方网站下载软件，网址是 http://www.oracle.com/technology/software。官方免费软件与购买的正版软件是有区别的，主要区别在于 Oracle 所能够支持的用户数量、处理器数量以及磁盘空间和内存的大小。Oracle 提供的免费软件主要针对的是学生和中小型企业等，目的是让人们熟悉 Oracle，以占领未来潜在的市场。同时，从 Oracle 官方网站的下载许可协议中也可以看到，下载得到的软件产品只能用于学习和培训等，不能用于商业目的。在安装 Oracle 11g 数据库之前，

必须明确系统安装所需要的条件，需要参照表 1-1 确认数据库服务器是否满足安装 Oracle
11g 的硬件环境要求。在硬件环境要求中，处理器的速度和内存大小直接影响着 Oracle 运
行的速度，所以建议硬件配置越高越好。

表 1-1　安装 Oracle 11g 的硬件环境要求

硬件项目	需求说明
CPU	最小 1GHz
内存要求	最少 1GB，推荐 2GB
磁盘空间	NTFS 格式，全部安装 5.1GB，其中有 1.5GB 的交换空间，在/tmp 目录中保留 400MB 的磁盘空间，1.5GB 至 3.5GB 用于 Oracle 软件
显示适配器	256 色

除了满足硬件环境要求外，安装 Oracle 11g 数据库还需要满足软件要求，软件需求参
照表 1-2。

表 1-2　安装 Oracle 11g 数据库的软件要求

软件项目	需求说明
操作系统	Windows 2000 SP4 或更高版本，支持所有的版本；Windows Server 2003 的所有版本；Windows XP 专业版，Windows 7 以上版本。注意，Oracle 11g 不支持 Windows NT
网络协议	支持 TCP/IP、带 SSL(安全套接字层)的 TCP/IP 以及命名管道

在 Oracle Database 11g 安装过程中，系统会自动执行大多数先决条件检查来验证以下
条件。

(1) 对安装和配置的最低临时空间要求进行检查。在安装过程中会验证这些要求。

(2) 禁止在安装了 32 位软件的 Oracle 主目录中安装 64 位软件(反之亦然)。

(3) Oracle Database 11g 已针对 Linux 平台的若干版本以及其他平台进行了认证。

(4) 安装了所有必需的操作系统补丁程序。

(5) 正确设置了所有必需的系统和内核参数。

(6) 设置了 DISPLAY 环境变量，并且用户有足够的权限将相关信息显示到指定的
DISPLAY。

(7) 系统设置了足够的交换空间。

(8) 用于新安装的 Oracle 主目录是空的，还可以安装 Oracle Database 11g 的几个受支
持的版本中的一个。安装过程还会验证这些版本是否在 Oracle 产品清单中进行了注册。

1.2.2　设置环境变量

Oracle 环境变量有很多。此处提到的环境变量对于成功安装和使用 Oracle DB 十分重
要。虽然不是必须设置这些环境变量，但如果在安装之前设置它们，可避免将来发生问题。

(1) ORACLE_BASE：指定 Oracle 目录结构的基目录。这是可选变量；如果使用它，
可为日后的安装和升级提供方便。例如，/u01/app/oracle。

(2) ORACLE_HOME：指定包含 Oracle 软件的目录。

它是一个目录路径，如$ORACLE_BASE/product/11.1.0/db_1。

(3) ORACLE_SID：指定初始实例名称。它是一个由数字和字母组成的字符串，且必须以字母开头。Oracle 公司建议系统标识符最多使用 8 个字符。

(4) NLS_LANG：设置语言、地区和客户机字符集。

oinstall/dba 都是 Oracle 软件安装时必须建立的工作组，默认名称分别为 oinstall 和 dba，前者拥有安装清单 inventory；若已装 Oracle 软件，则 oinstall 工作组必须是新安装 Oracle 软件的主组 primary group。后者用来确定对数据库拥有管理权限的操作系统用户是哪些。(哪些 OS 用户能以 sysdba 权限用 OS 验证方式登录数据库)。具体代码如下。

```
# groupadd oinstall
# groupadd dba
# useradd -g oinstall -G dba oracle
# id oracle
# passwd oracle
```

以 oracle 用户登录，编辑用户的环境变量配置文件 bash_profile，添加环境变量设置信息，具体代码如下。

```
#tail -6 /home/oracle/.bash_profile
export ORACLE_BASE=/u01/app/oracle
export ORACLE_HOME=$ORACLE_BASE/product/11.2.0/db_1
export ORACLE_SID=ora11
exportLD_LIBRARY_PATH=$ORACLE_HOME/jdk/jre/lib/i386:$ORACLE_HOME/jdk/jre
/lib
/i386/server:$ORACLE_HOME/rdbms/lib:$ORACLE_HOME/lib:/usr/lib:/usr/X11R6
/lib
export PATH=$ORACLE_HOME/bin:$PATH
export NLS_LANG =American_America.ZHS16GBK
```

1.2.3　Oracle 11g 数据库安装前的预处理

要根据不同平台安装 Oracle 11g 的硬件与软件要求，下载相应的 Oracle 安装文件。Oracle 数据库一般运行在 Linux 操作系统下，需要在 Linux 操作系统下安装和使用 Oracle 数据库。为了避免安装双系统带来的一些麻烦，这里主要介绍如何在 Linux 虚拟机上安装 Oracle 11g 数据库。根据 Linux 虚拟机系统的环境需求，下载相应的 Oracle 11g 安装软件包 linux_11gR2_database_1of2.zip 和 linux_11gR2_database_2of2.zip。下面介绍在 Linux 虚拟机中安装 Oracle 11g 数据库前的预处理过程。

(1) 以 root 用户登录，创建安装 Oracle 数据库的文件目录/u01/app/oracle，并设置文件权限。计划把 Oracle 11g 数据库的软件安装在/u01/app/oracle 目录下，同时创建 Oracle 安装组 oinstall，并设置其权限，具体代码如下。

```
[root@oraclehost ~]# mkdir -p /u01/app/oracle
[root@oraclehost ~]# chown -R oracle:oinstall /u01
[root@oraclehost ~]# chmod -R 775 /u01
[root@oraclehost ~]# chown -R oracle:oinstall /oradisk
[root@oraclehost ~]# chmod -R 775 /oradisk
```

(2) 在 root 用户下，解压 Oracle 的两个压缩文件。

```
[root@oraclehost ~]# unzip linux_11gR2_database_1of2.zip
[root@oraclehost ~]# unzip linux_11gR2_database_2of2.zip
```

(3) 压缩文件解压后产生/oradisk/database 文件目录,运行该目录下的 runInstaller 文件,就可以进入 Oracle 11g 数据库安装界面，详见 1.3 节。

1.3　Oracle 11g 数据库的安装

Oracle 11g 数据库安装分为数据库服务器的安装和客户端的安装,本节首先介绍 Oracle 11g 数据库服务器的安装过程，然后介绍客户端的安装过程。

1.3.1　安装 Oracle 11g 数据库服务器

Oracle Installer 是基于 Java 技术的图形界面安装工具，利用它可以很方便地完成在操作系统平台上的安装任务。首先应该确定自己的计算机在软、硬件方面符合安装 Oracle 11g 的条件，然后运行 Oracle 11g 安装程序 runInstaller，详细的安装步骤如下。

(1) 以 root 用户登录，在系统界面注销用户 root，然后以 oracle 重新登录，进入 /oradisk/database 路径，运行 runInstaller 文件，如图 1-1 所示。注意不能直接切换用户登录，如果以 su – oracle 直接切换登录，安装颜色检查不能通过。

```
$cd /oradisk/database
$./runInstaller
```

图 1-1　Oracle 安装界面

(2) 首先打开的是"配置安全更新"窗口，用户可以输入电子邮件与 Oracle Support

账号口令。如果不需要接受安全更新，则可以不填写这两项，单击"下一步"按钮，打开"选择安装选项"窗口，如图1-2所示。如果是第一次安装Oracle 11g，则选中"仅安装数据库软件"单选按钮，单击"下一步"按钮。

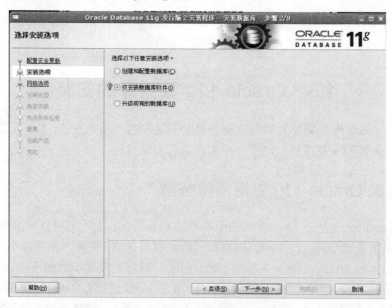

图1-2 "选择安装选项"窗口

(3) 出现"网格选项"窗口，选择"单实例数据库"安装选项，单击"下一步"按钮，出现"产品语言"窗口，选择"简体中文"选项，单击"下一步"按钮。

(4) 出现"选择数据库版本"窗口，选中"企业版"单选按钮，单击"下一步"按钮，如图1-3所示。

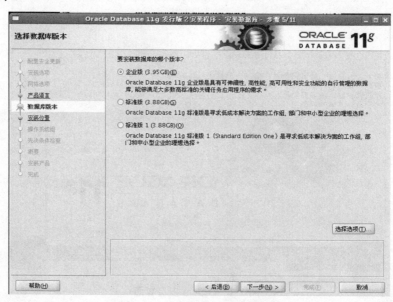

图1-3 "选择数据库版本"窗口

（5）出现"指定安装位置"窗口，指定 Oracle 基目录与软件位置目录。每个操作系统用户都需要创建一个 Oracle 基目录，该目录用于存储 Oracle 软件以及与配置相关的文件。软件位置用于存储 Oracle 数据库的软件文件，单击"下一步"按钮，如图 1-4 所示。

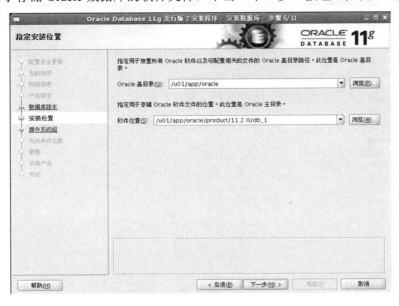

图 1-4　"指定安装位置"窗口

（6）出现"创建产品清单"窗口，指定产品清单目录位置。在安装 Oracle 软件或者使用 DBCA 创建数据库时，所有的日志都会放在 oraInventory 目录下。默认情况下该目录为 $ORACLE_BASE/oraInventory，如图 1-5 所示，然后单击"下一步"按钮。

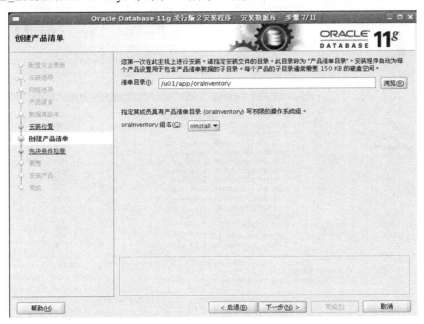

图 1-5　"创建产品清单"窗口

(7) 出现"特权操作系统组"窗口，指定数据库管理员组及数据库操作者组，单击"下一步"按钮，如图1-6所示。

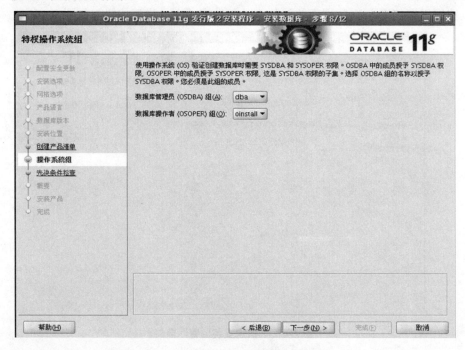

图1-6　"特权操作系统组"窗口

(8) 出现"执行先决条件检查"窗口，如图1-7所示。

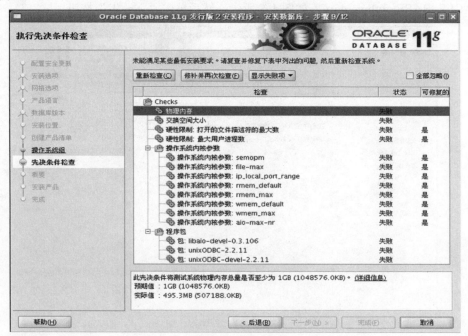

图1-7　"执行先决条件检查"窗口

安装前，安装程序将首先检查安装环境是否符合要求。及时发现系统方面的问题，可以减少在安装期间遇到问题的可能性。打开终端，以 root 身份登录，如图 1-8 所示，运行下面的脚本。

```
[root@AS5 ~]# sh /tmp/CVU_11.2.0.1.0_oracle/runfixup.sh
```

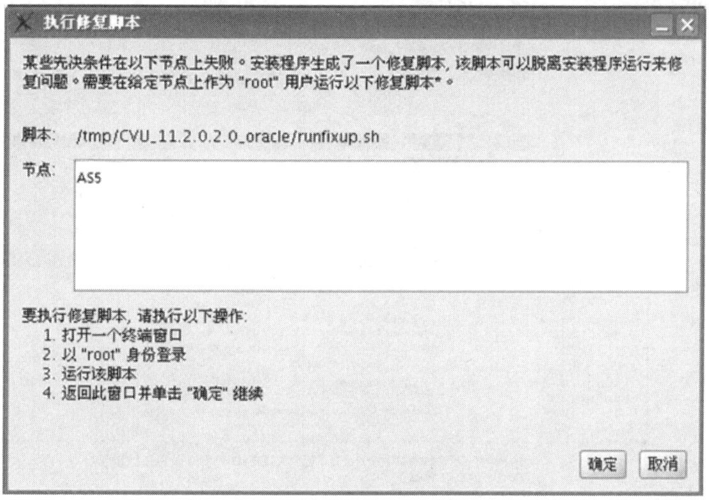

图 1-8　执行修复脚本

执行修复脚本后，单击 "重新检查" 按钮，检查安装条件是否符合要求，如图 1-9 所示。如不满足安装要求，运行下面的代码：

```
[root@AS5 ~]# cd /oradisk
[root@AS5 oradisk]# rpm -ivh ora002_unixODBC-2.2.11-7.1.i386.rpm
```

运行结果为：

```
warning:     ora002_unixODBC-2.2.11-7.1.i386.rpm:     Header     V3     DSA
signature:NOKEY,key ID 37017186
Preparing...            ########################################### [100%]
  1:unixODBC             ########################################### [100%]
```

运行下面的代码：

```
[root@AS5 oradisk]# rpm -ivh ora002_unixODBC-devel-2.2.11-7.1.i386.rpm
```

运行结果为：

```
   warning:  ora002_unixODBC-devel-2.2.11-7.1.i386.rpm:  Header  V3  DSA
signature: NOKEY, key ID 37017186
Preparing...            ########################################### [100%]
  1:unixODBC-devel       ########################################### [100%]
```

运行下面的代码：

```
[root@AS5 oradisk]# rpm -ivh ora002_libaio-devel-0.3.106-5.i386.rpm
```

运行结果为：

```
warning: ora002_libaio-devel-0.3.106-5.i386.rpm: Header V3 DSA signature:
NOKEY, key ID 37017186
Preparing...              ########################################### [100%]
   1:libaio-devel          ########################################### [100%]
```

图 1-9　执行脚本

继续单击"重新检查"按钮，进一步检查安装条件是否符合要求，直到除了物理内存与交换空间大小不符合要求外，其他条件都符合安装要求，如图 1-10 所示，单击"下一步"按钮。

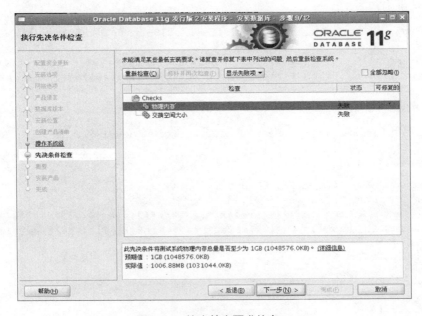

图 1-10　检查符合要求的窗口

(9)　通过检查后，出现"概要"窗口，显示在安装过程中选定的选项的概要信息，如图 1-11 所示，单击"下一步"按钮。

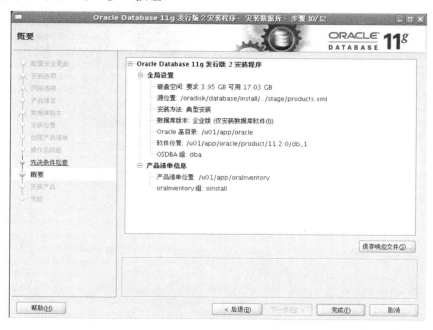

图 1-11　"概要"窗口

(10) 以 root 身份登录，执行下面的配置脚本，如图 1-12 所示。

```
[root@AS5 ~]# sh /u01/app/oraInventory/orainstRoot.sh
[root@AS5 ~]# sh /u01/app/oracle/product/11.2.0/db_1/root.sh
```

图 1-12　执行配置脚本

(11) 执行修复脚本后，出现"概要"窗口，显示在安装过程中选定的选项的概要信息，单击"下一步"按钮，显示安装成功窗口，如图 1-13 所示。

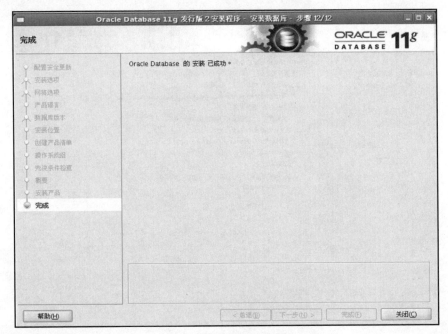

图 1-13　安装成功窗口

1.3.2　客户端安装过程

Oracle 11g 为用户提供了一组 Oracle 管理工具，使用这些工具可以管理和配置 Oracle 数据库。Oracle 11g 客户端安装程序需要单独下载，先将下载下来的 ZIP 文件解压，再按照下面的步骤安装。

(1) 在文件解压后的 Client 目录，以管理员身份运行目录下的 setup.exe 程序，如图 1-14 所示，然后按下面的步骤安装 Oracle 11g 客户端。

图 1-14　Oracle 客户端安装程序

（2）打开"选择安装类型"窗口，选择"管理员"安装类型选项，单击"下一步"按钮，出现"选择产品语言"窗口，选择"简体中文"选项，单击"下一步"按钮。

（3）出现"指定安装位置"窗口，指定 Oracle 基目录与软件位置目录。Oracle 基目录用于存储 Oracle 软件以及与配置相关的文件。软件位置用于存储 Oracle 数据库的软件文件，如图 1-15 所示，单击"下一步"按钮。

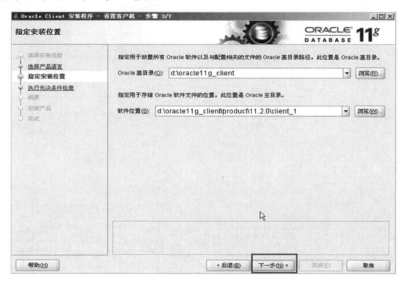

图 1-15　"指定安装位置"窗口

（4）出现"执行先决条件检查"窗口，如图 1-16 所示。如果出现错误，直接单击"全部忽略"按钮就可以了。

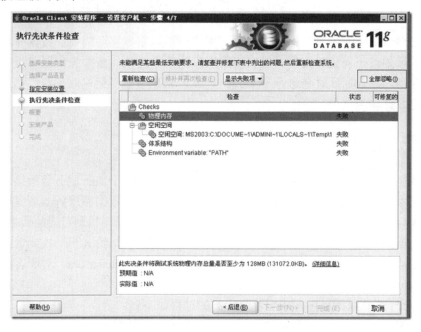

图 1-16　"执行先决条件检查"窗口

(5) 出现"概要"窗口，显示在安装过程中选定的选项的概要信息，单击"下一步"按钮。出现"安装产品"窗口，开始安装客户端软件。此过程将持续一段时间，如图 1-17 所示。然后单击"下一步"按钮，最后将显示客户端安装成功窗口。

图 1-17　"安装产品"窗口

1.4　使用 DBCA 创建数据库

安装完 Oracle 11g 数据库服务器之后，用户就可以根据实际需要在数据库服务器中创建数据库了。如果在安装时选择"仅安装数据库软件"选项，必须先配置监听器，再创建数据库，否则创建数据库时会进行不下去。本节首先介绍如何配置监听器，然后介绍使用 DBCA 创建数据库的过程。

1.4.1　配置监听

监听器是 Oracle 基于服务器端的一种网络服务，主要用于监听服务器中接收和响应客户端向数据库服务器端提出的连接请求。监听器的设置是在数据库服务器端完成的。对于客户端连接 Oracle 服务器，首先必须通过 Oracle 服务的监听程序找到对应的数据库的路径，然后创建数据库服务器和客户端之间的连接。监听程序主要是给客户端找到数据库服务器并且创建连接。通常，对于服务端需要配置监听程序文件 listener.ora，对于客户端连接需要配置 tnsnames.ora。

使用 netca 工具以图形化方式配置监听器的过程如下。

(1) 注销 root，以 oracle 身份登录，运行网络配置助手 Net Configuration Assistant，即 netca。配置监听之前需要启动监听，然后运行 netca，代码如下。

```
[oracle@AS5 ~]$ lsnrctl start
[oracle@AS5 ~]$netca
```

（2）弹出的窗口如图 1-18 所示。从中选中"监听程序配置"单选按钮，单击"下一步"
按钮。

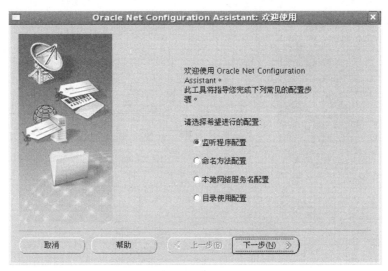

图 1-18　Oracle Net Configuration Assistant 欢迎窗口

（3）出现"监听程序配置"窗口，从中可以添加、重新设置、重命名或删除监听程序。
重命名或删除监听程序前，先停止监听程序。这里选择"添加"选项，单击"下一步"
按钮。

（4）出现"监听程序名"配置窗口，输入监听程序的名称。LISTENER 是第一个监听
程序的默认名称。这里默认为 LISTENER，如图 1-19 所示，单击"下一步"按钮。

图 1-19　"监听程序名"窗口

(5) 出现"选择 TCP 协议"窗口，可从协议列表中选择协议 TCP，然后单击右箭头按钮，将其移到选定的协议列表中，单击"下一步"按钮，出现"TCP/IP 协议"窗口，配置监听程序的 TCP/IP 端口号，选择默认标准端口号为 1521，如图 1-20 所示，单击"下一步"按钮。

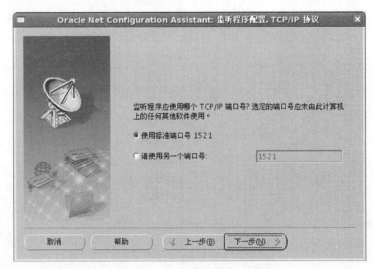

图 1-20　"TCP/IP 协议"窗口

(6) 出现"是否配置另一个监听程序"窗口，选择不需要配置另一个监听程序，然后单击"下一步"按钮，结束配置监听。

通过网络配置助手 Net Configuration Assistant (netca)配置完监听之后，系统就会自动生成一个监听配置文件 listener.ora，该文件为 listener 监听器进程的配置文件，建立在数据库服务端。Listener 进程接受远程对数据库的接入申请并转交给 Oracle 的服务器进程，所以如果不是使用远程的连接，Listener 进程就不是必需的。如果关闭 listener 进程，并不会影响已经存在的数据库连接。对于 Linux 系统，这个文件存放在 $ORACLE_HOME/network/admin 目录下，通过下面的命令查看配置文件 listener.ora 的内容。

```
[root@ localhost ~]# cat
/u01/app/oracle/product/11.2.0/db_1/network/admin/listener.ora
```

```
LISTENER = (DESCRIPTION_LIST =
   (DESCRIPTION =
     (ADDRESS = (PROTOCOL = TCP)(HOST = AS5)(PORT = 1521))
   )
 )
ADR_BASE_LISTENER = /u01/app/oracle
```

说明：　对于 LISTENER 主要是配置监听的 IP 地址和端口，一般通过 netca 配置以后就会生成一个(ADDRESS=(PROTOCOL=TCP)(HOST=AS5)(PORT=1521))，其中对于 HOST 也可以写对应的 IP 地址，服务器 AS5 对应的 IP 地址为 192.168.31.129。

客户机为了和服务器连接，必须先和服务器上的监听进程联络。Oracle 通过 tnsnames.ora 文件中的连接描述符来说明连接信息。一般 tnsnames.ora 是建立在客户机上的。tnsnames.ora 文件用户客户端找到数据库服务器的监听，并且告诉监听需要访问的服务器，存放在$ORACLE_HOME/network/admin 目录下，对于这个文件，有三个地方的信息很重要，一个是 IP 地址，一个是端口号(一般都是 1521)，还有一个是 SERVICE_NAME。对于这个配置文件，可以使用 netca 命令的本地命名配置进行配置，也可以只用 vi 编辑器直接修改。

```
ORA11 =
  (DESCRIPTION =
   (ADDRESS = (PROTOCOL = TCP)(HOST = AS5)(PORT = 1521))
   (CONNECT_DATA =
     (SERVER = DEDICATED)
     (SERVICE_NAME = ora11)
   )
  )
```

tnsnames.ora 文件提供主机名或者对应的 IP。文件里的参数如下。

(1) PROTOCOL：客户端与服务器端通信的协议，一般为 TCP，该内容一般不用修改。

(2) HOST：数据库侦听所在的机器的机器名或 IP 地址，数据库侦听一般与数据库在同一机器上。

(3) PORT：数据库侦听正在侦听的端口，此处 PORT 的值一定要与数据库侦听正在侦听的端口一样。

(4) SERVICE_NAME：连接数据库服务器所用的数据实例名。

💡 注意：　在配置监听过程中，会遇到端口被占用问题，即使修改其他端口也是被占用，使配置监听不成功。遇到这种问题，如果已经建立监听，需要将其删除，然后重新监听。

1.4.2　使用 DBCA 工具创建数据库

安装 Oracle 11g 数据库后，需要创建一个数据库。Database Configuration Assistant (DBCA)工具是创建、配置以及管理数据库的一个工具，下面介绍使用 DBCA 创建数据库的步骤。

(1) 注销 root，以 oracle 身份登录，启动监听，运行 Database Configuration Assistant。

```
[oracle@AS5 ~]$ lsnrctl start
[oracle@AS5 ~]$dbca
```

(2) 结果打开"DBCA 欢迎使用"窗口，如图 1-21 所示，单击"下一步"按钮。

(3) 出现"DBCA 操作"窗口，用户可以选择创建数据库、配置数据库(如果当前没有数据库，则此项不可选)、删除数据库、管理模板。选择"创建数据库"选项，单击"下一步"按钮。

(4) 出现"数据库模板"窗口，选中"一般用途或事务处理"单选按钮，如图 1-22 所示。如果要查看数据库选项的详细信息，单击"显示详细资料"按钮，再单击"下一步"按钮。

图 1-21 "DBCA 欢迎使用"窗口

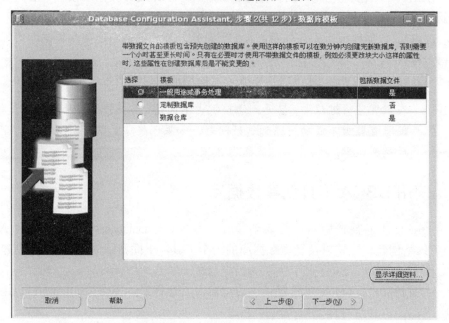

图 1-22 "数据库模板"窗口

(5) 出现"数据库标识"窗口，输入全局数据库名和 Oracle 系统标识(SID)，如图 1-23 所示，单击"下一步"按钮。

(6) 出现"管理选项"窗口，如图 1-24 所示。默认的选项为使用 Enterprise Manager 配置数据库。使用 Database Control 进行本地管理，需要使用 Net Configuration Assistant 创建一个默认的监听程序。在"自动维护任务"选项卡，选择默认的"启动自动维护任务"选项。

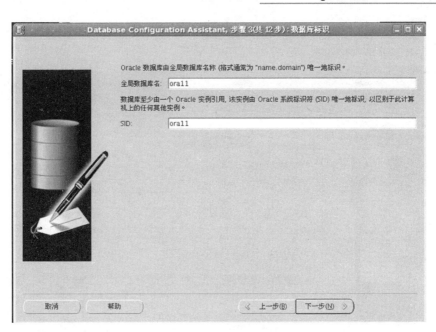

图 1-23　"数据库标识"窗口

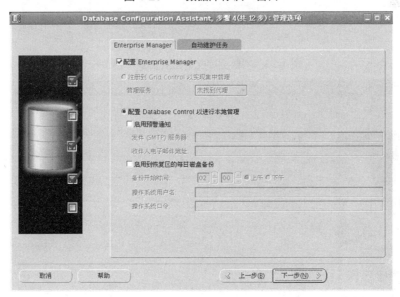

图 1-24　"管理选项"窗口

(7) 单击"下一步"按钮，出现"数据库身份证明"窗口。为了安全起见，必须为数据中的 SYS、SYSTEM、DBSNMP 和 SYSMAN 内置账户设置口令。可以分别为每个账户设置口令，也可以选择所有账户使用相同的口令，单击"下一步"按钮。

(8) 出现"数据库文件所在位置"窗口，如图 1-25 所示。存储类型有文件系统与自动存储管理(ASM)。

"自动存储管理(ASM)"选项用于指定一组磁盘以创建 ASM 磁盘，从而简化数据库存储管理，优化数据库布局以改进 I/O 性能。"文件系统"选项用于使用文件系统进行数据库存储。存储类型选择"文件系统"选项，指定所有数据库文件使用公共位置，如图1-26所示，单击"下一步"按钮。

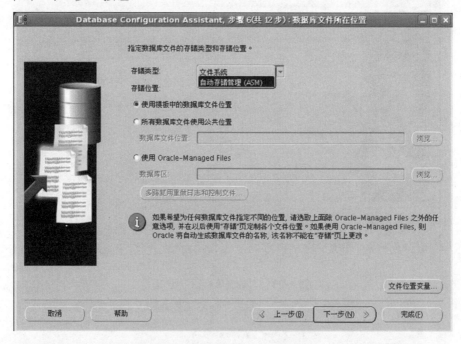

图1-25 "数据库文件所在位置"窗口

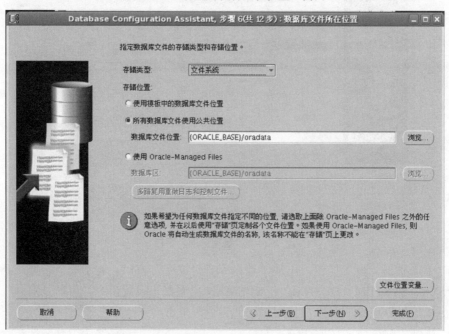

图1-26 指定数据库文件使用公共位置

(9) 出现"恢复配置"窗口，指定快速恢复区文件存储位置与快速恢复区大小，也可以指定启用归档。建议将数据库文件和恢复文件放在不同的物理磁盘上，以便保护数据和提高安全性能，如图 1-27 所示。单击"下一步"按钮。

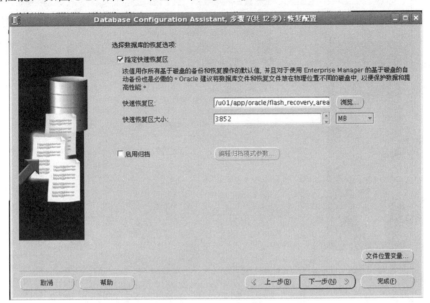

图 1-27　"恢复配置"窗口

(10) 出现"数据库内容"窗口，此窗口有"示例方案"和"定制脚本"两个选项卡，如图 1-28 所示。单击"下一步"按钮。

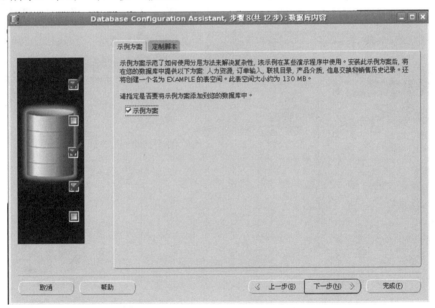

图 1-28　"数据库内容"窗口

(11) 出现"初始化参数"窗口，进行初始化参数设置。该窗口有"内存""调整大小""字符集""连接模式"选项卡，选择默认设置，如图 1-29 所示，单击"下一步"按钮。

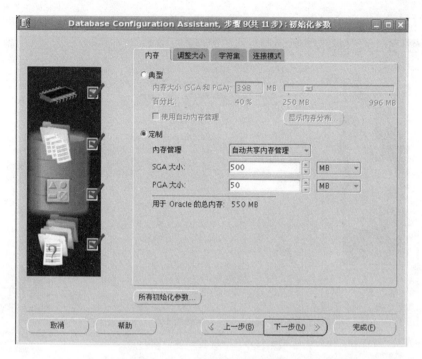

图 1-29　"初始化参数"窗口

(12) 出现"数据库存储"窗口，可以进行数据库物理结构和逻辑存储相关的设置，如图 1-30 所示。单击"下一步"按钮。

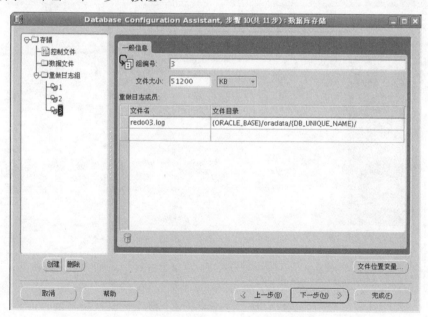

图 1-30　"数据库存储"窗口

(13) 出现"创建选项"窗口，可以选中"创建数据库""保存为数据库模板""生成数据库创建脚本"复选框，使用默认配置，如图 1-31 所示，单击"下一步"按钮。

图 1-31　"创建选项"窗口

(14) 出现"创建数据库概要"窗口，可以单击"另存为 HTML 文件"按钮把概要文件存储为 HTML 文件，单击"确定"按钮，开始创建数据库，并显示数据库创建过程和进度，如图 1-32 所示。创建数据库的时间取决于计算机的硬件配置和数据库的配置情况。创建完成后，将出现创建完成窗口，单击"完成"按钮，结束数据库的创建过程。

图 1-32　数据库创建过程和进度

1.5 启动与关闭数据库

1.5.1 Oracle 数据库实例的状态

在 Oracle 数据库用户连接数据库之前，必须先启动 Oracle 数据库，创建数据库的软件实例与服务进程，同时加载并打开数据文件、重做日志文件。当 DBA 对 Oracle 数据库进行管理与维护时，会根据需要对数据库进行状态转换或关闭数据库。因此，数据库的启动与关闭是数据库管理与维护的基础。

Oracle 数据库实例支持 4 种状态，分别是打开(OPEN)、关闭(CLOSE)、已装载(MOUNT)和不装载(NOMOUNT)。

1.5.2 启动数据库实例

1. 数据库的启动过程

Oracle 数据库的启动与关闭都是分步骤进行的。Oracle 数据库的启动分为 3 个步骤进行，对应数据库的 3 个状态，在不同状态下可以进行不同的管理操作，如图 1-33 所示。下面按启动步骤分别介绍。

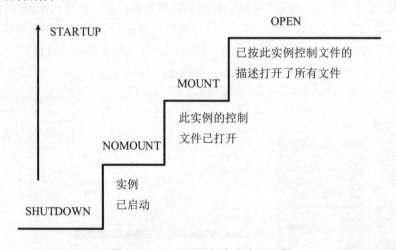

图 1-33 Oracle 数据库的启动过程

1) 创建并启动实例

根据数据库初始化参数文件，为数据库创建实例，启动一系列后台进程和服务进程，并创建 SGA 区等内存结构。对应数据库启动的第 1 个步骤，启动到 NOMOUNT 模式。

启动到 NOMOUNT 模式执行以下任务。

(1) 顺序搜索 $ORACLE_HOME/dbs 中具有以下特定名称的初始化参数文件。

- 搜索 spfile<SID>.ora。
- 如果未找到 spfile<SID>.ora，则搜索 spfile.ora。
- 如果未找到 spfile.ora，则搜索 init<SID>.ora。

(2) 创建 SGA 等内存结构。

(3) 启动后台进程。

(4) 打开 alert_<SID>.log 文件和跟踪文件。

💡 **注意：** SID 是用于标识实例的系统 ID(例如：ora11)。

如果 DBA 要执行下列操作，则必须将数据库启动到 NOMOUNT 模式下进行。

(1) 创建一个新的数据库。

(2) 维护数据库的控制文件，移动、改名或重建控制文件。

(3) 执行某些备份和恢复方案。

2) 装载数据库

装载数据库是实例打开数据库的控制文件，从中获取数据库名称、数据文件和重做日志文件的位置、名称等数据库物理结构信息，为打开数据库做好准备。如果控制文件损坏，实例将无法装载数据库。对应数据库启动的第 2 个步骤，启动到 MOUNT 模式。

数据库装载过程包括执行以下任务。

(1) 将数据库与以前启动的实例关联。

(2) 定位并打开参数文件中指定的控制文件。

(3) 通过读取控制文件来获取数据文件和联机重做日志文件的名称和状态(在此阶段并没有打开数据文件和重做日志文件)。要执行特定的维护操作，应启动实例，然后装载数据库，但不打开该数据库。

如果 DBA 要执行下列操作，则必须将数据库启动到 MOUNT 模式下进行。

(1) 重命名数据文件(打开数据库时可重命名脱机表空间的数据文件) 。

(2) 添加、删除或重命名重做日志文件。

(3) 改变数据库的归档模式。

(4) 执行数据库完全恢复操作。

3) 打开数据库

在此阶段，实例将打开所有处于联机状态的数据文件和重做日志文件。如果任何一个数据文件或重做日志文件无法正常打开，数据库将返回错误信息，这时数据库需要恢复。对应数据库启动的第 3 个步骤，启动到 OPEN 模式。

打开数据库过程包括执行以下任务。

(1) 打开数据文件。

(2) 打开联机重做日志文件。

(3) 如果尝试打开数据库时任一数据文件或联机重做日志文件不存在，则 Oracle 服务器返回错误。

在最后这个阶段，Oracle 服务器会验证是否可以打开所有数据文件和联机重做日志文件，还会检查数据库的一致性。如有必要，系统监视器(SMON)后台进程将启动实例恢复。可以在受限模式下启动数据库实例，以便只让有管理权限的用户使用该实例。

DBA 可以根据要执行的管理操作任务的不同，将数据库启动到特定的模式。执行完管理任务后，可以通过 ALTER DATABASE 语句将数据库转换为更高的模式，直到打开数据库为止。

2. 在 SQL*Plus 中启动数据库

在 SQL*Plus 中启动或关闭数据库，需要启动 SQL*Plus，并以 SYSDBA 或 SYSOPER 身份连接到 Oracle。启动数据库的基本语法为：

```
STARTUP [NOMOUNT|MOUNT|OPEN][FORCE][RESTRICT] [PFILE=filename]
```

下面介绍上面启动格式中常用的 4 种启动状态。

1) STARTUP NOMOUNT

Oracle 读取数据库的初始化参数文件，启动后台进程并分配 SGA。用户可以访问与 SGA 区相关的数据字典视图，但是不能使用数据库中的任何文件。

启动到 NOMOUNT 状态，可以查询后台进程和实例信息。例如：

```
SQL>SELECT * FROM v$bgporcess;
SQL>SELECT * FROM v$instance;
```

此外，还有 v$parameter、v$sga、v$process、v$session 等数据字典和视图可以使用。

2) STARTUP MOUNT

Oracle 创建并启动实例后，将数据库与以前启动的实例关联，根据初始化参数文件中的 control_files 参数找到数据库的控制文件，读取控制文件获取数据库的物理结构信息，包括数据文件、重做日志文件的位置与名称等，但是，这时不会执行检查来验证是否存在数据文件和联机重做日志文件，实现数据库的装载。此时，用户不仅可以访问与 SGA 区相关的数据字典视图，还可以访问与控制文件相关的数据字典视图。

启动到 MOUNT 状态，可以执行以下命令：

```
SQL>SELECT * FROM v$tablespace;
SQL>SELECT * FROM v$datafile;
SQL>SELECT * FROM v$database;
```

v$controlfile、v$database、v$datafile、v$logfile 等数据字典和视图都是可以访问的。

3) STARTUP [OPEN]

以正常方式打开数据库，意味着实例已启动、数据库已装载且已打开，就是完全打开的状态。此时任何具有 CREATE SESSION 权限的用户都可以连接到数据库，进行权限范围内的所有操作。

4) STARTUP FORCE

该命令用于当各种启动模式都无法成功启动数据库时强制启动数据库。

在下列两种情况下，需要使用 STARTUP FORCE 命令启动数据库。

(1) 无法使用 SHUTDOWN NORMAL、SHUTDOWN IMMEDIATE 或 SHUTDOWN TRANSACTIONAL 语句关闭数据库实例。

(2) 在启动实例时出现无法恢复的错误。

5) 数据库启动模式间的转换

数据库启动过程中，可以从 NOMOUNT 状态转换为 MOUNT 状态，或从 MOUNT 状态转换为 OPEN 状态。使用 ALTER DATABASE 语句可以实现状态间的转换。

例题 1-1：启动数据库到 NOMOUNT 状态，然后转换为 MOUNT 状态，再转换为 OPEN 状态。查看数据库的启动过程。

① 首先启动到 NOMOUNT 状态。

```
SQL>STARTUP NOMOUNT;
```

这时内存已经分配了，后台进程也已经启动，可以在 Linux 系统通过相关命令查看后台进程的启动。

② 继续启动到 MOUNT 状态，然后启动到 OPEN 状态。

```
SQL>ALTER DATABASE MOUNT;
SQL>ALTER DATABASE OPEN;
```

1.5.3　关闭数据库

1. 数据库关闭过程

Oracle 数据库关闭的过程与数据库启动的过程是互逆的。首先关闭数据库，即关闭数据文件和重做日志文件；然后卸载数据库，关闭控制文件；最后关闭实例，释放内存结构，停止数据库后台进程和服务进程的运行。关闭数据库也分为 3 个步骤。

1)　关闭数据库

Oracle 将重做日志缓冲区内容写入重做日志文件中，并且将数据高速缓存中的脏缓存块写入数据文件，然后关闭所有数据文件和重做日志文件。

2)　卸载数据库

数据库关闭后，实例卸载数据库，关闭控制文件。

3)　关闭实例

卸载数据库后，终止所有的后台进程和服务器进程，回收内存空间。

2. 在 SQL*Plus 中关闭数据库

关闭数据库的基本语法为：

```
SHUTDOWN [NORMAL | TRANSACTIONAL | IMMEDIATE | ABORT]
```

其中：NORMAL、TRANSACTIONAL、IMMEDIATE、ABORT 表示数据关闭的四种模式，其对当前活动的适用性按以下顺序逐渐增强。

(1) ABORT：在关闭之前执行的任务最少。由于此模式需要在启动之前进行恢复，因此只在需要时才使用此模式。当启动实例时出现了问题，或者因紧急情况(例如，通知在数秒内断电)而需要立即关闭时，如果其他关闭方式都不起作用，通常选择使用此模式。

(2) IMMEDIATE：这是最常用的选项。选择此模式会回退未提交的事务处理。

(3) TRANSACTIONAL：允许事务处理完成。

(4) NORMAL：等待当前会话断开。

表 1-3 简单列出了四种关闭模式对当前活动的适用性。

表 1-3　四种关闭模式对当前活动的适用性

关闭模式	ABORT	IMMEDIATE	TRANSACTIONAL	NORMAL
允许新连接	否	否	否	否
等待当前会话结束	否	否	否	是

关闭模式	ABORT	IMMEDIATE	TRANSACTIONAL	NORMAL
等待当前事务处理结束	否	否	是	是
强制选择检查点并关闭文件	否	是	是	是

如果考虑执行关闭所花费的时间，则会发现 ABORT 的关闭速度最快，而 NORMAL 的关闭速度最慢。NORMAL 和 TRANSACTIONAL 花费的时间较长，下面分别介绍。

1) SHUTDOWN [NORMAL]

NORMAL 是使用 SQL*Plus 时的默认关闭模式。正常关闭数据库时会发生以下情况。

- 不可以建立新连接。
- Oracle 服务器待所有用户断开连接后再完成关闭。
- 数据库和重做缓冲区被写入磁盘，后台进程终止，并从内存中删除 SGA。
- Oracle 服务器在关闭并断开数据库后关闭实例，下一次启动时不需要进行实例恢复。

2) SHUTDOWN TRANSACTIONAL

采用 TRANSACTIONAL 关闭方式可防止客户机丢失数据，其中包括客户机当前活动的结果。执行事务处理过程中当数据库关闭时会发生以下情况。

- 任何客户机都不能利用这个特定实例启动新事务处理。
- 会在客户机结束正在进行的事务处理后断开客户机。
- 完成所有事务处理后立即执行关闭，下一次启动不需要进行实例恢复。

3) SHUTDOWN IMMEDIATE

IMMEDIATE 是使用 Enterprise Manager 时的默认关闭模式。当采用 SHUTDOWN IMMEDIATE 关闭模式会出现以下情况。

- 阻止任何用户建立新的连接，也不允许当前连接用户启动任何新的事务。
- Oracle DB 正在处理的当前 SQL 语句不会完成。
- Oracle 服务器不会等待当前连接到数据库的用户断开连接。
- Oracle 服务器会回退活动的事务处理，而且会断开所有连接用户。
- Oracle 服务器在关闭并断开数据库后关闭实例，下一次启动时不需要进行实例的恢复。

4) SHUTDOWN ABORT

如果用 SHUTDOWN ABORT 命令来关闭数据库，会丢失一部分数据信息，对数据库完整性造成损害。当采用 SHUTDOWN ABORT 模式时会发生以下情况。

- 阻止任何用户建立新的连接，同时阻止当前连接用户开始任何新的事务。
- Oracle DB 正在处理的当前 SQL 语句会立即终止。
- Oracle 服务器不会等待当前连接到数据库的用户断开连接。
- 数据库和重做缓冲区未写入磁盘。
- 不回退未提交的事务处理。
- 实例终止，但未关闭文件。下一次启动时需要进行实例恢复。

3．一致性关闭和非一致性关闭

四种关闭模式可以分为两大类：一致性关闭和非一致性关闭。

1)　一致性关闭

如果关闭数据库时采用的是 SHUTDOWN NORMAL、SHUTDOWN TRANSACTIONAL、和 SHUTDOWN IMMEDIATE 三种关闭模式，则为一致性关闭。

因为这三种关闭模式下，在关闭数据库时做如下工作。

(1)　执行 IMMEDIATE 时，会回退未提交的更改。

(2)　数据库缓冲区高速缓存，会写入数据文件。

(3)　会释放资源。

因此数据库中的数据要么全部修改，要么全部回退，数据是一致的。下次启动时不需要恢复数据。

2)　非一致性关闭

如果关闭数据库时采用的是 SHUTDOWN ABORT、STARTUP FORCE 或者实例错误(如断电关闭等)三种关闭模式，则为非一致性关闭。

在这三种关闭模式下，会存在如下情况。

(1)　内存缓冲区所做的修改未写入数据文件。

(2)　不回退未提交的更改。

由于这几种关闭模式为了节省关闭时间，应该存盘的数据没有存盘，应该回退的信息也没有回退，因此数据库中的数据是不一致的。因此在启动时需要做如下工作来恢复数据。

(1)　使用联机重做日志文件重新应用更新。

(2)　使用还原段回退未提交的更改。

(3)　会释放资源。

本 章 小 结

本章介绍 Oracle 数据库的发展、特点、如何在 Linux 环境下正确安装数据库，以及使用 DBCA 创建数据库。通过本章的学习，读者可以了解 Oracle 数据库产品及其性能，为 Oracle 数据库管理及开发应用奠定基础。

Oracle 数据库的启动与关闭都是分步骤进行的。Oracle 数据库的启动过程分为启动实例、装载数据库、打开数据库。Oracle 数据库关闭的过程与数据库启动的过程是互逆的。Oracle 数据库的关闭过程分为关闭数据库、卸载数据库、关闭实例。

习　　题

1．选择题

(1)　数据库领域的市场中，哪种数据库软件占据最大的市场份额？(　　　)

A. SQL Server　　　　B. Oracle　　　　　C. IBM DB2　　　　　D. SAP Sybase

(2)　TPC 组织的哪种标准专门用来衡量计算机系统的在线业务处理性能？(　　　)

A. OLAP   B. OLTP   C. TPCC   D. TPCH

(3) 用来进行数据库管理的工具不包括哪些？（   ）

    A. DBCA   B. NETCA   C. RMAN   D. SQL

(4) Oracle 中配置数据库的工具是哪个？（   ）

    A. DBCA   B. NETCA   C. OEM   D. RMAN

(5) 实例启动时数据库所处的状态是（   ）。

    A. MOUNT   B. OPEN   C. NOMOUNT   D. None

(6) Tom 发出启动数据库的命令，实例和数据库经过怎样的过程最终打开？（   ）

    A. OPEN, NOMOUNT, MOUNT   B. NOMOUNT, MOUNT, OPEN

    C. NOMOUNT, OPEN, MOUNT   D. MOUNT, OPEN, NOMOUNT

(7) 数据库启动过程中哪一步读取初始化参数文件？（   ）

    A. 数据库打开   B. 数据库加载   C. 实例启动   D. 每个阶段

(8) Oracle 安装前，Linux 系统中的 /etc/hosts 文件配置是否正确很关键，该文件的作用是（   ）。

    A. 保存主机名和 IP 地址的对应关系   B. 保存 IP 地址和网关的对应关系

    C. 保存主机名和网关的对应关系   D. 保存主机名、IP 地址和网关的对应关系

(9) Oracle 软件的安装目录由以下哪个环境变量来决定？（   ）

    A. ORACLE_BASE   B. ORACLE_HOME

    C. ORACLE_SID   D. INSTALL_DIRECTORY

(10) 配置监听时，需要启动的监听命令为（   ）。

    A. $ lsnrctl status   B. $ lsnrctl start   C. $ lsnrctl stop   D. $ netca

(11) 下列哪个命令是配置监听的？（   ）

    A. SQL*Plus   B. dbca   C. lsnrctl start   D. netca

(12) 创建数据库时，使用下面的哪个命令？（   ）

    A. SQL*Plus   B. dbca   C. lsnrctl start   D. netca

(13) 安装数据库软件需要执行的命令是什么？（   ）

    A. setup   B. runInstaller   C. Installer   D. dbca

(14) Oracle 11g 软件安装的默认目录是哪个？（   ）

    A. /u01   B. /u01/app/oracle/product/11.2.0/db_1

    C. /u01/app/oracle   D. /u01/app/oracle/product/11.2.0/

(15) 对于服务端，需要配置的监听配置文件是（   ）。

    A. listener.ora   B. tnsnames.ora

    C. lsnrctl start   D. netca

(16) 对于客户端，需要配置的监听配置文件是（   ）。

    A. listener.ora   B. tnsnames.ora   C. sqlnet.ora   D. netman.ora

2. 简答题

(1) 简述 Oracle 数据库的发展历程及新特性。

(2) 简述数据库启动与关闭的过程。

（3）简述数据库启动和关闭的过程中，初始化参数文件、控制文件、重做日志文件的作用。

（4）在 SQL*Plus 环境中，数据库启动模式有哪些？分别适合哪些管理操作？

（5）在 SQL*Plus 环境中，数据库关闭有哪些方法？分别有什么特点？

（6）简述数据库在 STARTUP NOMOUNT、STARTUP MOUNT 模式下可以进行的管理操作。

（7）简述安装 Oracle 11g 数据库的硬件与软件要求。

（8）简述安装 Oracle 11g 数据库时需要设置的环境变量。

（9）简述配置监听前的注意事项。

（10）简述创建数据库前的注意事项。

3．操作题

（1）使用 netca 工具配置监听。

（2）安装 Oracle 11g 数据库服务器，并使用 DBCA 工具创建数据库。

（3）安装 Oracle 11g 数据库客户端。

第 2 章　Oracle 数据库管理工具

本章要点：为了使读者能够更好地了解和使用 Oracle 数据库，本章将介绍 Oracle 的常用数据库管理工具，包括企业管理器、基于命令行的 SQL*Plus、SQL Developer、网络配置助手(Net Configuration Assistant)。SQL Developer 工具容易上手，所以开发人员基于实际效率考虑会选用；而 Oracle 管理员一般会选择 SQL*Plus 来完成一些非常底层的管理功能。本书后面章节中介绍的很多数据库管理方法都将使用到本章介绍的这些工具。

学习目标：了解 Oracle 数据库常用工具的特点，掌握 Oracle 常用数据库管理工具的使用方法。重点掌握 SQL*Plus 常用的内部命令使用方法。

2.1　企业管理器

安装 Oracle 11g 数据库服务器时，运行 Oracle 11g 安装程序 runInstaller，系统自动安装 Oracle Enterprise Manager(Enterprise Manager，EM)。Oracle 企业管理器是一个基于 Java 框架开发的集成管理工具，是 Oracle 的 Web 图形界面管理工具。用户可以通过 Web 浏览器连接到 Oracle 数据库服务器，实现数据库管理员(DBA)对 Oracle 运行环境的完全管理，包括对数据库、监听器、主机、应用服务器等的管理。

2.1.1　启动企业管理器

Oracle Enterprise Manager 是用于数据库本地管理的工具，安装 Oracle 11g 数据库服务器之后，通过合适的设置就可以启动企业管理器。该工具采用 B/S 架构，及三层模式实现对数据库的管理与控制。在启动 Oracle Enterprise Manager 之前，首先要检查监听、控制台服务、数据库服务是否已启动。启动 Oracle 企业管理器的步骤如下。

(1) 检查监听状态，启动监听。

```
[oracle@AS5 ~]$ lsnrctl status
[oracle@AS5 ~]$ lsnrctl start
```

(2) 启动控制台。

```
[oracle@AS5 ~]$ emctl start dbconsole
```

(3) 启动数据库服务器。

```
[oracle@AS5 ~]$ sqlplus / as sysdba
SQL>startup
```

(4) 查看网络是否通畅。

```
[oracle@AS5 ~]$ ping 192.168.31.129
```

(5) 可以在 Web 浏览器中按下面的格式访问 Enterprise Manager。

`https://<Oracle 数据库服务器名称>:<EM 端口号>/em`

EM 端口号可以在$ORACLE_HOME/install/postlist.ini 中找到，不同的数据库 EM 端口号的情况可能会不同。环境变量 ORACLE_HOME 代表 Oracle 数据库的安装目录，即 ORACLE_HOME=$ORACLE_BASE/product/11.2.0/db_1，其中 ORACLE_BASE 路径为 /u01/app/oracle。从 postlist.ini 文件内容可以看到 EM 端口号为 1158。

假定 Oracle 数据库服务器名称为 192.168.31.129，则在 Web 浏览器中访问如下网址：

https://192.168.31.129:1158/em

打开 EM 登录页面，用户需要在此输入系统管理员名，如在"用户名"文本框中输入 SYS，然后输入对应的口令，在"连接身份"组合框中选择可以登录的身份，可以选择 Normal 和 SYSDBA，SYS 用户选择 SYSDBA。单击"登录"按钮，即可登录 EM 主界面，进入企业管理器，如图 2-1 所示。

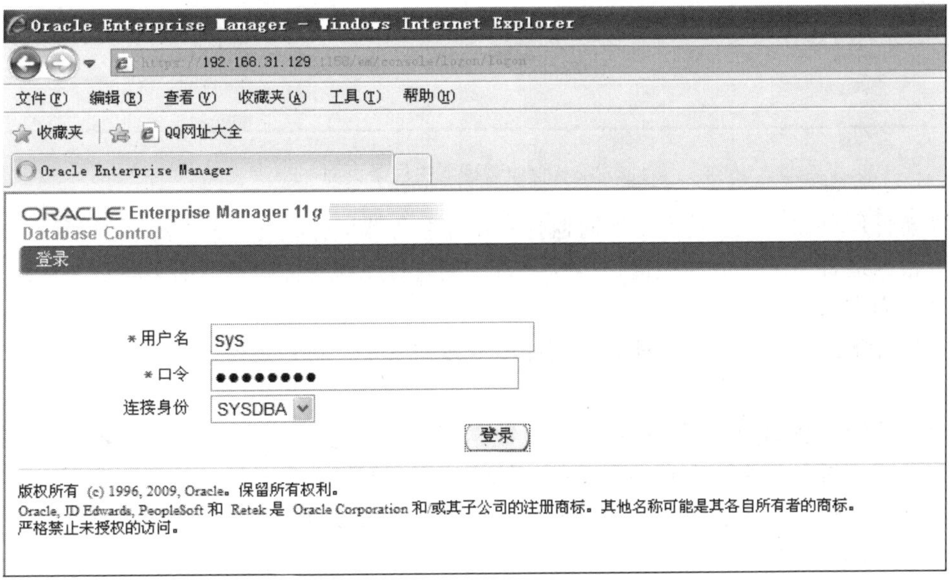

图 2-1　企业管理器登录界面

2.1.2　Oracle Enterprise Manager 管理页面

Oracle 企业管理器对数据库管理和控制操作进行了分类，分别放在"主目录""性能""可用性""服务器""方案""数据移动"与"软件和支持"7 个页面中。Oracle Enterprise Manager 的主目录页面如图 2-2 所示。

在 Oracle Enterprise Manager 的主目录页面中，可以查看数据库实例的状态、实例名、操作系统版本、主机名称、CPU 情况、活动会话数、空间概要等信息。单击"主机 CPU"下面"负载"后面的链接，可以打开主机性能页面。该页面以图形形式显示 CPU 占用率、内存使用率、磁盘 I/O 占用率，这些信息为数据库管理员分析服务器的性能提供了依据。

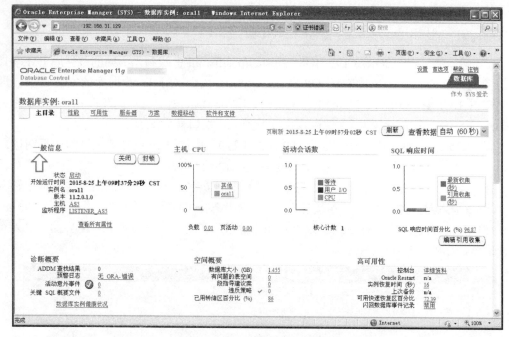

图 2-2　企业管理器主目录页面

性能管理页面的主要功能是实时监控数据库服务器运行状况,提供系统运行参数,DBA也可以根据运行情况生成性能优化诊断报告,为进行系统性能优化、有效提高系统运行效率提供有力支持。

可用性管理页面的主要功能有数据库的恢复与备份、管理备份、管理恢复、查看与管理事务等。

服务器管理页面的主要功能有存储、数据库配置、统计信息、资源管理器、安全性、查询优化程序等。其中,在存储管理中,选择"表空间"选项,通过该界面可以完成表空间的创建、编辑、查看、删除等管理操作;同时,也可以进行控制文件、数据文件、日志文件的管理。

方案管理页面的主要功能有数据库对象、程序、实体化视图、用户定义类型等。其中,在数据对象管理中,可以对表、视图、索引、同义词等进行管理;在程序管理中,可以对过程、函数、触发器等进行管理。

数据移动管理页面的主要功能有移动行数据、移动数据库文件、高级复制等。

软件和支持管理页面的主要功能有软件配置、软件补丁、部署过程管理等。

总之,Oracle Enterprise Manager 的功能很强大,能实现对数据库和其他服务进行各种管理、监控操作。

2.2　SQL*Plus 工具

SQL*Plus 是 Oracle 系统提供的交互式管理工具,是随着 Oracle 数据库的安装而自动安装的管理与开发工具。Oracle 数据库中所有的管理操作都可以通过 SQL*Plus 工具完成。

本节主要介绍 SQL*Plus 的常用内部命令的使用方法，为后面章节中使用 SQL*Plus 工具对数据库进行管理奠定基础。

2.2.1　SQL*Plus 概述

SQL*Plus 工具是随 Oracle 数据库服务器或客户端的安装而自动进行安装的管理与开发工具，是用户和服务器之间的一种接口。用户可以通过它完成 Oracle 数据库中所有的管理操作，同时，开发人员利用 SQL*Plus 工具可以测试、运行 SQL 语句和 PL/SQL 程序。

SQL*Plus 是一个最常用的工具，具有很强的功能，主要用于进行下列操作。

(1)　数据库的维护，如启动、关闭等，一般在服务器上操作。

(2)　执行 SQL 语句及执行 PL/SQL 程序。

(3)　数据处理，数据的导出，生成报表。

(4)　生成新的 SQL 脚本。

(5)　用户管理及权限维护等。

2.2.2　启动 SQL*Plus

SQL*Plus 启动方式可以分为客户端与服务器端，首先介绍在客户端启动 SQL*Plus，然后介绍在服务器端启动 SQL*Plus。

1. 在客户端启动 SQL*Plus

选择"开始"→"所有程序"→ Oracle-OraClient11g_home1→"应用程序开发"→SQL Plus 命令，如图 2-3 所示。

图 2-3　在客户端启动 SQL*Plus

进入 SQL*Plus 窗口，输入用户名及密码，如图 2-4 所示。

```
SQL Plus                                                    _ □ ×

SQL*Plus: Release 11.2.0.1.0 Production on 星期二 9月 2 21:10:29 2014

Copyright (c) 1982, 2010, Oracle.  All rights reserved.

请输入用户名： system@ora11
输入口令：

连接到：
Oracle Database 11g Enterprise Edition Release 11.2.0.1.0 - Production
With the Partitioning, OLAP, Data Mining and Real Application Testing options

SQL> show user;
USER 为 "SYSTEM"
SQL>
```

图 2-4　SQL*Plus 窗口

2．在服务器端启动 SQL*Plus

在服务器端启动 SQL*Plus 是通过在操作系统的命令提示符界面中执行命令来实现的。在 Linux 操作系统中，切换到 Oracle 用户，然后在"$"提示符下直接执行 sqlplus 命令来实现 SQL*Plus 的启动，其语法格式为：

```
sqlplus [username]/[password] [@connect_identifier] | [NOLOG] [as sysdba |
as sysoper]
```

语法说明如下。

- username：指定连接的用户名。
- password：用户连接密码。
- @connect_identifier：指定连接描述符，即数据库的网络服务名。如果不指定连接描述符，则连接到系统环境变量 ORACLE_SID 所指定的数据库；如果没有指定 ORACLE_SID 则连接到默认数据库。
- NOLOG：只启动 SQL*Plus，不连接到数据库。
- as sysdba | as sysoper：设置登录身份，如果是操作系统验证，指定 as sysdba 或 as sysoper 登录，甚至不输入用户名和密码。

例题 2-1：以 DBA 身份启动 SQL*Plus，并连接到默认数据库。

```
$sqlplus sys/ty123456 as sysdba
```

结果如图 2-5 所示。

如果不再使用 SQL*Plus 了，则直接在命令提示符 SQL 下输入 EXIT 命令或 QUIT 命令即可退出 SQL*Plus，返回到 Linux 操作系统。命令格式为：

```
SQL>EXIT
```

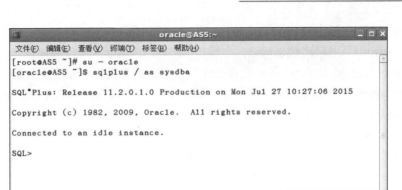

图 2-5　Oracle 11g SQL*Plus 窗口

2.2.3　SQL*Plus 的命令规则

在 SQL*Plus 的 SQL 命令提示下，执行 SQL 语句或 SQL*Plus 命令需遵守如下规则。

(1)　SQL 语句或 SQL*Plus 命令都不区分大小写。

(2)　SQL 语句或 SQL*Plus 命令都可输入在一行或多行中。如果输入的语句超过一行，SQL*Plus 自动换行，自动增加行号，并在屏幕上显示行号。

(3)　关键字不能缩写，也不能跨行分开写。

(4)　子句通常放在单独的行中，使用缩进来提高可读性。

(5)　结束每条 SQL 语句时，必须使用分号(;)，而结束 SQL*Plus 命令时不需要使用分号，按 Enter 键即可执行。

2.2.4　SQL*Plus 的内部命令

启动 SQL*Plus 并连接数据库以后，就可以在 SQL*Plus 环境中执行 SQL 语句和 SQL*Plus 命令了。

在 SQL*Plus 中可以执行的命令有以下 3 种。

(1)　SQL 语句：主要是对数据库对象操作的语言，包括 DDL、DML 和 DCL。

(2)　PL/SQL 语句：主要是对数据库对象操作的语言，包括用 PL/SQL 语言编写过程函数、触发器、包及其运行。

(3)　SQL*Plus 的内部命令：主要是用来格式化查询结果，设定选择、编辑和存储 SQL 命令，设置查询结果的显示格式，设置环境变量，编辑交互语句及与数据库对话。

1. 连接命令

1)　CONNECT

CONNECT 命令用于指定不同的用户连接数据库，也可以用于用户的切换。命令的实质是先断开当前的连接，然后建立新连接。其命令格式为：

```
CONN[ECT] [username]/[password][@connect_identifier][ AS sysdba | sysoper ]
```

语法说明如下。

- CONN[ECT]：表示此命令可以简写为前 4 个字母。

- username：指定连接的用户名。
- password：用户连接密码。
- @connect_identifier：指定连接描述符，即数据库的网络服务名。
- AS sysdba | sysoper：登录身份，sysdba 指定以管理员(DBA)身份登录，sysoper 指定以操作员身份登录。

2) DISCONNECT

DISCONNECT 命令用于断开与数据库的连接，结束当前会话，但不退出 SQL*Plus。

例题 2-2：连接数据库命令练习。

① 由当前用户切换到 scott 用户。

```
SQL>CONNECT scott/tiger
```

② 断开连接。

```
SQL>DISCONNECT
```

2．DESCRIBE 命令

DESCRIBE 命令是 SQL*Plus 的命令中使用最频繁的一个命令。使用它可以显示任意数据库对象的结构信息。命令语法格式如下：

```
DESC[RIBE] [ schema. ] object_name;
```

例题 2-3：应用 DESCRIBE 命令查看 scott 模式下 emp 表的结构。

```
SQL>DESC scott.emp
```

3．编辑命令

我们通常所说的 DML(数据操控)、DDL(数据定义)、DCL(数据控制)语句都是 SQL 语句，它们执行完后，都可以保存在一个被称为 SQL Buffer 的内存缓冲区中，并且只能保存一条最近执行的 SQL 语句。我们可以对保存在 SQL Buffer 中的 SQL 语句进行编辑修改，然后再次执行。这样的操作可以使用 SQL*Plus 提供的一组编辑命令来实现，编辑命令如表 2-1 所示。

表 2-1　SQL*Plus 的编辑命令

命　令	说　明
A[PPEND]	将指定文本追加到缓冲区内当前行的末尾
C[HANGE]	修改缓冲区当前行的文本
I[NPUT]	在缓冲区当前行后面新增加一行文本
DEL	删除缓冲区中指定的行
L[IST]	列出缓冲区中指定的行
R[UN]或/	显示缓冲区中的语句，并执行
n	将第 n 行作为当前行

1) LIST 命令

例题 2-4：应用 LIST 命令，列出上一条执行过的 SQL 语句。

```
SQL>SELECT empno,ename,sal,job FROM scott.emp;
SQL>LIST
```

2) APPEND 命令

例题 2-5：应用 APPEND 命令，在当前命令末尾增加 WHERE 子句。

① 首先执行如下 SELECT 语句。

```
SQL> SELECT ename,job,sal,deptno FROM scott.emp;
```

② 然后执行如下 APPEND 命令，在命令末尾增加 WHERE sal>3000 子句。

```
SQL>APPEND  WHERE sal>3000;
```

3) CHANGE 命令

例题 2-6：应用 CHANGE 命令，将上例中的查询条件 sal>3000 改为 3500。

```
SQL>c /3000/3500;
```

4) INPUT 命令

例题 2-7：应用 INPUT 命令，在当前语句的查询条件后添加另外的查询条件。

① 首先执行如下 SELECT 语句。

```
SQL>SELECT ename,sal,job FROM scott.emp WHERE  sal>2000;
```

② 然后执行如下 INPUT 命令添加新的查询条件，并执行。

```
SQL>INPUT AND sal<3000;
```

③ 重新执行修改后的语句，使用 / 或者 RUN 命令。

```
SQL>/
```

5) DEL 命令

例题 2-8：应用 DEL 命令，删除命令中的指定行。

① 首先执行如下 SELECT 语句。

```
SQL>SELECT empno,ename,sal,job,deptno FROM emp
    WHERE sal>2000;
```

② 然后执行 DEL 命令，删除第 2 行子句。

```
SQL>DEL 2;
```

结果删除了 SELECT 语句中第 2 行的条件子句。

4. 文件命令

SQL*Plus 中与文件操作相关的命令如表 2-2 所示。

表 2-2　SQL*Plus 文件操作命令

命　　令	说　　明
SAV[E] filename	将缓冲区内容保存到指定的 SQL 脚本文件中，默认扩展名为.sql
GET filename	将保存到文件中的内容读取到缓冲区，默认读文件扩展名为.sql
STA[RT] filename	读取 filename 所指定的文件到缓冲区，然后在 SQL*Plus 中运行文件

命　令	说　明
@filename	等同于 STA[RT] filename 命令
SPO[OL][filename]	把查询结果写到 filename 指定的文件中

1)　SAVE 命令

SAVE 命令将当前缓冲区的 SQL 语句保存到脚本文件中。

例题 2-9： 使用 SAVE 命令，将缓冲区 SQL 语句保存到文件 emp_query.sql 中。

```
SQL>SELECT empno,ename,sal,job FROM scott.emp WHERE sal>2500;
SQL>SAVE emp_query.sql
```

如不指定路径，文件被保存到系统默认路径/home/oracle。可以到指定路径下找到该文件并显示其内容。

```
[oracle@AS5~]$ cd /home/oracle
[oracle@AS5~]$ cat  emp_query.sql
```

2)　GET 命令

GET 命令将保存到文件中的 SQL 语句读到缓冲区。

例题 2-10： 使用 GET 命令，将例题 2-9 中保存在文件 emp_query.sql 中的内容读取到缓冲区中。

```
SQL>GET emp_query.sql
```

文件内容被读到缓冲区后，就可以使用编辑命令对这些内容进行操作了。

3)　HOST vi

HOST 后跟上操作系统命令就可以直接在 SQL*Plus 中使用操作系统命令了。命令 HOST vi 可以在 SQL*Plus 中调用操作系统编辑工具编辑指定文件。

例题 2-11： 在 SQL*Plus 中使用 vi 命令编辑例题 2-9 中保存的文件 emp_query.sql。

```
SQL>HOST vi emp_query.sql
```

执行该语句，可见此命令的结果是调用了操作系统的 vi 编辑工具进行文件的编辑。

💡 **注意：** 命令中的 HOST 也可以用"！"代替。

4)　START 命令

START 命令可将文件内容读到缓冲区并运行这些内容。另外，@命令等同于 START 命令。

例题 2-12： 将例题 2-9 中保存在文件 emp_query.sql 中的内容读取到缓冲区中并执行。

```
SQL>START emp_query.sql
```

执行此命令的结果是运行了保存在文件 emp_query.sql 中的内容。

5)　SPOOL 命令

SPOOL 命令是将屏幕上的内容保存到文本文件中。

例题 2-13： 使用 SPOOL 命令，指定要保存的文件为 emp_query_outcome.txt。

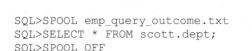

```
SQL>SPOOL emp_query_outcome.txt
SQL>SELECT * FROM scott.dept;
SQL>SPOOL OFF
```

5. 环境设置命令

SQL*Plus 提供了大量的系统变量，又称为环境变量，通过设置这些环境变量可以控制 SQL*Plus 的运行环境并对查询结果进行格式化。这些环境变量设置之后一直起作用，直到会话结束或下一个环境变量的设置。环境变量的值主要是通过如下两个命令来显示或设置。

- SHOW 命令：显示环境变量的值。
- SET 命令：设置和修改环境变量的值。

1) LINESIZE

设置一行可以容纳的字符数量，默认为 80。LINESIZE 值越大，可在一行显示的数据越多。

设置语法格式为：SET LINESIZE *n*

例题 2-14：对 scott 模式下的 emp 表进行查询操作时，LINESIZE 设置一行容纳 200 个字符。

```
SQL>SET LINESIZE 200
```

2) PAGESIZE

设置一页可以容纳的行数，默认值是 14。PAGESIZE 值越大，可在一页显示的数据越多。

设置语法格式为：SET PAGESIZE *n*

例题 2-15：对 scott 模式下的 emp 表进行查询操作时，PAGESIZE 设置一页可以容纳 20 行。

```
SQL>SHOW PAGESIZE
SQL>SET PAGESIZE 20
```

3) AUTOCOMMIT

设置是否自动提交 DML 语句，默认值为 OFF。当值为 ON 时，每次用户执行 DML 语句时都自动提交。

例题 2-16：对 AUTOCOMMIT 值进行设置。

```
SQL>SHOW AUTOCOMMIT
SQL>SET AUTOCOMMIT ON
```

4) AUTOTRACE

设置为 DML 语句的成功执行产生一个执行报告，默认值为 OFF。如果值为 ON，则产生执行报告。

例题 2-17：对 AUTOTRACE 值进行设置。

```
SQL>SHOW AUTOTRACE
SQL>SET AUTOTRACE ON
```

5) TIMING

设置是否显示 SQL 语句的执行时间，默认值为 OFF，不显示。如果设置为 ON，则显示 SQL 语句的执行时间。

例题 2-18: 对 TIMING 值进行设置。

```
SQL>SET TIMING ON
```

6. 其他命令

1) SHOW 命令

SHOW 命令的常用形式如下。

- SHOW USER: 查看当前连接的用户名。
- SHOW SGA: 显示 SGA 的大小。
- SHOW ERROR: 查看详细的错误信息。
- SHOW PARAMETER: 查看系统初始化参数信息。
- SHOW ALL: 查看 SQL*Plus 的所有系统变量的值。

2) CLEAR SCREEN 命令

CLEAR SCREEN 命令可以清除屏幕上的所有内容。

3) HELP 命令

HELP 命令用来查看 SQL*Plus 命令的帮助信息。

例题 2-19: 查看 SPOOL 命令的帮助信息。

```
SQL>HELP SPOOL
```

2.3 SQL Developer

Oracle SQL Developer 是 Oracle 公司出品的一个免费的集成开发环境,是免费的图形化数据库开发工具。使用 SQL Developer 可以浏览数据库对象、运行 SQL 语句和脚本、编辑和调试 PL/SQL 语句;另外还可以创建执行和保存报表(reports)。SQL Developer 以 Java 编写而成,能够提供跨平台工具,容易上手,但不能完成一些非常底层的管理功能。使用 Java 意味着同一工具可以运行在 Windows、Linux 和 MAC OS X 系统中。SQL Developer 可以提高工作效率并简化数据库开发任务。SQL Developer 的登录方式可以分为客户端与服务器端,首先介绍在客户端登录 SQL Developer,然后介绍在服务器端登录 SQL Developer。

2.3.1 客户端 SQL Developer 登录

安装 Oracle 11g 数据库之后,Oracle 自动安装了 Oracle SQL Developer。Oracle SQL Developer 是针对 Oracle 数据库的交互式开发环境的图形化数据库开发工具,客户端 SQL Developer 的登录步骤如下。

(1) 首先,在服务器端启动监听。

```
[oracle@AS5 ~]$ lsnrctl start
```

(2) 启动数据库服务器。

```
[oracle@AS5 ~]$ sqlplus / as sysdba
SQL>startup
```

(3)　启动控制台。

```
[oracle@AS5 ~]$ emctl start dbconsole
```

(4)　选择"开始"→"所有程序"→Oracle-OraClient11g_home1→"应用程序开发"→SQL
Developer 命令，如图 2-6 所示。

图 2-6　客户端登录 SQL Developer

(5)　单击 SQL Developer 应用程序，第一次打开时，会提示配置 java.exe，找到 Oracle
安装的 jdk 目录下的 java.exe 程序，单击 OK 按钮。

(6)　配置好 java 路径后，就进入了 SQL Developer 主界面，左侧有连接的地方，右击，
选择"新建连接"命令。此时会显示数据连接的一些配置信息，从中填上数据库的一些信
息即可。可以连接多个用户以供使用。用户名为常用 SYS、scott 和 system 用户，配置如
图 2-7 所示。主机名填写 localhost 或 IP 地址都可以，端口和 SID 必须与配置好的监听信息
一致。

图 2-7　测试建立的连接

配置完成后，可以直接单击"测试"按钮进行测试。测试成功后，单击"保存"按钮即可。登录 SQL Developer 界面，展开 ora11 数据库，可以在列表中看到该数据库的信息，同时也可以运行 SQL 语句查看表的信息，如图 2-8 所示。

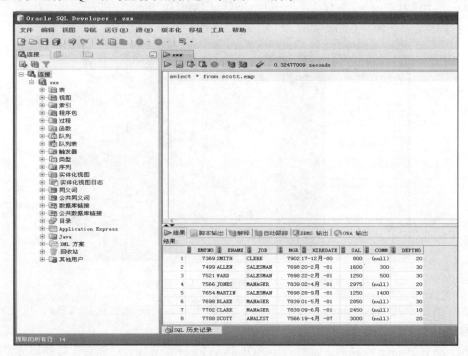

图 2-8　登录 SQL Developer 界面

2.3.2　从服务器登录 SQL Developer

Oracle 在安装成功后，SQL Developer 在服务器自动安装。可以从服务器直接登录 SQL Developer，具体步骤如下。

(1) 首先，启动监听。

```
[oracle@AS5 ~]$ lsnrctl status
[oracle@AS5 ~]$ lsnrctl start
```

(2) 启动数据库服务器。

```
[oracle@AS5 ~]$ sqlplus / as sysdba
SQL>startup
```

(3) 运行 sqldeveloper。

```
[root@AS5 ~]# cd /u01/app/oracle/product/11.2.0/db_1/sqldeveloper
[root@AS5 sqldeveloper]# ./sqldeveloper.sh
```

或

```
[root@AS5 ~]# cd /u01/app/oracle/product/11.2.0/db_1/sqldeveloper
[root@AS5 sqldeveloper]# sh sqldeveloper.sh
```

(4) 建立连接的配置与客户端的一致，参看客户端 SQL Developer 登录步骤(6)。

2.4　Net Configuration Assistant

在科研团队搞开发项目时，每个人只需要安装一个客户端即可，没有必要每个人都安装一个 Oracle 数据库服务器，数据库服务器是共享的，此时，就需要配置客户端。

在网络环境中，客户端用户需要通过网络访问 Oracle 数据库，需要做本地网络服务名配置。配置的目的，就是让客户端能够根据配置信息找到服务器，以及服务器上的数据库。配置的核心包括服务器的 IP 地址、端口、SID 或者 serviceName 等。一般使用网络配置助手(Net Configuration Assistant)工具进行配置，使客户端用户连接到远端的数据库服务器，实质上是对配置文件 tnsnames.ora 的操作。Net Configuration Assistant 工具是基于图形化界面的 Oracle 网络配置的基本工具，比直接编辑 tnsnames.ora 文件方便易用。Net Configuration Assistant 主要完成监听程序的配置、命名方法配置、本地网络服务名配置、目录使用配置。下面主要介绍本地网络服务名的配置过程。

本地网络服务名配置可以创建、修改、删除、重命名，测试存储在本地 tnsnames.ora 文件中的连接描述符的连接，从而对网络服务名进行配置。下面介绍使用 NCA 配置本地网络服务名的步骤。

(1)　首先，启动数据库服务器，启动监听。

```
[oracle@AS5 ~]$ sqlplus / as sysdba
SQL>startup
[oracle@AS5 ~]$ lsnrctl start
```

(2)　在客户端，选择"开始"→"所有程序"→Oracle-OraClient11g_home1→"配置和移植工具→Net Configuration Assistant 命令，运行 Net Configuration Assistant，打开"欢迎使用"对话框，选中"本地网络服务名配置"单选按钮，单击"下一步"按钮，如图 2-9 所示。

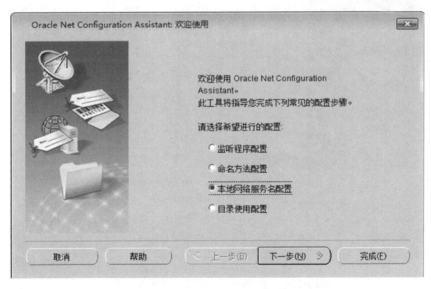

图 2-9　"欢迎使用"对话框

(3) 出现"网络服务名配置"窗口,选中"添加"单选按钮,单击"下一步"按钮,如图 2-10 所示。

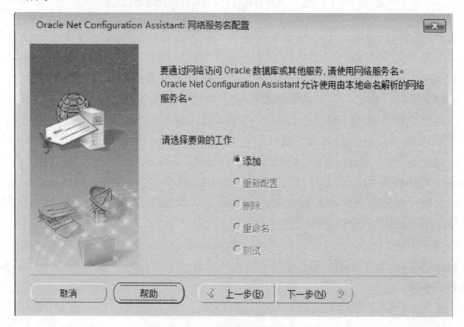

图 2-10 "网络服务名配置"窗口

(4) 出现"网络服务名配置,服务名"窗口,指定远程数据库服务名,单击"下一步"按钮,如图 2-11 所示。

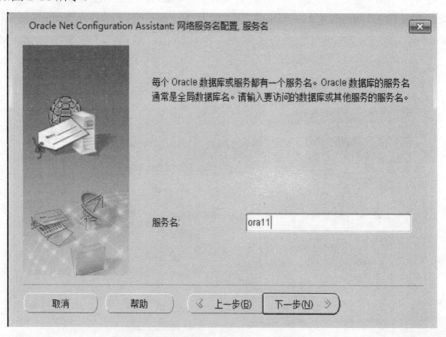

图 2-11 "网络服务名配置,服务名"窗口

(5) 出现"网络服务名配置,选择协议"窗口,选择 TCP 指定协议,单击"下一步"

按钮。出现"网络服务名配置，TCP/IP 协议"窗口，输入主机名：192.168.31.129(虚拟机的 IP 地址即 192.168.31.129)，使用默认端口号 1521，单击"下一步"按钮，如图 2-12 所示。

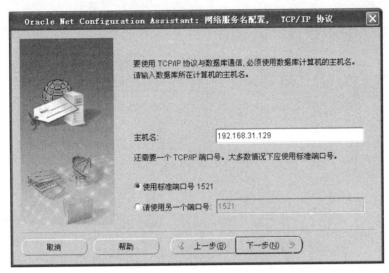

图 2-12　"网络服务名配置，TCP/IP 协议"窗口

(6)　出现"网络连接测试"窗口，选择"进行测试"选项，单击"下一步"按钮。 输入用户名与密码，也可以单击"更改登录"按钮，更改其他用户测试，如图 2-13 所示。如果测试成功，显示"测试成功"对话框，单击"下一步"按钮。

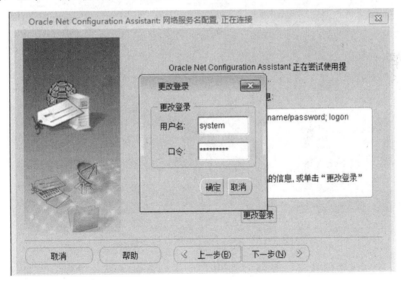

图 2-13　"更改登录"对话框

(7)　出现"网络服务名配置，网络服务名"窗口，输入网络服务名，单击"下一步"按钮，如图 2-14 所示。

(8)　出现"网络服务名配置完毕"窗口，结束网络服务名配置名。 在客户端，登录 SQL*Plus，测试从客户端连接数据库，如图 2-15 所示。

图2-14 "网络服务名配置中，网络服务名"窗口

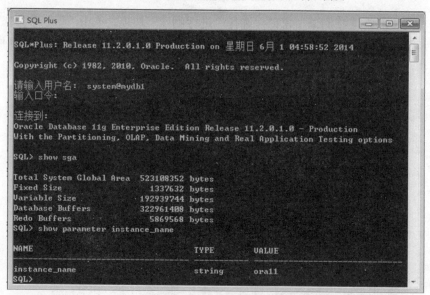

图2-15 测试从客户端连接数据库

💡 **注意：** 在本地网络服务名配置过程中，会遇到各种问题，使测试不能通过。配置本地网络服务名时，服务器端监听及数据库必须启动。修改客户端的网卡IP与虚拟机IP为一个网段。具体步骤如下。

(1) 从操作系统进入网络邻居，选择VMnet1，右击后选择"属性"命令，选择TCP/IP协议，设置IP地址，如图2-16所示。

图 2-16　网卡 VMnet1 属性

(2)　查看网卡 IP 地址，若网卡的 IP 地址与 Linux 虚拟机 IP 地址不是同一网段的，设置 IP 地址，需要把 IP 地址设置为与 Linux 虚拟机 IP 地址同一网段的，如图 2-17 所示。

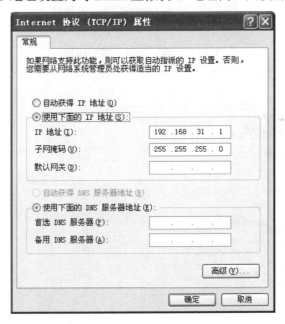

图 2-17　设置网卡 VMnet1 的 IP 地址

(3)　在 Linux 虚拟机，选择 Edit 菜单，选择 Virtual Network Editor 命令，把 VMnet1 也设置为同一段网址，如图 2-18 所示。

(4)　把客户端的网卡 IP 与虚拟机 IP 设置为同一个网段，本地网络服务名配置测试就能通过了。

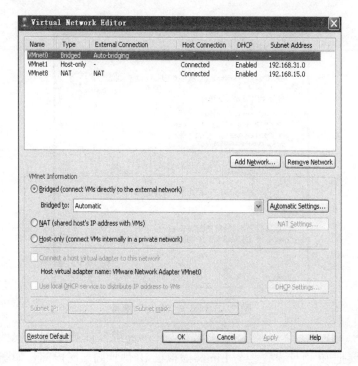

图 2-18　设置 Linux 虚拟机 IP 地址

2.5　案 例 实 训

完善下面的代码。

(1) `[root@AS5 ~]# _____`
    `[oracle@AS5 ~]$`

(2) `[oracle@AS5 ~]$ _____`
    `SQL>`

(3) `SQL> show user;`
    `USER is ""`
    `SQL>_____`
    `SQL> show user;`
    `USER is "SYS"`

(4) `SQL> select * from scott.emp;`
    `SQL>L`
    `SQL>_____`

(5) `SQL> show user;`
    `USER is "SYS"`
    `SQL>_____`
    `SQL> show user;`
    `USER is "SYSTEM"`

答案：

(1) su - oracle　　(2) sqlplus　/ as sysdba　　(3) conn　/ as sysdba

(4) select * from scott.emp　　　(5) conn system/password@ora11

本 章 小 结

本章介绍了 Oracle 的常用数据库管理工具，包括企业管理器、基于命令行的 SQL*Plus、SQL Developer、网络配置助手(Net Configuration Assistant)。

对于开发人员来说，SQL Developer 工具容易上手，一般考虑团队实际开发效率，会选择该工具；而 Oracle 管理员一般会选择 SQL*Plus 来完成一些非常底层的管理功能。

习 题

1. 选择题

(1) 登录到 Oracle Enterprise Manager 时，打开 IE 浏览器，在地址栏输入正确的 URL 为( )。

    A. http://服务器 ip:1521/   B. http://服务器 ip:1521/em

    C. http://服务器 ip:5500/   D. https://服务器 ip:1158/em

(2) 登录企业管理器，需要完成一些操作，下面哪个操作不需要完成?( )

    A. lsnrctl start   B. emctl start dbconsole

    C. startup   D. shutdown immediate

(3) Oracle 的什么服务接受来自客户端应用程序的连接请求?( )

    A. Listener   B. HTTPS   C. HTTP   D. FTP

(4) 可以通过执行( )命令运行 SQL Plus。

    A. sqlplus   B. sql plus   C. splus   D. osqlplus

(5) 在登录 Oracle Enterprise Manager 时，要求验证用户的身份。下面不属于可以选择的身份为( )。

    A. Normal   B. SYSOPER   C. SYSDBA   D. Administrator

(6) 关于 SQL*Plus 内部命令，下面哪种说法是错误的?( )

    A. SQL 语句可输入在一行或多行中

    B. 必须使用分号 (;) 结束每条 SQL 语句

    C. SQL 语句区分大小写

    D. 关键字不能缩写，也不能跨行分开写

(7) 如何将执行过的 SQL 语句保存在指定文件中以便下次调用?( )

    A. spool aaa   B. write aaa   C. append aaa   D. save aaa

(8) SQL>@aaa 命令的作用是( )。

    A. 读取 aaa.sql 文件中的 SQL 语句

    B. 不读取但执行 aaa.sql 文件中的 SQL 语句

    C. 执行 aaa.sql 文件中的 SQL 语句

    D. 查看 aaa.sql 文件中的 SQL 语句

(9) 如何查看指定表结构？（　　　）

A. select * from emp　　　　　　　　B. desc emp

C. get emp　　　　　　　　　　　　　D. list emp

2．简答题

(1) 登录 Enterprise Manager 有哪些主要步骤？

(2) 如何启动、关闭、查看 Oracle 监听器？

(3) 配置客户端网络服务器名有哪些步骤？

3．操作题

(1) 以 SYS 身份访问 Enterprise Manager，查看服务器、CPU 运行情况。

(2) 在客户端登录 SQL Developer，并建立一个连接。

(3) 在服务器端登录 SQL Developer，并建立一个连接。

(4) 在客户端，以 SYSTEM 身份登录 SQL*Plus，并显示 emp 表的信息。

(5) 以 SYS 用户登录，显示当前用户，然后切换 SYSTEM 用户，并显示当前用户。

(6) 在服务器端，以 SYS 身份登录 SQL*Plus，给 SCOTT 解锁并修改口令，并切换到 SCOTT 用户。

(7) 举例验证说明 save、get、@几个命令区别。

(8) 使用 SAVE 命令，将缓冲区 SQL 语句保存到文件 emp_query.sql 中。

(9) 用 vi 建立文本一个以自己名字命名的文本文件建立 student 表、sc 表、course 表，然后添加数据，运行文本文件，并查看运行结果。

(10) 查询 emp 表中工资在 1000～2000 元的记录信息，使用命令行方式、SQL 缓冲区方式、脚本文件三种方式运行 SQL 语句。

第 3 章 物理存储结构

本章要点：物理存储结构描述 Oracle 数据库中的数据在操作系统中的组织管理。本章首先简单介绍 Oracle 的体系结构，然后重点介绍 Oracle 物理存储结构及其管理方法，包括数据文件、控制文件、重做日志文件的管理以及数据库的归档。

学习目标：理解数据库的体系结构组成及特点，掌握数据文件、控制文件、重做日志文件的管理以及数据库的归档及其管理。重点掌握 Oracle 物理存储结构及其管理方法。

3.1 Oracle 数据库体系结构

Oracle 体系结构主要用来分析数据库的组成、工作过程与原理，以及数据在数据库中的组织与管理机制。Oracle 11g 数据库体系结构由数据库实例和存储结构两大部分组成，如图 3-1 所示。

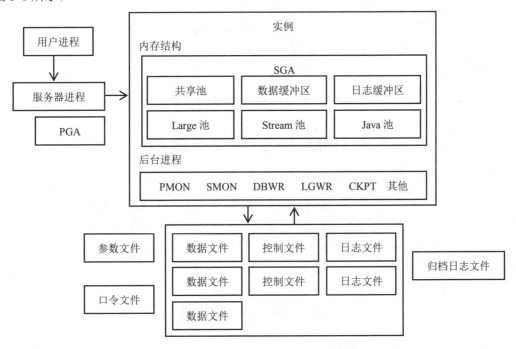

图 3-1 Oracle 11g 数据库的体系结构

数据库实例是指一组 Oracle 后台进程以及在服务器中分配的内存区域，存储结构是指数据库存储数据的方式。数据的存储结构分为物理存储结构和逻辑存储结构。

物理存储结构主要用于描述 Oracle 数据库外部数据的存储，即在操作系统中如何组织和管理数据，与具体的操作系统有关；逻辑存储结构主要描述 Oracle 数据库内部数据的组织和管理方式，与操作系统没有关系。物理存储结构是逻辑存储结构在物理上的、可见的、可操作的、具体的体现形式。逻辑存储结构包括表空间、段、区和块。

从物理角度看，数据库由数据文件构成，数据存储在数据文件中；从逻辑角度看，数据库是由表空间构成的，数据存储在表空间中。一个表空间包含一个或多个数据文件，但一个数据文件只能属于一个表空间。Oracle 数据库的存储结构如图 3-2 所示。

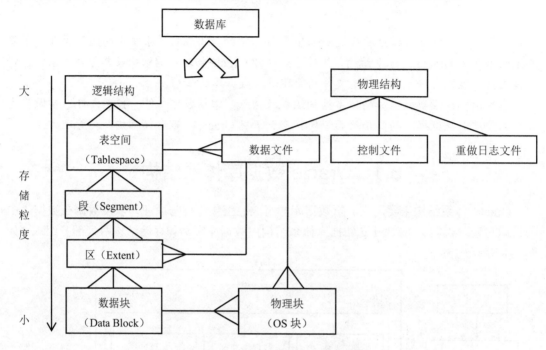

图 3-2　Oracle 11g 数据库的存储结构

3.2　Oracle 的物理存储结构

Oracle 的物理存储结构由存储在磁盘中的操作系统文件所组成，Oracle 在运行时需要使用这些文件。这些物理文件包括数据文件、控制文件、重做日志文件、归档文件、初始化参数文件、跟踪文件、口令文件、警告文件、备份文件等。一般我们说到数据库物理存储结构，主要指的是数据文件(*.dbf)、控制文件(*.ctl)和重做日志文件(*.log)。下面分别对这三类重要文件进行介绍。

3.3　数　据　文　件

数据文件用于保存数据库中的数据，数据库中所有的数据最终都保存在数据文件中，包括系统数据、数据字典数据、临时数据、索引数据、应用数据等，数据文件的扩展名为.dbf。Oracle 数据库所占用的空间主要就是数据文件所占用的空间。用户对数据库的操作，如数据的插入、删除、修改和查询等，本质上都是对数据文件进行操作。

在 Oracle 数据库中，数据文件是依附于表空间而存在的。一个表空间可以包含几个数据文件，但一个数据文件只能从属于一个表空间。在逻辑上，数据库对象都存放在表空间中，实质上是存放在表空间所对应的数据文件中。

3.3.1　创建数据文件

创建数据文件实质上就是向表空间添加文件。在创建数据文件时，应该根据文件数据量的大小确定文件的大小和文件的增长方式。在数据库运行与维护时，可以通过 ALTER TABLESPACE 向表空间添加数据文件，语法格式为：

```
ALTER TABLESPACE tablespace_name ADD DATAFILE datafile_name SIZE n;
```

例题 3-1： 向 ora11 数据库的 users 表空间中添加一个大小为 20MB 的数据文件。

```
SQL>ALTER TABLESPACE users ADD DATAFILE
2 '\u01\app\oracle\oradata\ora11\users02.dbf' SIZE 20M;
```

3.3.2　修改数据文件的大小

随着数据库中数据容量的变化，可以调整数据文件的大小。改变数据文件大小可采用如下两种方法。

1. 设置数据文件为自动增长方式

如果数据文件是自动增长的，那么当数据文件空间被填满时，系统可以自动扩展数据文件的空间大小。

(1) 在创建数据文件时，可以使用 ALTER TABLESPACE…AUTOEXTEND ON 子句将数据文件设置为自动增长方式。

(2) 如果数据文件已经存在，可以使用 ALTER DATABASE…AUTOEXTEND ON 语句将该数据文件修改为自动增长方式或取消自动增长方式。

例题 3-2： 为 ora11 数据库的 users 表空间添加一个自动增长的数据文件。

```
SQL>ALTER TABLESPACE users ADD DATAFILE
2 '/u01/app/oracle/oradata/ora11/users03.dbf' SIZE 10M
3 AUTOEXTEND ON NEXT 512K MAXSIZE 50M;
```

其中，NEXT 参数指定数据文件每次自动增长的大小；MAXSIZE 参数指定数据文件的极限大小，如果没有限制，则可以设定为 UNLIMITED。

例题 3-3： 修改 ora11 数据库 users 表空间的数据文件 users02.dbf 为自动增长方式。

```
SQL>ALTER DATABASE DATAFILE
2 '/u01/app/oracle/oradata/ora11/users02.dbf
3 AUTOEXTEND ON NEXT 512K MAXSIZE UNLIMITED;
```

2. 手动改变数据文件的大小

创建数据文件以后，也可以手动修改数据文件的大小。修改数据文件的大小通过使用 ALTER DATABASE 语句实现，语法格式为：

```
ALTER DATABASE DATAFILE datafile_name RESIZE n;
```

例题 3-4： 将 ora11 数据库 users 表空间的数据文件 users02.dbf 大小设置为 10MB。

```
SQL>ALTER DATABASE DATAFILE
2 '/u01/app/oracle/oradata/ora11/users02.dbf' RESIZE 10M;
```

3.3.3 改变数据文件的可用性

如果发生以下几种情况，需要改变数据文件的可用性。

(1) 要进行数据文件的脱机备份时，需要先将数据文件脱机。

(2) 需要重命名数据文件或改变数据文件的位置时，需要先将数据文件脱机。

(3) 如果 Oracle 在写入某个数据文件时发生错误，会自动将该数据文件设置为脱机状态，并且记录在警告文件中；排除故障后，需要以手动方式重新将该数据文件恢复为联机状态。

(4) 如果数据文件丢失或损坏，需要在启动数据库之前将数据文件脱机。

用户可以通过将数据文件联机或脱机来改变数据文件的可用性。处于脱机状态的数据文件对数据库来说是不可用的，直到它们被恢复为联机状态。归档模式下，可以分别使用以下命令来改变数据文件的可用性，语法格式为：

```
ALTER DATABASE DATAFILE datafile_name ONLINE | OFFLINE
```

例题 3-5：将归档模式下的 **ora11** 数据库 users 表空间的数据文件 users02.dbf 脱机。

```
SQL>ALTER DATABASE DATAFILE
2 '/u01/app/oracle/oradata/ora11/users02.dbf' OFFLINE;
```

归档模式下，可以使用以下命令来改变表空间的所有文件联机或脱机状态，语法格式为：

```
ALTER TABLESPACE tablespace_name DATAFILE ONLINE | OFFLINE
```

例题 3-6：在归档模式下，将 users 表空间中所有的数据文件脱机，但 users 表空间不脱机，然后将 users 表空间中的所有数据文件联机。

```
SQL>ALTER TABLESPACE users DATAFILE OFFLINE;
SQL>RECOVER TABLESPACE users;
SQL>ALTER TABLESPACE users DATAFILE ONLINE;
```

💡 **注意：**　如果数据库处于打开状态，则不能将 SYSTEM 表空间、UNDO 表空间和默认的临时表空间中所有的数据文件或临时文件同时设置为脱机状态。

3.3.4 改变数据文件的名称或位置

在数据文件建立之后，还可以改变它们的名称或位置。通过重命名或移动数据文件，可以在不改变数据库逻辑存储结构的情况下，对数据库的物理存储结构进行调整。

1. 改变同一个表空间的数据文件的名称和位置

如果要改变的数据文件属于同一个表空间，可以使用 ALTER TABLESPACE 语句实现，语法格式为：

```
ALTER TABLESPACE tablespace_name RENAME DATAFILE old_datafile_name TO
new_datafile_name;
```

例题 3-7：更改 ora11 数据库 users 表空间的 users02.dbf 和 users03.dbf 文件名为 users002.dbf 和 users003.dbf。

① 将包含数据文件的表空间置为脱机状态。

```
SQL>ALTER TABLESPACE users OFFLINE;
```

② 在 Linux 操作系统中重命名数据文件或移动数据文件到新的位置。分别将 users02.dbf 和 users03.dbf 文件重命名为 users002.dbf 和 users003.dbf。

注意：改变数据文件的名称或位置时，Oracle 只是改变记录在控制文件和数据字典中的数据文件信息，并没有改变操作系统中数据文件的名称和位置，因此需要 DBA 手动更改操作系统中数据文件的名称和位置。

③ 使用 ALTER TABLESPACE 语句修改控制文件中的信息。

```
SQL>ALTER TABLESPACE users RENAME DATAFILE
2  '/u01/app/oracle/oradata/ora11/users02.dbf',
3  '/u01/app/oracle/oradata/ora11/users03.dbf' TO
4  '/u01/app/oracle/oradata/ora11/users002.dbf',
5  '/u01/app/oracle/oradata/ora11/users003.dbf';
```

④ 最后将表空间联机。

```
SQL>ALTER TABLESPACE users ONLINE;
```

2. 改变属于多个表空间的数据文件

要改变的数据文件属于多个表空间，则使用 ALTER DATABASE 语句实现，语法格式为：

```
ALTER DATABASE RENAME DATAFILE old_datafile_name TO new_datafile_name;
```

例题 3-8：更改 ora11 数据库 users 表空间中 users002.dbf 文件的位置并修改 tools 表空间中的 tools01.dbf 文件名。

① 关闭数据库。

```
SQL>SHUTDOWN IMMEDIATE
```

② 在 OS 中，将要改动的数据文件复制到新位置或改变它们的名称。将 users 表空间中的 users002.dbf 文件复制到一个新的位置，如\u01\app\oracle\oradata，修改 tools 表空间的数据文件 tools01.dbf 的名为 tools001.dbf。

③ 启动数据库到 MOUNT 状态。

```
SQL>STARTUP MOUNT
```

④ 执行 ALTER DATABASE RENAME DATA FILE...TO 语句更新数据文件的名称或位置。

```
SQL>ALTER DATABASE RENAME DATAFILE
2  '/u01/app/oracle/oradata/ora11/users002.dbf',
3  '/u01/app/oracle/oradata/ora11/tools01.dbf' TO
4  '/u01/app/oracle/oradata/users002.dbf',
```

```
5  '/u01/app/oracle/oradata/ora11/tools001.dbf';
```

⑤ 最后打开数据库。

```
SQL>ALTER DATABASE OPEN;
```

3.3.5 删除数据文件

删除数据文件可以用 ALTER TABLESPACE 语句实现，语法格式为：

```
ALTER TABLESPACE tablespace_name DROP DATAFILE datafile_name;
```

删除数据文件时，将删除控制文件和数据字典中与该数据文件相关的信息，同时也将删除操作系统中对应的物理文件。

例题 3-9：删除 users 表空间中的数据文件 users03.dbf。

```
SQL>ALTER TABLESPACE users DROP DATAFILE
2  '/u01/app/oracle/oradata/ora11/users03.dbf';
```

3.3.6 查询数据文件信息

如果要查询数据文件的详细信息，包括数据文件的名称、所属表空间、文件号、大小以及是否自动扩展等，可以使用 dba_data_files 视图。

例题 3-10：使用数据字典 dba_data_files 查看表空间 SYSTEM 所对应的数据文件的部分信息。

```
SQL>SELECT file_name,tablespace_name,autoextensible
2  FROM dba_data_files  WHERE tablespace_name='SYSTEM';
```

查询结果如下：

```
FILE_NAME                                    TABLESPACE_NAME   AUTO
-------------------------------------------- ----------------- -----
/u01/app/oracle/oradata/ora11/system01.dbf   SYSTEM            YES
```

例题 3-11：使用 v$datafiles 查询当前数据库所有数据文件的动态信息。

```
SQL>SELECT file#,name,checkpoint_change# FROM v$datafile;
```

查询结果如下：

```
FILE#  NAME                                        CHECKPOINT_CHANGE#
-----  ------------------------------------------- ------------------
1      /u01/app/oracle/oradata/ora11/system01.dbf   1534143
2      /u01/app/oracle/oradata/ora11/sysaux01.dbf   1534143
3      /u01/app/oracle/oradata/ora11/undotbs01.dbf  1534143
4      /u01/app/oracle/oradata/ora11/users01.dbf    1534143
5      /u01/app/oracle/oradata/ora11/users002.dbf   1534143
6      /u01/d1.dbf                                  1534143
7      /u01/d2.dbf                                  1534143
8      /u01/a.dbf                                   1534143
```

数据字典 v$datafile 可以获取数据库所有数据文件的动态信息，在不同时间查询的结果是不同的。

3.4　重做日志文件

重做日志文件是记录数据库中所有修改信息的文件，简称日志文件。日志文件以重做记录的形式记录、保存用户对数据库所进行的变更操作，包括用户执行 DDL、DML 语句的操作。如果用户只对数据库进行查询操作，那么该操作不会被记录到日志文件中。重做日志文件的扩展名为.log。

在 Oracle 数据库中，当数据库中出现修改信息时，修改后的数据信息首先存储在内存的重做日志缓冲区中，最终由 LGWR 进程写入重做日志文件。当用户提交一个事务时，与该事务相关的所有重做记录被 LGWR 进程写入日志文件。因此，当数据库出现故障时，利用重做日志文件可以恢复数据库。

3.4.1　重做日志文件的工作过程

既然重做日志文件这么重要，就需要保证日志文件的安全，所以日志文件不应该唯一存在。即同一批日志信息不应该只保存于一个日志文件中，否则一旦发生意外，这些重做日志信息将全部丢失。在实际应用中，允许对日志文件进行镜像，重做日志文件与镜像文件记录同样的日志信息，它们构成一个重做日志组，同一个组中的日志文件可以存放在不同的磁盘中，这样可以保证一个日志文件受损时，还有其他日志文件可以提供日志信息。

Oracle 中的重做日志文件组是循环使用的，每个数据库至少需要三个重做日志文件组，采用循环写的方式进行工作。这样就能保证，当一个重做日志文件组在进行归档时，还有另一个重做日志文件组可用。当一个重做日志文件组被写满后，后台进程 LGWR 开始写入下一个重做日志组文件，即日志切换。当所有的日志文件组都写满后，LGWR 进程再重新写入第一个日志组文件。重做日志文件的工作过程如图 3-3 所示。

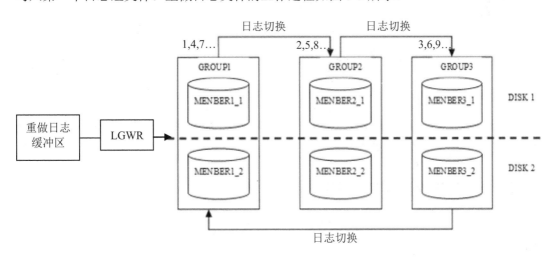

图 3-3　重做日志文件的工作过程

发生日志切换时，日志组中已有的重做日志信息是否被覆盖，取决于数据库的运行模式。如果数据库处于"非归档模式"，则该重做日志文件中所有重做记录所对应的修改结果必须全部写入到数据文件中。日志组文件中的信息直接被覆盖。如果数据库处于"归档模式",则该重做日志文件组中所有重做记录所对应的修改结果必须全部写入到数据文件中,日志组中的重做日志信息被归档进程(ARCn)写入到归档日志文件中。

3.4.2　添加重做日志文件组

通常在数据库创建的时候会创建几个默认的重做日志文件组。Oracle 11g 默认每个数据库实例建立 3 个日志组,每组一个日志文件,文件名称为 redo01.log、redo02.log 和 redo03.log。数据库运行过程中,可以根据需要为数据库添加重做日志文件组。

为数据库添加重做日志文件组可以使用 ALTER DATABASE 语句实现,语法格式为:

```
ALTER DATABASE ADD LOGFILE GROUP group_number ( logfile_name [, ...])SIZE n;
```

例题 3-12:列出数据库 ora11 中默认的重做日志文件组,并为其添加一个重做日志文件组。

① 显示 ora11 数据库中默认的重做日志文件组信息。

```
SQL>SELECT group#,member FROM v$logfile;
```

查询结果如下:

```
GROUP#     MEMBER
---------- --------------------------------------------------
    3      /u01/app/oracle/oradata/ora11/redo03.log
    2      /u01/app/oracle/oradata/ora11/redo02.log
    1      /u01/app/oracle/oradata/ora11/redo01.log
```

可见系统默认是三个日志组,每组一个文件。

② 为 ora11 数据库添加一个重做日志文件组。

```
SQL>ALTER DATABASE ADD LOGFILE GROUP 4
2 ('/u01/app/oracle/oradata/ora11/redo04a.log',
3 '/u01/app/oracle/oradata/ora11/redo04b.log') SIZE 4M;
```

为当前数据库添加了重做日志文件组 4,在该组上创建了两个重做日志文件成员:redo04a.log 和 redo04b.log,大小都为 4MB。

💡 **注意:** ① 分配给每个重做日志文件的初始空间至少为 4MB。

② 如果没有使用 GROUP 子句指定组号,则系统会自动产生组号,为当前重做日志文件组的个数加 1。

3.4.3　添加重做日志文件组成员

向重做日志文件组中添加成员文件也可以使用 ALTER DATABASE 语句来实现,语法格式为:

```
ALTER DATABASE ADD LOGFILE MEMBER logfile_name TO GROUP n [ , ... ];
```

例题 3-13:向数据库 ora11 中的重做日志文件组 1 和重做日志文件组 4 中各添加一个成员。

① 添加组成员。

```
SQL>ALTER DATABASE ADD LOGFILE MEMBER
2 '/u01/app/oracle/oradata/ora11/redo01c.log' TO GROUP 1,
3 '/u01/app/oracle/oradata/ora11/redo04c.log' TO GROUP 4;
```

② 显示添加之后的结果。

```
SQL>SELECT group#,member FROM v$logfile;
```

GROUP#	MEMBER
3	/u01/app/oracle/oradata/ora11/redo03.log
2	/u01/app/oracle/oradata/ora11/redo02.log
1	/u01/app/oracle/oradata/ora11/redo01.log
4	/u01/app/oracle/oradata/ora11/redo04a.log
4	/u01/app/oracle/oradata/ora11/redo04b.log
1	/u01/app/oracle/oradata/ora11/redo01c.log
4	/u01/app/oracle/oradata/ora11/redo04c.log

💡 注意：　①同一个重做日志文件组中的成员文件存储位置应尽量分散；②不需要指定文件大小，新成员文件大小默认与组内成员大小相同。

3.4.4　改变重做日志文件组成员文件的名称或位置

使用 ALTER DATABASE 可以改变重做日志文件组成员文件的名称和位置，语法格式为：

```
ALTER DATABASE RENAME FILE old_logfile_name TO new_logfile_name;
```

例题 3-14：将重做日志文件 redo01c.log 重命名为 redo01b.log，将 redo04c.log 移到 /u01/app/oracle/oradata/目录下。

① 首先查看要修改的成员文件所在的日志文件组状态。

```
SQL>SELECT group#, status FROM v$log;
```

GROUP#	STATUS
1	INACTIVE
2	CURRENT
3	INACTIVE
4	UNUSED

如果要修改的日志文件组不是处于 INACTIVE 或 UNUSED 状态，则需要进行手动日志切换。

② 在操作系统中重命名重做日志文件或将重做日志文件移到新位置。

打开/u01/app/oracle/oradata/ora11/文件夹，将 redo01c.log 更名为 redo01b.log，同时将 redo04c.log 移到/u01/app/oracle/oradata/文件夹下。

③ 执行 ALTER DATABASE RENAME FILE...TO 语句进行修改。

```
SQL>ALTER DATABASE RENAME FILE
2 '/u01/app/oracle/oradata/ora11/redo01c.log',
3 '/u01/app/oracle/oradata/ora11/redo04c.log' TO
4 '/u01/app/oracle/oradata/ora11/redo01b.log',
5 '/u01/app/oracle/oradata/redo04c.log';
```

注意： 只能更改处于 INACTIVE 或 UNUSED 状态的重做日志文件组的成员文件的名称或位置。

3.4.5 删除重做日志文件组成员

删除重做日志文件组成员可以使用 ALTER DATABASE 语句实现，语法格式为：

```
ALTER DATABASE DROP LOGFILE MEMBER logfile_name;
```

例题 3-15：删除重做日志文件组成员/u01/app/oracle/oradata/redo4c.log。

```
SQL>ALTER DATABASE DROP LOGFILE MEMBER
2  '/u01/app/oracle/oradata/redo4c.log';
```

重做日志文件的状态有三种。

(1) VALID：当前可用的重做日志文件。

(2) INVALID：当前不可用的重做日志文件。

(3) STALE：产生错误的重做日志文件。

注意： ①只能删除状态为 INACTIVE 或 UNUSED 的重做日志文件组中的成员。若要删除状态为 CURRENT 的重做日志文件组中的成员，则需执行一次手动日志切换。

②在删除重做日志文件之前，要保证该文件所在的重做日志文件组已归档。

③每个重做日志文件组中至少要有一个可用的成员文件，即 VALID 状态的成员文件。如果要删除的重做日志文件是所在组中最后一个可用的成员文件，则无法删除。

④删除重做日志文件的操作并没有将重做日志文件从操作系统磁盘上删除，只是更新了数据库控制文件，从数据库结构中删除了该重做日志文件。

3.4.6 删除重做日志文件组

删除重做日志文件组可以使用 ALTER DATABASE 语句实现，语法格式为：

```
ALTER DATABASE DROP LOGFILE GROUP n;
```

如果删除某个重做日志文件组，则该组中的所有成员文件将被删除。

例题 3-16：删除 ora11 数据库中的重做日志文件组 4。

```
SQL>ALTER DATABASE DROP LOGFILE GROUP 4;
```

重做日志文件组的状态有四种。

(1) CURRENT：当前正在被 LGWR 进程写入的重做日志文件组。

(2) ACTIVE：当前用于实例恢复的重做日志文件组，如正在归档。

(3) INACTIVE：当前没有用于实例恢复的重做日志文件组。

(4) UNUSED：新创建的当前还没有使用的重做日志文件组。

注意： ①一个数据库至少需要使用两个重做日志文件组。

②如果数据库处于归档模式下，则在删除重做日志文件组之前，必须确定该组已经被归档。

③只能删除处于 INACTIVE 状态或 UNUSED 状态的重做日志文件组。若要删除状态为 CURRENT 的重做日志文件组，则需要执行一次手动日志切换。

④删除重做日志文件组的操作只是更新数据库控制文件，并没有将文件从磁盘中删除。

3.4.7 重做日志文件组的切换

通常，只有当前的重做日志文件组写满后才发生日志切换，在必要时还可以手工强制进行日志切换。手动日志切换语句为：

```
ALTER SYSTEM SWITCH LOGFILE;
```

例题 3-17：手动切换日志文件。

① 切换之前先通过数据字典 v$log 查看当前数据库正使用的日志组。

```
SQL>SELECT group#, status FROM v$log;

GROUP#       STATUS
--------     -------------
1            CURRENT
2            INACTIVE
3            INACTIVE
4            UNUSED
```

从查询结果可见，数据库当前正在使用的是重做日志文件组 1。

② 手动切换重做日志文件组。

```
SQL>ALTER SYSTEM SWITCH LOGFILE;
```

③ 再次查看切换后当前数据库正在使用的重做日志文件组。

```
SQL>SELECT group#, status FROM v$log;

GROUP#       STATUS
---------    -------------
1            ACTIVE
2            CURRENT
3            INACTIVE
4            UNUSED
```

当发生日志切换时，系统将为新的重做日志文件产生一个日志序列号，在归档时该日志序列号一同被保存。日志序列号是在线日志文件和归档日志文件的唯一标识。

3.4.8 查看重做日志文件的信息

在 Oracle 11g 中，包含重做日志文件信息的视图主要有下面两种。

(1) v$log：包含从控制文件中获取的所有重做日志文件组的基本信息。

(2) v$logfile：包含重做日志文件组及其成员文件的信息。

通过 v$log 视图可以查看重做日志文件组的详细信息，包括每个组的状态、成员数量、日志序列号和是否已经归档等。

例题 **3-18**：查询重做日志文件组的信息。

```
SQL> SELECT group#,sequence#,members,status,archived FROM v$log;

GROUP#     SEQUENCE#  MEMBERS   STATUS     ARC
---------- ---------- --------- ---------- ------
    1          7          2     INACTIVE   NO
    2          8          1     CURRENT    NO
    3          6          1     INACTIVE   NO
    4          0          3     UNUSED     YES
```

例题 **3-19**：查询重做日志文件的信息。

```
SQL>SELECT group#, type, member FROM v$logfile ORDER BY group#;

GROUP#   TYPE      MEMBER
------   --------- -------------------------------------------------
1        ONLINE    /u01/app/oracle/oradata/ora11/redo01.log
2        ONLINE    /u01/app/oracle/oradata/ora11/redo02.log
3        ONLINE    /u01/app/oracle/oradata/ora11/redo03.log
```

通过查询 v$logfile 数据字典视图，可以查看数据库所有重做日志文件的名称、状态及是否处于联机状态等信息。

3.5　归档重做日志文件

3.5.1　重做日志文件归档概述

所谓的归档，就是指将重做日志文件进行归档、持久化成固定的文件存到硬盘，便于以后的恢复和查询。这些被保存的重做日志文件的集合称为"归档重做日志文件"。具体的功能由归档进程 ARCn 实现。当然，前提条件是数据库要处于归档模式(ARCHIVELOG)。Oracle 11g 默认为归档日志设定两个归档位置，这两个归档位置的归档日志的内容完全一致，但文件名不同。如果数据库处于非归档模式(NOARCHIVELOG)，则不需要归档。

图 3-4 所示为归档模式下的数据库重做日志文件的归档过程。

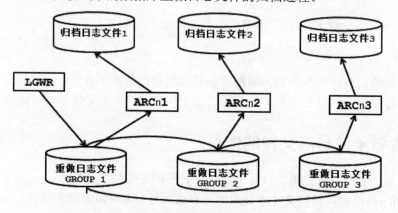

图 3-4　归档模式下的数据库重做日志文件的归档过程

由于在归档模式下，数据库中的历史重做日志文件全部被保存，即用户的所有操作都被记录下来，因此在数据库出现故障时，即使是介质故障，利用数据库备份、归档重做日志文件和联机重做日志文件也可以完全恢复数据库。而在非归档模式下，由于没有保存过去的重做日志文件，数据库只能从实例崩溃中恢复，而无法进行介质恢复。同时，在非归档模式下不能执行联机表空间备份操作，不能使用联机归档模式下建立的表空间备份进行恢复，而只能使用非归档模式下建立的完全备份来对数据库进行恢复。

此外，在归档模式和非归档模式下进行日志切换的条件也不同。在非归档模式下，日志切换的前提条件是已写满的重做日志文件在被覆盖之前，其所有重做记录所对应的事务的修改操作结果全部写入数据文件中。在归档模式下，日志切换的前提条件是已写满的重做日志文件在被覆盖之前，不仅所有重做记录所对应的事务的修改操作结果全部写入数据文件中，还需要等待归档进程完成对它的归档操作。

3.5.2 设置数据库归档/非归档模式

通常在安装 Oracle 11g 时默认的是非归档模式，为的是可以避免对创建数据库的过程中生成的日志进行归档，从而缩短了数据库的创建时间。在数据库成功运行后，DBA 可以根据需要修改数据库的运行模式。使用 ALTER DATABASE 语句可实现归档模式与非归档模式的切换，语法格式为：

```
ALTER DATABASE ARCHIVELOG | NOARCHIVELOG
```

💡 **注意：** 归档/非归档模式的切换只能在 MOUNT 状态下进行。

例题 3-20： 修改 ora11 数据库的归档/非归档模式(以 DBA 身份登录)。

① 首先查看数据库当前是否处于归档状态。

```
SQL>ARCHIVE LOG LIST;
```

数据库默认为非归档状态。

② 下面四条命令完成到归档模式的转换。

```
SQL>SHUTDOWN IMMEDIATE;
SQL>STARTUP MOUNT;
SQL>ALTER DATABASE ARCHIVELOG;
SQL>ALTER DATABASE OPEN;
```

3.5.3 归档方式与目标设置

数据库在归档模式下运行时，可以采用自动或手动两种方式归档重做日志文件。如果选择自动归档方式，那么在重做日志文件被覆盖之前，ARCn 进程自动将重做日志文件内容归档。在 Oracle 11g 中，只要把数据库设置为归档模式，Oracle 就会自动启动归档进程，即进入自动归档方式。

如果没有启动归档进程，DBA 必须定时对处于 INACTIVE 状态的已被写满的重做日志文件进行手动归档，否则数据库将处于挂起状态；如果启动了归档进程，那么 DBA 也可以对处于 INACTIVE 状态的已被写满的重做日志文件进行手动归档。手动归档使用 ALTER

SYSTEM ARCHIVE LOG 语句来实现。

(1) 对所有已经写满的重做日志文件(组)进行归档。

```
SQL>ALTER SYSTEM ARCHIVE LOG ALL;
```

(2) 对当前的联机日志文件(组)进行归档。

```
SQL>ALTER SYSTEM ARCHIVE LOG CURRENT;
```

为了将所有的重做日志文件保存下来，需要指定重做日志文件的存储位置，即归档的路径或归档目标。在 Oracle 11g 创建数据库时，默认设置了归档目标，可以通过 db_recovery_file_dest 参数查看。

例题 3-21：在归档模式下验证切换日志时是否能对上一个日志文件归档。

① 手动切换日志。

```
SQL>ALTER SYSTEM SWITCH LOGFILE;
```

② 查看归档文件存放的目标位置。

```
SQL>SHOW PARAMETER db_recovery_file_dest
```

```
NAME                          TYPE          VALUE
----------------------------- ------------- -----------------------
db_recovery_file_dest         string        /u01/app/oracle/flash_
recovery_area
db_recovery_file_dest_size    big integer   3852M
```

其中 db_recovery_file_dest 表示归档目录，db_recovery_file_dest_size 表示目录大小。

③ 根据上面显示的文件夹，在 OS 中找到目标位置，查看是否生成了归档文件。

3.5.4　归档信息查询

如果想查看数据库归档信息，可以执行 ARCHIVE LOG LIST 命令来实现，此外数据库中也有相应的数据字典视图与动态性能视图供查询。

Oracle 11g 数据库中常用的包含归档信息的数据字典视图和动态性能视图如表 3-1 所示。

表 3-1　与归档信息相关的数据字典视图和动态性能视图

名　称	注　释
v$database	用于查询数据库是否处于归档模式
v$archived_log	包含从控制文件中获取的所有已归档日志的信息
v$archive_dests	包含所有归档目标信息，如归档目标的位置、状态等
v$archive_processes	包含已启动的 arch 进程的状态信息
v$backup_redolog	包含已备份的归档日志信息

例题 3-22：通过 v$database 视图查看数据库的归档信息。

```
SQL>SELECT log_mode FROM v$database;
```

3.6　控　制　文　件

每个 Oracle 数据库都有控制文件，它是在创建数据库时创建的，存放有数据库的数据文件和重做日志文件的信息。此外还描述了整个数据库的结构信息，主要包括数据库名称和标识、数据库创建的时间、表空间名称、数据文件和重做日志文件的名称和位置、当前重做日志文件序列号、数据库检查点的信息、回退段开始和结束信息、重做日志的归档信息、备份信息以及数据库恢复所需要的同步信息等。

控制文件是一个小的二进制文件，DBA 不能直接修改，只能由 Oracle 进程读/写其内容。当数据库的物理结构发生变化时，如增加、删除、修改数据文件或重做日志文件时，Oracle 数据库服务器进程会自动更新控制文件以及记录数据库结构的变化。LGWR 进程负责将当前的重做日志文件序列号写入控制文件。CKPT 进程负责将检查点信息写入控制文件。ARCn 进程负责将归档信息写入控制文件。因此当数据库打开时，Oracle 数据库服务器必须可以写控制文件。

没有控制文件，数据库将无法装载，恢复数据库也很困难。在实际应用中，由于各种原因可能会导致控制文件受损，因此 DBA 需要掌握如何管理控制文件，包括创建、备份、恢复和删除控制文件等。

3.6.1　创建控制文件

在创建数据库时，系统会根据初始化参数文件中 control_files 的设置创建控制文件。可以在 SQL*Plus 中查看 control_files 的值，如图 3-5 所示。

```
                                oracle@AS5:~                          _ □ X
文件(F) 编辑(E) 查看(V) 终端(T) 标签(B) 帮助(H)
SQL> SHOW PARAMETER control_file

NAME                                 TYPE      VALUE

control_file_record_keep_time        integer   7
control_files                        string    /u01/app/oracle/oradata/ora11/
                                               control01.ctl, /u01/app/oracle
                                               /flash_recovery_area/ora11/con
                                               trol02.ctl

SQL> []
```

图 3-5　查看初始化参数 control_files 的值

从图 3-5 中可见，数据库实例 ora11 有两个控制文件，扩展名为.ctl。在数据库创建完成后，如果发生下面的情况，则需要手动创建新的控制文件。

(1) 控制文件全部丢失或损坏，而且没有对控制文件进行备份。

(2) 需要修改数据库名称。

创建控制文件时使用 CREATE CONTROLFILE 语句，语法格式如下：

```
CREATE CONTROLFILE REUSE DATABASE "database_name"
[ RESETLOGS | NORESETLOGS ]
[ ARCHIVELOG | NOARCHIVELOG ]
MAXLOGFILES number
MAXLOGMEMBERS number
```

```
MAXDATAFILES number
MAXINSTANCES number
MAXLOGHISTORY number
LOGFILE
    GROUP group_number logfile_name [ SIZE number K | M ]
    [ ,... ]
DATAFILE
    Datafile_name [ , ... ];
```

语法说明如下。

- REUSE：如果 control_files 参数指定的控制文件已经存在，则覆盖已有控制文件。如果新建控制文件与原有控制文件大小不一致，则产生错误。
- DATABASE "database_name"：指定数据库名字。
- RESETLOGS | NORESETLOGS：是否清空重做日志。
- ARCHIVELOG | NOARCHIVELOG：数据库启动后运行于归档模式还是非归档模式。
- MAXLOGFILES：最大重做日志文件组的数量。
- MAXLOGMEMBERS：重做日志文件组中最大成员数量。
- MAXDATAFILES：最大数据文件数量。
- MAXINSTANCES：可同时访问的数据库最大实例个数。
- MAXLOGHISTORY：最大历史重做日志文件的数量。
- LOGFILE：为控制文件指定日志文件组。
- GROUP group_ number：重做日志文件组编号。
- DATAFILE：为控制文件指定数据文件。

例题 3-23：为当前数据库 ora11 创建新的控制文件。

① 查询数据字典 v$logfile，了解 ora11 数据库中的重做日志文件信息。

```
SQL>SELECT group#, member FROM v$logfile;
```

GROUP#	MEMBER
3	/u01/app/oracle/oradata/ora11/redo03.log
2	/u01/app/oracle/oradata/ora11/redo02.log
1	/u01/app/oracle/oradata/ora11/redo01.log

② 查询数据字典 v$datafile，了解 ora11 数据库中的数据文件信息。

```
SQL>SELECT name FROM v$datafile;
```

NAME
/u01/app/oracle/oradata/ora11/system01.dbf
/u01/app/oracle/oradata/ora11/sysaux01.dbf
/u01/app/oracle/oradata/ora11/undotbs01.dbf
/u01/app/oracle/oradata/ora11/users01.dbf
/u01/app/oracle/oradata/ora11/example01.dbf

③ 如果数据库仍然处于运行状态，则关闭数据库。

```
SQL>SHUTDOWN IMMEDIATE
```

④　在 Linux 操作系统中备份所有的数据文件和联机重做日志文件。

⑤　启动数据库到 NOMOUNT 状态。

```
SQL>STARTUP NOMOUNT
```

⑥　执行 CREATE CONTROLFILE 命令创建一个新的控制文件。

利用步骤①和步骤②中获得的重做日志文件和数据文件列表，创建新的控制文件。需要注意，如果除控制文件外，还丢失了某些重做日志文件，则需要使用 RESETLOGS 参数；如果数据库重新命名，也需要使用 RESETLOGS 选项；否则使用 NORESETLOGS 选项。该参数的不同选择，决定了后续的不同操作。使用 LOGFILE 子句指定与数据库相关的重做日志文件，使用 DATAFILE 子句指定与数据库相关的数据文件，命令如下。

```
SQL>CREATE CONTROLFILE REUSE
2 DATABASE "ora11"
3 NORESETLOGS
4 NOARCHIVELOG
5 MAXLOGFILES 50
6 MAXLOGMEMBERS 3
7 MAXDATAFILES 100
8 MAXINSTANCES 6
9 MAXLOGHISTORY 292
10 LOGFILE
11  GROUP 1  '/u01/app/oracle/oradata/ora11/redo01.log' SIZE 50M,
12  GROUP 2  '/u01/app/oracle/oradata/ora11/redo02.log' SIZE 50M,
13  GROUP 3  '/u01/app/oracle/oradata/ora11/redo03.log' SIZE 50M
14   DATAFILE
15   '/u01/app/oracle/oradata/ora11/system01.dbf',
16   '/u01/app/oracle/oradata/ora11/undotbs01.dbf',
17   '/u01/app/oracle/oradata/ora11/sysaux01.dbf',
18   '/u01/app/oracle/oradata/ora11/users01.dbf',
19   '/u01/app/oracle/oradata/ora11/example01.dbf';
```

⑦　在操作系统中对新建的控制文件进行备份。

⑧　如果数据库重命名，则编辑 DB_NAME 参数来指定新的数据库名称。

⑨　如果数据库需要恢复，则进行恢复数据库操作；否则直接进入步骤⑩。如果创建控制文件时指定了 NORESETLOGS，则可以完全恢复数据库。例如：

```
SQL>RECOVER DATABASE;
```

如果创建控制文件时指定了 RESETLOGS，则必须在恢复时指定 USING BACKUP CONTROLFILE。例如：

```
SQL>RECOVER DATABASE USING BACKUP CONTROLFILE;
```

⑩　重新打开数据库。

如果数据库不需要恢复或已经对数据库进行了完全恢复，则可以使用下列语句正常打开数据库。

```
SQL>ALTER DATABASE OPEN;
```

如果在创建控制文件时使用了 RESETLOGS 参数，则必须指定以 RESETLOGS 方式打开数据库。

```
SQL>ALTER DATABASE OPEN RESETLOGS;
```

3.6.2 实现多路镜像控制文件

Oracle 建议最少有两个控制文件，通过多路镜像技术，将多个控制文件分散到不同的磁盘中。这样可以避免由于一个控制文件的故障而导致数据库的崩溃。每次对数据库结构进行修改后(如添加、修改、删除数据文件、重做日志文件)应该及时备份控制文件。

这些控制文件的名称和存放位置由初始化参数文件中的 control_files 参数指定。在 Oracle 11g 数据库创建后，可以根据需要为数据库建立多个镜像控制文件。

例题 3-24：假设数据库 ora11 中已有 3 个控制文件，修改初始化文件参数 control_files 的设置，为数据库再添加一个控制文件 control04.ctl。

① 编辑初始化参数 control_files。

```
SQL>ALTER SYSTEM SET control_files=
2  '/u01/app/oracle/oradata/ora11/control01.ctl',
3  '/u01/app/oracle/oradata/ora11/control02.ctl',
4  '/u01/app/oracle/oradata/ora11/control03.ctl',
5  '/u01/app/oracle/oradata/control04.ctl',
6 SCOPE=SPFILE;
```

② 关闭数据库。

```
SQL>SHUTDOWN IMMEDIATE
```

③ 复制一个已有的控制文件(例如 /u01/app/oracle/oradata/ora11/control01.ctl)到 /u01/app/oracle/oradata/目录下，并重命名为 control04.ctl。

④ 重新启动数据库。

```
SQL>STARTUP
```

3.6.3 控制文件备份

为了防止由于控制文件出现故障而导致数据库系统崩溃，DBA 应及时地经常对控制文件进行备份。根据备份生成的控制文件类型的不同，控制文件备份分两种方法：备份为二进制文件、备份为脚本文件。

控制文件备份后，如果控制文件丢失或损坏，则只需修改 control_files 参数指向备份的控制文件，重新启动数据库即可。

可使用 ALTER DATABASE BACKUP CONTROLFILE 语句来备份控制文件。

例题 3-25：将控制文件备份为二进制文件。

```
SQL>ALTER DATABASE BACKUP CONTROLFILE TO
2  '/u01/app/oracle/control.bkp';
```

此例在/u01/app/oracle 目录下生成 ora11 数据库的备份文件 control.bkp。

例题 3-26：将控制文件备份为文本文件。

```
SQL>ALTER DATABASE BACKUP CONTROLFILE TO TRACE;
```

此例将控制文件自动备份到系统定义的目录下，此目录由参数 user_dump_dest 指定，通过使用 SHOW PARAMETER 语句可以查询此参数的值。

3.6.4 删除控制文件

如果控制文件的位置不合适，或某个控制文件损坏时，可以删除该控制文件，具体步骤如下。

(1) 编辑 control_files 初始化参数，使其不再包含要删除的控制文件。

(2) 关闭数据库。

(3) 在操作系统中删除控制文件。

(4) 重新启动数据库。

3.6.5 查看控制文件的信息

如果要获得控制文件的信息，可以查询相关的数据字典视图。与控制文件相关的数据字典视图如表 3-2 所示。

表 3-2 与控制文件相关的数据字典视图

名　称	注　释
v$database	从控制文件中获取的数据库信息
v$controlfile	包含所有控制文件名称与状态信息
v$controlfile_record_section	包含控制文件中各记录文档段信息
v$parameter	可以获取初始化参数 control_files 的值

例题 3-27：查询当前数据库中所有控制文件的信息。

```
SQL>SELECT name, status FROM v$controlfile;

NAME                                              STATUS
------------------------------------------------- -----------
/u01/app/oracle/oradata/ora11/control01.ctl       CURRENT
/u01/app/oracle/oradata/ora11/control02.ctl       ACTIVE
/u01/app/oracle/oradata/ora11/control03.ctl       INACTIVE
/u01/app/oracle/oradata/ora1l/control04.ctl       INACTIVE
```

3.7 案 例 实 训

例题 3-28：首先添加一个日志组，然后添加一个日志成员，验证添加成功之后，删除添加的日志组与添加的日志成员。

① 首先，添加一个日志组。

```
SQL>ALTER DATABASE ADD LOGFILE GROUP 4
('/u01/app/oracle/oradata/ora11/redo04a.log',
'/u01/app/oracle/oradata/ora11/redo04b.log')  SIZE 4M;
```

② 添加日志成员。

```
SQL>ALTER DATABASE ADD LOGFILE MEMBER
'/u01/app/oracle/oradata/ora11/redo3b.log' TO GROUP 3;
```

③ 查看日志文件信息。

```
SQL> SELECT member FROM v$logfile;

MEMBER
-----------------------------------------------------------------
/u01/app/oracle/oradata/ora11/redo03.log
/u01/app/oracle/oradata/ora11/redo02.log
/u01/app/oracle/oradata/ora11/redo01.log
/u01/app/oracle/oradata/ora11/redo04a.log
/u01/app/oracle/oradata/ora11/redo04b.log
/u01/app/oracle/oradata/ora11/redo3b.log
```

④ 切换日志状态，查看日志文件状态。

```
SQL>ALTER SYSTEM SWITCH LOGFILE;
SQL>Select GROUP#,THREAD#,SEQUENCE#,MEMBERS,
ARCHIVED,STATUS,FIRST_CHANGE# FROM v$log;
```

GROUP#	THREAD#	SEQUENCE#	MEMBERS	ARC	STATUS	FIRST_CHANGE#
1	1	7	1	NO	ACTIVE	859974
2	1	5	1	NO	INACTIVE	821567
3	1	6	2	NO	INACTIVE	830298
4	1	8	2	NO	CURRENT	874997

```
SQL>ALTER SYSTEM SWITCH LOGFILE;
SQL> Select GROUP#,THREAD#,SEQUENCE#,MEMBERS,
ARCHIVED,STATUS,FIRST_CHANGE# FROM v$log;
```

GROUP#	THREAD#	SEQUENCE#	MEMBERS	ARC	STATUS	FIRST_CHANGE#
1	1	7	1	NO	ACTIVE	859974
2	1	9	1	NO	CURRENT	875030
3	1	6	2	NO	INACTIVE	830298
4	1	8	2	NO	ACTIVE	874997

⑤ 删除日志成员，查看日志文件信息。

```
SQL>ALTER DATABASE DROP LOGFILE MEMBER
'/u01/app/oracle/oradata/ora11/redo3b.log';
SQL>SELECT member FROM v$logfile;

 MEMBER
---------------------------------------------
/u01/app/oracle/oradata/ora11/redo03.log
/u01/app/oracle/oradata/ora11/redo02.log
/u01/app/oracle/oradata/ora11/redo01.log
/u01/app/oracle/oradata/ora11/redo04a.log
/u01/app/oracle/oradata/ora11/redo04b.log
```

⑥ 切换日志状态，查看日志文件状态。

```
SQL>ALTER SYSTEM SWITCH LOGFILE;
SQL>Select GROUP#,THREAD#,SEQUENCE#,MEMBERS,
ARCHIVED,STATUS,FIRST_CHANGE# FROM v$log;
```

GROUP#	THREAD#	SEQUENCE#	MEMBERS	ARC	STATUS	FIRST_CHANGE#
1	1	11	1	NO	ACTIVE	875094
2	1	9	1	NO	INACTIVE	875030

| 3 | 1 | 10 | 1 | NO | INACTIVE | 875050 |
| 4 | 1 | 12 | 2 | NO | CURRENT | 875464 |

⑦　删除日志文件组 4，删除不成功。

```
SQL>ALTER DATABASE DROP LOGFILE GROUP 4;

*
ERROR at line 1:
ORA-01623: log 4 is current log for instance ora11 (thread 1) - cannot drop
ORA-00312: online log 4 thread 1: '/u01/app/oracle/oradata/ora11/redo04a.log'
ORA-00312: online log 4 thread 1: '/u01/app/oracle/oradata/ora11/redo04b.log'
```

⑧　切换日志状态，使删除日志组不是 CURRENT 与 ACTIVE 状态。

```
SQL>ALTER SYSTEM SWITCH LOGFILE;
SQL>Select GROUP#,THREAD#,SEQUENCE#,MEMBERS,
ARCHIVED,STATUS,FIRST_CHANGE# FROM v$log;
```

GROUP#	THREAD#	SEQUENCE#	MEMBERS	ARC	STATUS	FIRST_CHANGE#
1	1	19	1	NO	CURRENT	875643
2	1	17	1	NO	ACTIVE	875586
3	1	18	1	NO	ACTIVE	875593
4	1	16	2	NO	INACTIVE	875573

⑨　删除日志文件组 4，删除成功。

```
SQL>ALTER DATABASE DROP LOGFILE GROUP 4;
SQL>Select GROUP#,THREAD#,SEQUENCE#,MEMBERS,
ARCHIVED,STATUS,FIRST_CHANGE# FROM v$log;
```

GROUP#	THREAD#	SEQUENCE#	MEMBERS	ARC	STATUS	FIRST_CHANGE#
1	1	19	1	NO	CURRENT	875643
2	1	17	1	NO	ACTIVE	875586
3	1	18	1	NO	ACTIVE	875593

注意：　删除日志文件组与日志文件组成员时，一定注意日志组的当前状态。如果当前状态为 CURRENT 与 ACTIVE，是不能删除的，需要切换日志状态，使日志文件组与日志文件组成员处于非 CURRENT 与 ACTIVE 状态，就可以删除了。

本 章 小 结

Oracle 的体系结构中的物理存储结构描述 Oracle 数据库中数据在操作系统中的组织管理。本章首先简单介绍 Oracle 的体系结构，主要介绍 Oracle 的体系结构、Oracle 物理存储结构及其管理方法，包括数据文件、控制文件、重做日志文件的管理以及数据库的归档。

数据文件用于保存数据库中的数据，数据文件是依附于表空间而存在的。一个表空间可以包含几个数据文件，但一个数据文件只能从属于一个表空间。重做日志文件是记录数据库中所有修改信息的文件。每个 Oracle 数据库都有控制文件，它存放有数据库的数据文件和重做日志文件的信息。

习　题

1. 选择题

(1) 当创建控制文件时，数据库必须处于(　　)状态。

    A. 加载　　　　　　　　B. 未加载　　　　　C. 打开　　　　　　　　D. 受限

(2) 以下哪个选项不是 Oracle 11g 数据库的物理文件？(　　)

    A. 数据文件　　　　　　B. 控制文件　　　　C. 日志文件　　　　　　D. 系统文件

(3) 下面哪项信息不保存在控制文件中？(　　)

    A. 当前的重做日志序列号　　　　　　　B. 重做日志文件的名称和位置

    C. 初始化参数文件的位置　　　　　　　D. 数据文件的名称和位置

(4) 数据库必须拥有至少几个重做日志文件组？(　　)

    A. 1　　　　　　　　　　B. 2　　　　　　　　C. 3　　　　　　　　　D. 4

(5) 数据字典信息被存放在哪类文件中？(　　)。

    A. 数据文件　　　　　　B. 控制文件　　　　C. 重做日志文件　　　　D. 归档日志文件

(6) DBA 使用(　　)命令可以显示当前归档状态。

    A. FROM ARCHIVE LOGS

    B. SELECT * FROM V$THREAD

    C. ARCHIVE LOG LIST

    D. SELECT * FROM ARCHIVE_LOG_LIST

(7) 关于联机重做日志，说法正确的是(　　)。

    A. 所有日志组的所有文件都是同样大小

    B. 一组中的所有成员文件都是同样大小

    C. 成员文件应置于相同的磁盘

    D. 回滚段大小决定成员文件大小

(8) 控制文件的建议配置是(　　)。

    A. 每数据库一个控制文件　　　　　　　B. 每磁盘一个控制文件

    C. 两个控制文件置于两个磁盘　　　　　D. 两个控制文件置于一个磁盘

(9) 把多路镜像控制文件存于不同磁盘最大的好处是(　　)。

    A. 数据库性能提高　　　　　　　　　　B. 防止失败

    C. 提高归档速度　　　　　　　　　　　D. 能并发访问，提高控制文件的写入速度

(10) 数据字典视图(　　)用来显示处于归档状态的数据库。

    A. V$INSTANCE　　　　　　　　　　　B. V$LOG

    C. V$DATABASE　　　　　　　　　　　D. V$THREAD

2. 简答题

(1) 简述 Oracle 11g 数据库体系结构的构成及其关系。

(2) 简述 Oracle 11g 数据库物理存储结构的组成及其功能。

(3) 如何查询数据库物理存储结构信息？

(4) 简述 Oracle 11g 数据库数据文件的作用。

(5) 简述 Oracle 11g 数据库控制文件的作用及其性质。

(6) 简述采用多路镜像控制文件的必要性及其工作方式。

(7) 简述 Oracle 11g 数据库重做日志文件的作用及其工作方法。

(8) 简述 Oracle 11g 数据库归档的必要性以及如何进行归档设置。

(9) 简述 Oracle 11g 数据库重做日志文件的切换方法及作用。

3. 操作题

(1) 为 USERS 表空间添加一个数据文件，文件名为 USERS01.DBF，大小为 20MB。

(2) 修改 USERS 表空间中的 USERS01.DBF 文件的大小为 50MB。

(3) 修改 USERS 表空间中的 USERS01.DBF 文件为自动增长方式，每次增长 5MB，最大为 100MB。

(4) 取消 USERS 表空间中 USERS01.DBF 文件的自动增长方式。

(5) 将 USERS 表空间中的 USERS01.DBF 文件更名为 USERS001.DBF。

(6) 删除 USERS 表空间中的 USERS001.DBF 文件。

(7) 查看控制文件，把控制文件备份到一个文件夹，然后增加一个控制文件，使系统能正常启动。

(8) 把第(7)题中增加的控制文件删除，使系统能正常启动。

(9) 将数据库的控制文件以二进制文件的形式备份，并利用该文件恢复控制文件。

(10) 为数据库添加一个重做日志文件组，组内包含两个成员文件，分别为 REDO04A.LOG 和 REDO04B.LOG，大小分别为 5MB 和 6MB。

(11) 为新建的重做日志文件组添加一个成员文件，名称为 REDO04C.LOG。

(12) 删除题(11)中添加的重做日志文件组成员文件 REDO04C.LOG。

(13) 将数据库设置为归档模式，并采用自动归档方式。

(14) 设置数据库归档路径为/u01/BACKUP。

(15) 把控制文件备份为文本文件，并利用该文件恢复控制文件。

第4章 逻辑存储结构

本章要点：数据库的逻辑存储结构描述的是 Oracle 数据库内部数据的组织和管理，是面向用户的，描述了数据库在逻辑上是如何组织和存储数据。数据库的逻辑结构支配一个数据库如何使用其物理空间。本章将主要介绍 Oracle 11g 数据库的逻辑存储结构，包括表空间、段、区和数据块的基本概念、组成及其管理。

学习目标：理解数据库的逻辑存储结构概念，掌握表空间、段、区和数据块的基本概念、组成及其管理。重点掌握表空间、段、区工作方式。

4.1 逻辑存储结构概述

Oracle 数据库逻辑存储结构是 Oracle 数据库创建后利用逻辑概念来描述数据库内部数据的组织和管理形式。在操作系统中，没有数据库逻辑存储结构信息，只有物理存储结构信息。逻辑存储结构概念存储在数据字典中，用户可通过查询数据字典获取逻辑存储结构信息。

Oracle 数据库的逻辑存储结构包括表空间(Tablespace)、段(Segment)、区(Extent)和数据块(Block)四种。数据块是数据库中最小的 I/O 单元，区是数据库中最小的存储分配单元，段是相同类型数据的存储分配区域，表空间是最大的逻辑存储单元。

一个 Oracle 数据库可以拥有多个表空间，每个表空间可包含多个段，每个段由若干区间组成，每个区包含多个数据块，每个 Oracle 数据块由多个 OS 物理磁盘块组成。

Oracle 数据库逻辑存储结构之间的关系如图 4-1 所示。

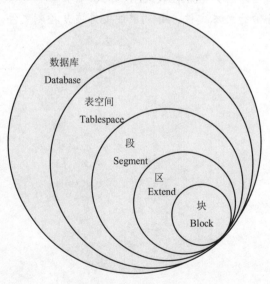

图 4-1 Oracle 数据库逻辑存储结构之间的关系

4.2 表空间管理

表空间的管理主要包括表空间的创建、修改、删除以及表空间内部区的分配、段的管理。下面主要介绍在 Oracle 11g 数据库的本地管理方式中表空间的管理。

4.2.1 表空间的概念

数据库可以划分为若干逻辑存储单元，这些存储单元被称为表空间。数据库的基本对象是表，而表空间是存储对象的容器，因此称为表空间。除了表之外，表空间还可以存放索引、视图等对象。

表空间作为 Oracle 数据库中最大的逻辑存储结构，它与操作系统中的数据文件相对应，用于存储数据库中用户创建的所有内容。因此数据库、表空间和数据文件彼此是密切相关的，一个数据库可以包含一个或多个表空间，一个表空间只能属于一个数据库，不同表空间用于存放不同应用的数据，数据库中表空间的存储容量之和就是数据库的存储容量。一个表空间包含一个或多个数据文件，一个数据文件只能属于一个表空间，表空间中数据文件的大小之和就是表空间的存储容量。数据库、表空间、数据文件、数据库对象之间的关系如图 4-2 所示。

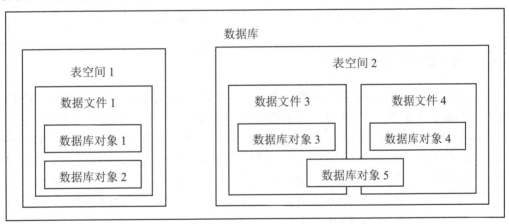

图 4-2 数据库、表空间、数据文件、数据库对象之间的关系

4.2.2 表空间的类型

Oracle 数据库中主要的表空间类型有永久表空间、撤销表空间、临时表空间和大文件表空间。

1. 永久表空间

永久表空间包含一些段，这些段在超出会话或事务的持续时间后持续存在。SYSTEM 表空间和 SYSAUX 表空间是永久表空间的两个示例。这两个表空间是在创建数据库时自动创建的。

1) SYSTEM 表空间

每个 Oracle 数据库必须具有一个默认 SYSTEM 表空间，即系统表空间。

SYSTEM 表空间主要存储如下信息：数据库的数据字典和系统管理信息；PL/SQL 程序的源代码和解释代码，包括存储过程、函数、包、触发器等；数据库对象的定义，如表、视图、序列、同义词等。

通常情况下，SYSTEM 表空间被保留用于存放系统信息，用户数据对象不应保存在 SYSTEM 表空间中，以免影响数据库的稳定性与执行效率。

2) SYSAUX 表空间

SYSAUX 表空间称为辅助系统表空间，主要用于存储数据库组件等信息，以减小 SYSTEM 表空间的负荷。在通常情况下，不允许删除、重命名及传输 SYSAUX 表空间。

2. 撤销表空间与其他表空间

撤销表空间可能有一些段在超出会话或事务末尾后仍然保留，它为访问被修改表的 SELECT 语句提供读一致性，同时为数据库的大量闪回特性提供撤销数据。UNDOTBS1 是 Oracle 自动创建的撤销表空间，专门进行回退信息的自动管理。

临时表空间是指专门进行临时数据管理的表空间，这些临时数据在会话结束时会自动释放。TEMP 是 Oracle 数据库自动创建的临时表空间。

大文件表空间可用于以上三类表空间的任何一种。大文件表空间只包含一个数据文件，因此大文件表空间减轻了数据库管理，减少了 SGA 的需求，减小小控制文件。

4.2.3 创建表空间

在创建数据库时，Oracle 会自动地创建一系列表空间，称为系统表空间，包括 SYSTEM 表空间、SYSAUX 表空间、UNDOTBS1 表空间、TEMP 表空间和 USERS 表空间。用户可以使用这些表空间进行数据操作。但是在实际应用中，如果所有用户都使用系统自动创建的表空间，将会严重影响 I/O 性能。因此需要根据实际情况创建不同的表空间，这样可以减轻系统表空间的负担，又可使得数据库中的数据分布更清晰。

用户必须拥有 CREATE TABLESPACE 的系统权限才可以使用此语句创建表空间。创建表空间可以使用 CREATE TABLESPACE 语句实现，语法格式如下：

```
CREATE [ TEMPORARY | UNDO ] TABLESPACE tablespace_name
DATAFILE | TEMPFILE 'file_name' SIZE n K | M [ REUSE ]
[ AUTOEXTEND OFF | ON NEXT m K | M MAXSIZE UNLIMITED | maxnum K | M]
[ , ... ]
[ ONLINE | OFFLINE ]
[ LOGGING | NOLOGGING ]
[ FORCE LOGGING ]
[ PERMANENT | TEMPORARY ]
[ EXTENT MANAGEMENT DICTIONARY | LOCAL
[ AUTOALLOCATIE | UNIFORM SIZE s K | M ] ]
[ SEGMENT SPACE MANAGEMENT ATUO | MANUAL ];
```

语法格式说明如下。

● TEMPORARY | UNDO: 指定表空间类型，TEMPORARY 表示临时表空间，UNDO

表示撤销表空间，默认表示永久表空间。

- tablespace_name：创建的表空间名称。表空间名称不能超过 30 个字符，必须以字母开头，可以包含字母、数字和一些特殊字符(如#，_，$)等。
- DATAFILE | TEMPFILE 'file_name'：设定表空间对应的一个或多个数据文件。通常使用 DATAFILE，如果创建临时表空间，则使用 TEMPFILE，'file_name'为文件名与路径。可以为表空间指定多个数据文件。
- SIZE n：数据文件大小，KB 或 MB。
- AUTOEXTEND OFF | ON：设置数据文件是否可以自动扩展，ON 为自动扩展，OFF 为不自动扩展(默认)。
- NEXT m：如果设置为自动扩展，则数据文件每次扩展 mKB 或 mMB。
- MAXSIZE UNLIMITED | maxnum：如果为自动扩展，用于指定可扩展的最大值为 maxnum KB 或 MB，如设为 LIMITED 则无限制(默认)。
- ONLINE | OFFLINE：表空间是否可用，设为 ONLINE 表示表空间可用(默认)，OFFLINE 表示表空间不可用。
- LOGGING | NOLOGGING：指定存储在表空间的数据库对象的任何操作是否都产生日志。LOGGING 表示产生(默认)，NOLOGGING 表示不产生。
- EXTENT MANAGEMENT：指定表空间的管理方式，设为 LOCAL(默认)表示本地管理，DICTIONARY 表示字典管理。

本地管理的表空间：在表空间中，区的分配和管理信息都存储在表空间的数据文件中，而与数据字典无关。表空间在每个数据文件中维护一个"位图"结构，用于记录表空间中所有区的分配情况，位图中的每个位都对应于一个块或一组块。分配区或释放区后可以重新使用，Oracle 服务器通过更改位图值来显示块的新状态。

字典管理的表空间：表空间使用数据字典来管理存储空间的分配，每当分配或取消分配区后，Oracle 服务器会更新数据字典中的相应表。Oracle 11g 已不支持字典管理方式。

- AUTOALLOCATE | UNIFORM：设定区的分配方式。AUTOALLOCATE (默认)表示区由 Oracle 自动分配，UNIFORM 为区大小相同，都为指定值 s KB 或 MB。
- SEGMENT SPACE MANAGEMENT：设定段的管理方式，设为 AUTO (默认)表示自动管理，MANUAL 为手动管理。

例题 4-1：为 ora11 数据库创建一个永久性的表空间 ora11tbs1，大小为 50M，区自动扩展，段采用自动管理方式。

```
SQL>CREATE TABLESPACE ora11tbs1 DATAFILE
2 '/u01/app/oracle/oradata/ora11/ora11tbs1_1.dbf' SIZE 50M;
```

区自动扩展与段的自动管理方式都为默认方式，这里省略。

例题 4-2：为 ora11 数据库创建一个永久性表空间 ora11tbs2，区定制分配，段采用自动管理方式。

```
SQL>CREATE TABLESPACE ora11tbs2 DATAFILE
2 '/u01/app/oracle/oradata/ora11/ora11tbs2_1.dbf' SIZE 50M
3 EXTENT MANAGEMENT LOCAL UNIFORM SIZE 512K
4 SEGMENT SPACE MANAGEMENT AUTO;
```

临时表空间主要用来存储数据库运行过程中排序、汇总等工作产生的临时数据信息。通过临时表空间，Oracle 能够使排序等操作获得更高的执行效率。Oracle 数据库默认的临时表空间为 TEMP 表空间，临时表空间所对应的数据文件称为临时数据文件。

可以通过执行 CREATE TEMPORARY TABLESPACE 语句创建临时表空间，用 TEMPFILE 子句设置临时数据文件。在本地管理方式下的临时表空间中，区的分配方式只能是 UNIFORM，而不能是 AUTOALLOCATE，这样可以避免临时段中产生过多的存储碎片。

例题 4-3：为 ora11 数据库创建一个临时表空间 ora11temp1。

```
SQL>CREATE TEMPORARY TABLESPACE ora11temp1
2  TEMPFILE '/u01/app/oracle/oradata/ora11/ora11temp1_1.dbf'
3  SIZE 20M EXTENT MANAGEMENT LOCAL UNIFORM SIZE 16M;
```

Oracle 中使用了撤销表空间的概念，专门用于回退段的自动管理。如果数据库中没有创建撤销表空间，那么将使用 SYSTEM 表空间来管理回退段。在使用 DBCA 创建数据库的同时会创建一个 UNDOTBS1 的撤销表空间。

可以通过执行 CREATE UNDO TABLESPACE 语句创建撤销表空间，但是在该语句中只能指定 DATAFILE 和 EXTENT MANAGEMENT LOCAL 两个子句，而不能指定其他子句。

例题 4-4：为 ora11 数据库创建一个撤销表空间 ora11undo1。

```
SQL>CREATE UNDO TABLESPACE ora11undo1
2 DATAFILE '/u01/app/oracle/oradata/ora11/ora11undo1_1.dbf'
3 SIZE 20M;
```

4.2.4 管理表空间

表空间在创建之后可以对表空间进行管理，包括表空间的扩展、可用性的修改、默认表空间设计、删除表空间等。

1. 扩展表空间

数据文件的大小决定了其所在表空间的大小，因此扩展表空间可以通过以下三种方式实现：添加新的数据文件、改变数据文件的大小和允许数据文件自动扩展。

1) 添加新的数据文件

为表空间添加数据文件可以通过执行 ALTER TABLESPACE 语句实现，其语法格式为：

```
ALTER TABLESPACE tablespace_name ADD DATAFILE datafile_name SIZE n;
```

例题 4-5：为 ora11 数据库的 ora11tbs1 表空间添加一个大小为 10M 的新的数据文件 ora11tbs1_2.dbf。

```
SQL>ALTER TABLESPACE ora11tbs1 ADD DATAFILE
2  '/u01/app/oracle/oradata/ora11/ora11tbs1_2.dbf' SIZE 10M;
```

2) 改变数据文件的大小

可通过修改表空间中已有数据文件的大小达到扩展表空间的目的，可以通过执行

ALTER DATABASE 命令来实现。语法格式为：

```
ALTER DATABASE DATAFILE datafile_name RESIZE n;
```

例题 4-6: 将 ora11 数据库的 ora11tbs1 表空间的数据文件 ora11tbs1_2.dbf 大小增加到 20M。

```
SQL>ALTER DATABASE DATAFILE
2  '/u01/app/oracle/oradata/ora11/ora11tbs1_2.dbf' RESIZE 20M;
```

3)　允许数据文件自动扩展

将表空间的数据文件设置为自动扩展，即为数据文件指定了 AUTOEXTEND ON 选项，则当数据文件被填满时，数据文件会自动扩展。而对于已创建的表空间中已有的数据文件，则可以使用 ALTER DATABASE 语句修改其自动扩展性。

例题 4-7: 将 ora11 数据库的 ora11tbs1 表空间中数据文件 ora11tbs1_2.dbf 设置为自动扩展，每次扩展 5M 空间，文件最大为 100M。

```
SQL>ALTER DATABASE DATAFILE
2  '/u01/app/oracle/oradata/ora11/ora11tbs1_2.dbf'
3  AUTOEXTEND ON NEXT 5M MAXSIZE 100M;
```

2. 修改表空间的状态

表空间的状态主要有联机(ONLINE)、脱机(OFFLINE)、只读(READ ONLY)和读写(READ WRITE)四种。通过对这四种状态的设置，可以对表空间的使用情况进行限制。

新建的表空间都处于联机状态，用户可以对其进行访问。但是在某些情况下，如进行表空间备份、数据文件重命名或移植等操作时，需要限制用户对表空间的访问，此时需将表空间设置为脱机状态。当表空间处于脱机状态时，该表空间中的所有数据文件也都处于脱机状态。

执行 ALTER TABLESPACE 语句可以将表空间设置为脱机或联机状态，语法格式为：

```
ALTER TABLESPACE tablespace_name OFFLINE | ONLINE;
```

例题 4-8: 将 ora11 数据库的 ora11tbs1 表空间设置为脱机状态。

```
SQL>ALTER TABLESPACE ora11tbs1 OFFLINE;
```

💡 **注意：** SYSTEM 表空间、存放联机回退信息的撤销表空间和临时表空间必须是联机状态。当表空间在关闭数据库时处于脱机状态，数据库重新打开时它依然保持脱机状态。

3. 设置默认表空间

Oracle 数据库的默认永久性表空间为 USERS 表空间，默认的临时表空间为 TEMP 表空间。Oracle 允许使用非 USERS 表空间作为默认的永久性表空间，使用非 TEMP 表空间作为默认临时表空间。

设置默认表空间可以使用 ALTER DATABASE DEFAULT TABLESPACE 语句实现。

例题 4-9: 将 ora11tbs1 表空间设置为 ora11 数据库的默认永久表空间。

```
SQL>ALTER DATABASE DEFAULT TABLESPACE ora11tbs1;
```

4. 删除表空间

当表空间中的所有数据都不再需要时，就可以将该表空间从数据库中删除。除了SYSTEM 表空间和 SYSAUX 表空间外，其他表空间都可以删除。如果表空间中的数据正在被使用，或者表空间中包含未提交事务的回退信息，则该表空间不能删除。

可以通过执行 DROP TABLESPACE 语句删除表空间及其内容，语法格式为：

```
DROP TABLESPACE tablespace_name
[ INCLUDING CONTENTS [ AND DATAFILES ] ];
```

语法说明如下。

- INCLUDING CONTENTS：删除表空间同时，删除表空间所有的数据库对象。
- AND DATAFILES：删除表空间同时，删除表空间所对应的数据文件。

通常情况下，删除表空间仅仅是把控制文件和数据字典中与表空间和数据文件相关的信息删掉，而不会删除操作系统中相应的数据文件。如果删除表空间的同时，删除操作系统中对应的数据文件，需要使用 INCLUDING CONTENTS AND DATAFILES 子句。

例题 4-10：删除 ora11 数据库表空间 ora11tbs1 及其所有内容。

```
SQL>DROP TABLESPACE ora11tbs1 INCLUDING CONTENTS;
```

例题 4-11：删除 ora11 数据库表空间 ora11tbs2，并同时删除该表空间中的所有数据库对象，以及操作系统中与之对应的数据文件。

```
SQL>DROP TABLESPACE ora11tbs2 INCLUDING CONTENTS AND DATAFILES;
```

5. 查看表空间信息

为了方便对表空间的管理，Oracle 提供了一系列与表空间和数据文件相关的数据字典。通过这些表空间，数据库管理员可以了解表空间和数据文件的相关信息。

例题 4-12：通过视图 dba_tablespaces 查看所有表空间的基本信息。

```
SQL>SELECT tablespace_name,contents,status FROM dba_tablespaces;
```

查询结果如下：

TABLESPACE_NAME	CONTENTS	STATUS
SYSTEM	PERMANENT	ONLINE
SYSAUX	PERMANENT	ONLINE
UNDOTBS1	UNDO	ONLINE
TEMP	TEMPORARY	ONLINE
USERS	PERMANENT	ONLINE
ORA11TBS1	PERMANENT	ONLINE
ORA11TBS2	PERMANENT	ONLINE

例题 4-13：查看视图 v$tablespace 中表空间的内容和数量。

```
SQL>SELECT * FROM v$tablespace;
```

例题 4-14：查询 dba_data_files 视图获取数据库中的文件信息。

```
SQL>SELECT file_name,blocks,tablespace_name FROM dba_data_files;
```

查询结果如下：

FILE_NAME	BLOCKS	TABLESPACE_NAME
'/u01/app/oracle/oradata/ora11/USERS01.DBF	640	USERS
'/u01/app/oracle/oradata/ora11/SYSAUX01.DBF	32000	YSAUX
'/u01/app/oracle/oradata/ora11/UNDOTBS01.DBF	4480	UNDOTBS1
'/u01/app/oracle/oradata/ora11/SYSTEM01.DBF	61440	SYSTEM
'/u01/app/oracle/oradata/ora11/EXAMPLE01.DBF	12800	EXAMPLE

例题 4-15：查询 dba_users 视图获取所有用户的默认表空间。

```
SQL>SELECT username, default_tablespace FROM dba_users;
```

查询结果如下：

USERNAME	DEFAULT_TABLESPACE
MGMT_VIEW	SYSTEM
SYS	SYSTEM
SYSTEM	SYSTEM
DBSNMP	SYSAUX
SYSMAN	SYSAUX
SCOTT	USERS
TY	USERS
OUTLN	SYSTEM
MDSYS	SYSAUX
……	……

4.3 段

4.3.1 段的种类

段是为某个逻辑结构分配的一组区，由一个或多个连续或不连续的区组成，用于存储特定对象的所有数据。段是表空间的组成单位，代表特定数据类型的存储结构。通常情况下，一个对象只拥有一个段，一个段中至少包含一个区。段不可以跨表空间，一个段只能属于一个表空间。

段是由 Oracle 数据库服务器动态分配。段不是存储空间的分配单位，而是一个独立的逻辑的存储结构。根据段中存储对象的类型，可以把段分为四种类型：数据段(表段)、索引段、临时段和回退段。

数据段用于存放一个表或簇中的所有数据，当使用 CREATE TABLE 命令时自动在表空间上创建数据段。当我们建立一个表时，则 Oracle 服务器就会自动为该表建立一块空间，准备用于存放表中的数据，这块空间就叫作段。段的名字通常与表的名字相同。例如：在系统中建立一个表，名字为 table1，系统就为 table1 表在磁盘上分配 table1 段这样一块空间，用于存放 table1 表的数据。

索引段用于存放所有索引数据，当使用 CREATE INDEX 命令时自动在表空间上创建索引段。

回退段(有时也称撤销段)用于存放事务所修改数据的旧值。Oracle DB 会维护用于回退对数据库所做更改的信息。

临时段是在 SQL 语句需要临时数据库区域来完成执行时，以备将来使用。

4.3.2　段的管理方式

1. 手动段空间管理(MSSM，Manual Segment Space Management)

系统会在段头建立一个 freelist 列表，把有空闲空间的块放到列表中。当块中的数据量少于 PCTUSED 参数所指定的值会插入 freelist 列表(块中空闲空间大于 PCTFREE 参数所指定的值会插入 freelist 列表)。

然而对列表 freelist 的操作是串行化操作，不可以多个任务同时访问空闲块列表。在只有一个 freelist 的时候，当数据缓冲内的数据块由于被另一个 DML 事务处理锁定而无法使用的时候，缓冲区忙，等待就会发生。解决的方法，一种是将一个空闲列表分为多个空闲列表，以满足多个用户对多个空闲块的需求；另一种解决方法就是自动段空间管理。

2. 自动段空间管理(ASSM，Auto Segment Space Management)

Oracle 使用位图管理段中空闲块，不访问 freelist 而是访问自己段头的位图，极大地减少了竞争。空闲块列表 freelist 被位图所取代，它是一个二进制的数组，能够快速有效地管理存储扩展和剩余区块，因此能够改善分段存储本质，是更加简单和有效的段空间管理方法。

自动段空间管理的优点：减轻因缓冲区忙而等待的负担，采用 ASSM 之后，Oracle 提高了 DML 并发操作的性能。因为位图的不同部分可以被同时使用，这样就消除了寻找剩余空间的串行化。根据 Oracle 的测试结果，使用位图会消除所用分段头部的争夺，还能获得超快的并发插入操作。

例题 4-16：查询数据库系统中各个表空间的区的管理方式和段空间的管理方式。

```
SQL>SELECT tablespace_name,extent_management,
2 segment_space_management FROM dba_tablespaces;
```

查询结果如下：

```
TABLESPACE_NAME        EXTENT_MAN   SEGMEN
-------------------    ----------   -------
SYSTEM                 LOCAL        MANUAL
SYSAUX                 LOCAL        AUTO
UNDOTBS1               LOCAL        MANUAL
TEMP                   LOCAL        MANUAL
USERS                  LOCAL        AUTO
ORA11TBS1              LOCAL        AUTO
ORA11TBS2              LOCAL        MANUAL
```

从查询结果中可以看到每个表空间的区的管理方式都是本地管理，因为在 Oracle 11g 中字典管理方式已经不再使用了；而段的管理方式，有的是手工管理方式，有的是自动管理方式。表空间中段的管理方式决定其上面建的表的管理方式。

4.3.3　段信息查询

在 Oracle 数据库中，关于段信息的查看主要来源于数据字典 dba_segments。dba_segments

记录了系统里面所有段的属性，主要包括段的名称、类型、所属表空间及段的大小。

例题 **4-17**：查看系统中所有的段的名称、类型、所属表空间及段的大小。

```
SQL> SELECT  segment_name, segment_type, tablespace_name,
2  bytes FROM  dba_segments;
```

4.4 区

4.4.1 区的概念

区是 Oracle 数据库的最小存储分配单元，是由一系列连续的数据块组成的空间，每一次系统分配和回收空间都是以区间为单位进行的。创建一个数据库对象时，Oracle 会为该对象分配若干区，由这些区所构成的段用来为对象提供初始的存储空间。当一个段中所有的区都写满后，Oracle 会为该段分配一个新区。当数据库对象被删除时，其所占用的区将被释放，数据库服务器负责回收这些区，并在适当的时候将这些空闲区分配给其他数据库对象。

4.4.2 区的分配

1. 自动分配 AUTOALLOCATE

自动分配是由 Oracle 自动管理所分配区的大小。Oracle 将选择最佳大小的区分配给段，从每个区 64K 开始，随着段的增长，后分配的区将增长到每个区 1M、8M……直到 64M 大小。所分配区的大小动态变化有助于节省空间，但也可能产生空间碎片问题，通常对于小表或管理简单的表选择自动分配空间方式。

2. 平均分配 UNIFORM

平均分配是指为所分配的区指定一个固定不变的平均大小，单位可以是 K 或 M，默认每个区为 1M 大小。使用平均分配区的大小可减少空间碎片的产生，提高性能。

例题 **4-18**：定义两个表空间 ora11tbs3 和 ora11tbs4，区的分配分别采用自动分配和平均分配，查看分配的区的情况。

```
SQL>CREATE TABLESPACE ora11tbs3 DATAFILE '/u01/a.dbf'
2  SIZE 20M;
SQL>CREATE TABLESPACE ora11tbs4 DATAFILE '/u01/b.dbf'
2  SIZE 20M UNIFORM SIZE 2M;
SQL>SELECT SUBSTR(tablespace_name,1,9),initial_extent,
2  next_extent,min_extents,max_extents
3  FROM dba_tablespaces;
```

查询结果如下：

SUBSTR(TABLESPACE_	INITIAL_EXTENT	NEXT_EXTENT	MIN_EXTENTS	MAX_EXTENTS
SYSTEM	65536		1	2147483645
SYSAUX	65536		1	2147483645
UNDOTBS1	65536		1	2147483645

TEMP	1048576	1048576	1	
USERS	65536		1	2147483645
ORA11BIGT	65536		1	2147483645
ORA11TBS1	1048576	1048576	1	2147483645
ORA11TBS2	65536		1	2147483645
ORA11TBS3	65536		1	2147483645
ORA11TBS4	2097152	2097152	1	2147483645

例题 4-19: 在表空间 ora11tbs4 新建表 table3 并查看区的分配情况。

```
SQL>CREATE TABLE table3 TABLESPACE ora11tbs4 AS
2  SELECT * FROM dba_objects;
SQL>SELECT extent_id,SUBSTR(segment_name,1,8),tablespace_name,
2  bytes FROM dba_extents WHERE segment_name='TABLE3';
```

EXTENT_ID	SUBSTR(SEGMENT_N	TABLESPACE_NAME	BYTES
0	TABLE3	ORA11TBS4	2097152
1	TABLE3	ORA11TBS4	2097152
2	TABLE3	ORA11TBS4	2097152
3	TABLE3	ORA11TBS4	2097152
4	TABLE3	ORA11TBS4	2097152

本例中表空间 ora11tbs4 区的分配方式是平均分配,每个区的大小是 2M。从结果可见,同样 9M 大小的表在本例中被分配了 5 个 2M 的区来存放。

4.5　数　据　块

4.5.1　数据块的概念

数据块也称为 Oracle 块(Block),是 Oracle 进行逻辑管理的最基本的单元,数据库进行读/写都是以块为单位进行的,由一个或者多个 OS 磁盘块构成。数据块的尺寸是 OS 磁盘块大小的整数倍,例如,2/4/8/16/32/64KB。Oracle 中的数据块分为标准块和非标准块两种,标准数据块的大小可以在初始化参数文件的 db_block_size 中进行设置。OS 每次执行 I/O 操作时是以 OS 的块为单位,Oracle 每次执行 I/O 操作时是以 Oracle 块为单位。

数据块由块头部、空闲区、数据构成,结构如图 4-3 所示。

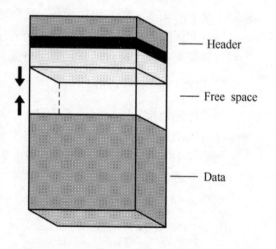

图 4-3　数据块的结构

(1) 头部:保存数据块的地址、表目录、行目录以及为事务保留的空间。

(2) 数据:在数据块的底部。

(3) 空闲区:在数据块中间,保留用于以后的数据更新。数据块这种结构设计方案,以空间换取时间,改善系统性能。

4.5.2　数据块的管理

对数据块的管理主要是对块中可用存储空间的管理，确定保留多少空闲空间，避免产生行链接、行迁移而影响数据的查询效率。

1. 行链接和行迁移

当向表格中插入数据时，如果行的长度大于块的大小，行的信息无法存放在一个块中，就需要使用多个块存放行信息，这称为行链接。当表格数据被更新时，如果更新后的数据长度大于块长度，Oracle 会将整行的数据从原数据块迁移到新的数据块中，只在原数据块中留下一个指针指向新数据块，这称为行迁移。

无论是行链接还是行迁移，都会影响数据库的性能。Oracle 在读取这样的记录时，会扫描多个数据块，执行更多的 I/O，而且是成倍加大 I/O。

2. 块的管理方式

对块的管理分为自动和手动两种。如果建立表空间时使用本地管理方式，并且将段的管理方式设置为 AUTO，则采用自动方式管理块。否则，DBA 可以采用手动管理方式，通过为段设置 PCTFREE 和 PCTUSED 两个参数来控制数据块中空闲空间的使用。

1) PCTFREE 参数

PCTFREE 参数用来指定块中必须保留的最小空闲空间比例。当数据块的自由空间百分率低于 PCTFREE 时，此数据块被标志为 USED，此时在数据块中只可以进行更新操作，而不可以进行插入操作。该参数默认为 10。如果 UPDATE 时，没有空余空间，Oracle 就会分配一个新的块，这会产生行迁移。

2) PCTUSED 参数

PCTUSED 参数用来指定可以向块中插入数据时块已使用的最大空间比例。当数据块使用空间低于 PCTUSED 时，此块标志为 FREE，可以对数据块中的数据进行插入操作；反之，如果使用空间高于 PCTUSED，则不可以进行插入操作。该参数默认为 10。

PCTFREE 和 PCTUSED 参数的使用如图 4-4 所示。

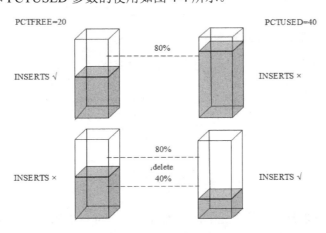

图 4-4　设置 PCTFREE 和 PCTUSED 参数

通常情况下，在对数据块进行管理时还会对 INITRANS 和 MAXTRANS 两个参数进行设置。INITRANS 用来设置同时对数据块进行 DML 操作的事务个数；MAXTRANS 用来设置同时对数据块进行 DML 操作的最多事务个数。

4.6 案 例 实 训

例题 4-20：按下面要求完成语句。

(1) 为 ora11 数据库创建一个永久性的表空间 ex1，同时创建数据文件 ex1_1.DBF，大小为 50M，区自动扩展，段采用自动管理方式。

(2) 在(1)基础上，添加数据文件 ex1_2.DBF，大小为 20M。

(3) 在(2)基础上，修改数据文件 ex1_2.DBF 大小，使表空间大小增大到 30M。

(4) 修改数据文件 ex1_1.DBF 为自动扩展。

(5) 删除表空间 ex1，同时删除该表空间中的数据文件。

① 首先，创建一个永久性的表空间 ex1。

```
SQL>CREATE TABLESPACE ex1 DATAFILE '/u01/app/oracle/oradata/ora11/
ex1_1.DBF'  SIZE 50M;
```

② 添加数据文件 ex1_2.DBF，大小为 20M，然后查看 ex1 表空间数据文件大小。

```
SQL>ALTER TABLESPACE ex1 ADD DATAFILE
'/u01/app/oracle/oradata/ora11/ex1_2.DBF' size 20M;
SQL>SQL> SELECT file_name,bytes/1024/1024,tablespace_name FROM
dba_data_files WHERE tablespace_name='EX1';
```

FILE_NAME	BYTES/1024/1024	TABLESPACE_NAME
/u01/app/oracle/oradata/ora11/ex1_1.DBF	50	EX2
/u01/app/oracle/oradata/ora11/ex1_2.DBF	20	EX2

③ 修改数据文件 ex1_2.DBF，大小为 30M。

```
SQL>ALTER DATABASE DATAFILE '/u01/app/oracle/oradata/ora11/ex1_2.DBF'
RESIZE 30M;
```

④ 修改数据文件 ex1_1.DBF 为自动扩展。

```
SQL>ALTER DATABASE DATAFILE '/u01/app/oracle/oradata/ora11/ex_1.DBF'
AUTOEXTEND ON NEXT 5M MAXSIZE 100M;
```

⑤ 删除表空间 ex1，同时删除该表空间中的数据文件。

```
SQL>DROP TABLESPACE ex1 INCLUDING CONTENTS AND DATAFILES;
```

本 章 小 结

数据库的逻辑存储结构描述的是 Oracle 数据库内部数据的组织和管理，描述了数据库在逻辑上如何组织和存储数据。逻辑存储结构包括表空间、段、区、块。逻辑存储结构之间的关系是多个块组成区，多个区组成段，多个段组成表空间，多个表空间组成逻辑数据库。

　　表空间是最大的逻辑存储单元，段是相同类型数据的存储分配区域，区是数据库中最小的存储分配单元，数据块是数据库中最小的 I/O 单元。

习　　题

1. 选择题

(1) 下列哪种表空间可以被设置为脱机状态？（　　）
A. 系统表空间　　　　　　　　　　B. 用户表空间
C. 临时表空间　　　　　　　　　　D. 撤销表空间

(2) 表空间的管理方式有哪些？（　　）
A. 字典管理方式　　　　　　　　　B. 本地管理方式
C. 自动段管理方式　　　　　　　　D. A 和 B

(3) 以下关于字典管理的表空间描述正确的是（　　）。
A. 空闲区是在数据字典中管理的　　B. 使用位图记录空闲区
C. 空闲区是在表空间中管理的　　　D. 以上都对

(4) 以下关于本地管理的表空间描述正确的是（　　）。
A. 空闲区是在表空间中管理的　　　B. 使用位图记录空闲区
C. 位值指示空闲区或占用区　　　　D. 以上都对

(5) Oracle 的逻辑存储结构中由大到小的顺序是（　　）。
A. 表空间、区、段、块　　　　　　B. 表空间、段、区、块
C. 表空间、块、段、区　　　　　　D. 段、区、表空间、块

(6) 段的管理方式有哪些？（　　）
A. ASMM 和 MSSM　　　　　　　　B. MSSM 和 ASSM
C. ASSM 和 ASSM　　　　　　　　D. ASSM 和 ASMM

(7) 区的管理方式有哪些？（　　）
A. 自动分配和平均分配　　　　　　B. 平均分配和本地管理
C. 本地管理和字典管理　　　　　　D. 字典管理和自动分配

(8) 关于区的平均分配说法正确的是（　　）。
A. 每个区的大小都是固定不变的
B. 产生了过多的空间碎片
C. 每个区的大小都是系统自动分配最佳的大小
D. 默认每个区是 2M

(9) 关于 PCTFREE 参数的说法正确的是（　　）。
A. 默认值是 10
B. 只能被用于 update
C. 是一个数据库可不可以被插入数据的衡量参数
D. 以上说法都对

(10) Oracle 管理数据库存储空间的最小数据存储单位是(　　)。

    A. 数据块　　　　　　　B. 表空间　　　　　　　C. 表　　　　　　　D. 区间

2．简答题

(1) 简述数据库逻辑存储结构的组成和相互关系。

(2) 简述数据库表空间的种类及不同类型表空间的作用。

(3) 数据库表空间的管理方式有几种？各有什么特点？

(4) 扩展表空间的方法有哪几种？

(5) 数据库中常用的段有哪几种？分别起什么作用？

(6) 简述数据库、表空间、数据文件及数据对象之间的关系。

3．操作题

(1) 为 ora11 数据库创建一个永久性的表空间 ex1，同时创建数据文件 ex1_1.dbf，大小为 50M，区自动扩展，段采用自动管理方式。

(2) 在(1)基础上，通过添加数据文件 ex1_2.dbf 扩展表空间，使表空间大小增大到 70M。

(3) 将 ex1 表空间的数据文件 ex1_2.dbf 大小增加到 50M。

(4) 将 ex1 表空间中的数据文件 ex1_2.dbf 设置为自动扩展，每次扩展 10M 空间，文件最大为 100M。

(5) 显示所有用户的默认和临时表空间，将 ex1 表空间设置为数据库的默认永久表空间。

(6) 修改 ex1 表空间的名称为 ex2。

(7) 查询当前数据库中所有的表空间及其对应的数据文件信息。

(8) 删除表空间 ex2，并同时删除该表空间中的所有数据库对象，以及对应的数据文件。

第5章 数据库实例

本章要点：数据库和操作系统之间是使用数据库实例进行交互的。数据库实例由一系列内存结构和后台进程组成。本章将介绍 Oracle 数据库实例的构成及其工作方式。

学习目标：理解数据库实例的概念，掌握 Oracle 数据库实例的构成及其工作方式。重点掌握数据高速缓冲区、共享池、重做日志缓冲区、数据库写进程、日志写进程、检查点进程的工作方式。

5.1 实 例 概 述

1. Oracle 实例的概念

完整的 Oracle 数据库通常由两部分组成：Oracle 数据库和数据库实例。

(1) Oracle 数据库是一系列物理文件的集合(数据文件、控制文件、联机日志、参数文件等)。

(2) Oracle 数据库实例则是一组 Oracle 后台进程以及在服务器分配的共享内存区。

数据库中的数据是以文件的形式存储在磁盘上，数据文件是一个静态的概念，而对数据库的访问则是一个动态的过程，需要通过数据库服务器来进行。数据库服务器不仅包括数据文件，还包括访问数据文件的内存结构和后台进程，这些内存结构和后台进程叫作实例。

在启动数据库时，Oracle 首先在内存中获取一定的空间，启动各种用途的后台进程，即创建一个数据库实例，然后由实例装载数据文件和重做日志文件，最后打开数据库。用户操作数据库的过程实质上是与数据库实例建立连接，然后通过实例来连接、操作数据库的过程。引入实例的好处是非常明显的，数据位于内存中，用户读写内存的速度要比直接读写磁盘快得多，而且内存数据可以在多个用户之间共享，从而提高了数据库访问的并发性。

Oracle 实例由内存结构和后台进程组成，其中内存结构又分为系统全局区(SGA)和程序全局区(PGA)。启动 Oracle 实例的过程，即分配内存、启动后台进程。当启动实例的时候分配 SGA，当服务器进程建立时分配 PGA。Oracle 实例组成如图 5-1 所示。

2. 数据库与实例的关系

数据库是数据集合，Oracle 是一种关系型的数据库管理系统。通常情况下所说的"数据库"并不仅指物理的数据集合，还包含物理数据、数据库管理系统，即物理数据、内存、操作系统进程的组合体。

用户访问 Oracle 都是访问一个实例， 实例名指的是用于响应某个数据库操作的数据库管理系统的名称，它同时也叫 SID。实例名是由参数 instance_name 决定的。实例名用于对外部连接，在操作系统中要取得与数据库的联系，必须使用数据库实例名。

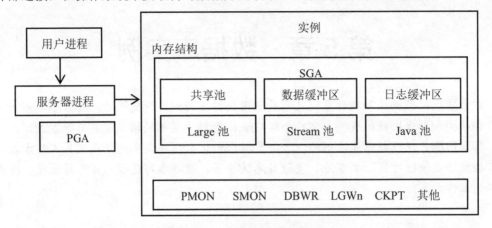

图 5-1　Oracle 实例组成

通常情况下，数据库与实例是一一对应的关系，即一个数据库对应一个实例。在并行 Oracle 数据库服务器结构中，数据库与实例是一对多的关系，即一个数据库对应多个实例。多个"实例"同时驱动一个数据库的架构称作"集群"。同一时间一个用户只能与一个实例联系，当某一个实例出现故障时，其他实例照常运行，从而保证数据库的安全运行。

例题 5-1：分别查看 Oracle 数据库名和数据库实例名。

```
SQL>SELECT name FROM v$database;
SQL>SELECT instance_name,status FROM v$instance;
```

5.2　Oracle 内存结构

当实例启动时，系统为实例分配了一段内存空间用来存储执行的程序代码、连接会话信息以及程序执行期间所需要的数据和共享信息等。根据内存里信息使用范围的不同，分为系统全局区(System Global Area，SGA)和程序全局区(Program Global Area，PGA)。

SGA 是由 Oracle 用于存放系统信息的一块内存区间，包含一个数据库实例和控制信息。SGA 由所有服务器和后台进程共享，连接一个实例的所有用户都可以使用 SGA。用户对数据库的各种操作主要在 SGA 中进行。该内存区随数据库实例的创建而分配，随实例的终止而释放。

PGA 是用户进程连接数据库、创建一个会话时，由 Oracle 为用户分配的内存区域，保存当前用户私有的数据和控制信息，又称为私有全局区(Private Global Area)。服务器进程对 PGA 的访问是互斥的，每个服务器进程和后台进程都具有自己的 PGA，每个服务器进程只能访问自己的 PGA，所有服务器进程的 PGA 总和即为实例的 PGA 的大小。

5.2.1　全局系统区 SGA

SGA 是一组包含着一个 Oracle 实例的数据和控制信息的共享内存结构。主要包括六类缓存：数据高速缓冲区(db_buffer_cache)、共享池(shared_pool)、重做日志缓冲区

(redo_log_buffer)、大型池(large_pool)、Java 池(java_pool)、流池(streams_pool)。SGA 组件描述如图 5-2 所示。

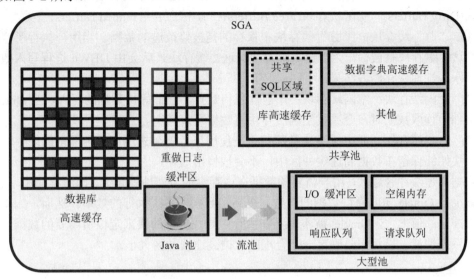

图 5-2 SGA 组件描述

1. 数据高速缓冲区

1) 功能

数据高速缓冲区(db_buffer_cache)是 SGA 的一部分,存储了最近从数据文件读入的数据块信息或者用户更改后需要写回数据库的数据信息。这些用户更改后没有写回数据库的数据称为"脏"数据。用户进程进行查询操作时,如果该进程在数据高速缓冲区中找到数据(称为高速缓存命中),则直接从内存中读取数据;如果进程在数据高速缓冲区中找不到数据(称为高速缓存未命中),则在访问数据之前,必须先将磁盘上的数据文件中的数据块复制到数据高速缓存的缓冲区中再进行操作。数据高速缓存命中时访问数据要比未命中时访问数据的速度快,这在很大程度上提高了获取和更新数据的性能。数据高速缓冲区的工作过程如图 5-3 所示。

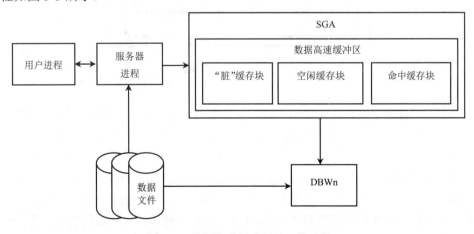

图 5-3 数据高速缓冲区的工作过程

2) 缓存块的类型

数据高速缓冲区由许多大小相等的缓存块组成，根据缓冲块的使用情况，分为"脏"缓存块(Dirty Buffers)、空闲缓存块(Free Buffers)和命中缓存块(Pinned Buffers)三类。

(1) "脏"缓存块："脏"缓存块中保存的是被修改过的数据。当用户执行了修改操作后，这个缓存块就被标记为"脏"缓存块。这些缓存块最后会由 DBWn 进程写入数据文件，以永久性地保存修改结果。

(2) 空闲缓存块：空闲缓存块中不包含任何数据，它们等待数据的写入。当 Oracle 从数据文件中读取数据时，会寻找空闲缓存块将数据写入其中。

(3) 命中缓存块：命中缓存块是那些正被使用或者被显式地声明为保留的缓存块。这些缓存块始终保留在数据高速缓冲区中，不会被换出内存。

数据高速缓冲区越大，用户需要的数据在内存中的可能性就越大，即缓存命中率越高，从而减少了 Oracle 访问硬盘数据的次数，提高了数据库系统执行的效率。然而，如果数据高速缓冲区的值太大，Oracle 就不得不在内存中寻找更多的块来定位所需要的数据，反而降低了系统性能。显然需要确定一个合理的数据高速缓冲区大小。

2. 共享池

共享池(shared_pool)用于缓存最近执行过的 SQL 语句、PL/SQL 程序和数据字典信息，是对 SQL 语句、PL/SQL 程序进行语法分析、编译、执行的区域。共享池由库高速缓存(Library Cache)和数据字典缓存(Data Dictionary Cache)组成，如图 5-4 所示。

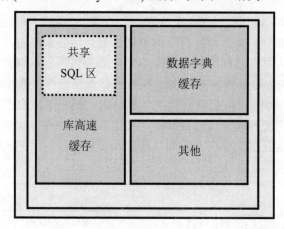

图 5-4 共享池的构成

1) 库高速缓存

Oracle 执行用户提交的 SQL 语句或 PL/SQL 程序之前，先要对其进行语法分析、对象确认、权限检查、执行优化等一系列操作，并生成执行计划。这一系列操作会占用一定的系统资源。如果多次执行相同的 SQL 语句、PL/SQL 程序都要进行如此操作，将浪费很多系统资源。因此 Oracle 数据库第一次执行一条 SQL 语句，生成了解析代码和执行计划，这个过程叫作硬解析；硬解析后，会把命令文本、解析代码和执行计划等都存放在库高速缓存里面。使得下次再执行相同的 SQL 语句时就不用再次硬解析，只需软解析即可，即直接从库高速缓存中把上次执行的相同 SQL 语句的解析代码和执行计划调出来执行，从而提高系统的效率。

因此当执行 SQL 语句或 PL/SQL 程序时，Oracle 首先在共享池的库缓存中搜索，查看相同的 SQL 语句或 PL/SQL 程序是否已经被分析、解析、执行并缓存过。如果有，Oracle 将利用缓存中的分析结果和执行计划来执行该语句，而不必重新对它进行硬解析，从而大大提高系统的执行速度。

2)　数据字典缓存

数据字典缓存区中存储经常使用的数据字典信息，如数据库对象信息、账户信息、数据库结构信息等。当用户访问数据库时，可以从数据字典缓存中获得对象是否存在、用户是否有操作权限等信息，提高执行效率。

3. 重做日志缓冲区

1)　功能

重做日志缓冲区(redo_log_buffer)是 SGA 中的循环缓冲(从顶端向底端写入数据，然后返回到顶端循环写入)，用于存放用户对数据库所做更改的信息，此信息存储在重做记录中。重做记录包含重建(或重做)由 DML、DDL 或内部操作对数据库进行的更改所需的信息。如果需要，将使用重做记录进行数据库恢复。

为了提高工作效率，重做记录并不是直接写入磁盘的重做日志文件中，而是先写入 SGA 中的重做日志缓冲区，重做记录占用缓冲区中连续的顺序空间。在一定条件下，LGWR 后台进程再将重做日志缓冲区的内容写到磁盘上的活动重做日志文件(或文件组)中。归档模式下，在重做日志切换时由归档进程(ARCn)将重做日志文件的内容写入归档文件中，如图 5-5 所示。

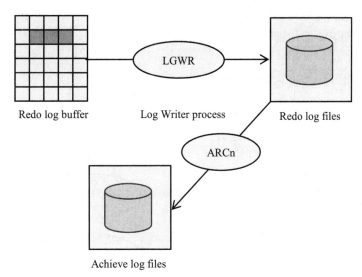

图 5-5　归档模式下重做日志过程

2)　重做日志缓冲区的大小

重做日志缓冲区的大小是可以动态调整的，即可以在数据库运行期间进行调整，可以通过参数文件中的 LOG_BUFFER 参数指定。

4. 大型池

大型池(large_pool)是 SGA 的一段可选内存区，数据库管理员可以配置"大型池"的可选内存区，以便为以下对象提供大型内存分配：共享服务器的会话内存和 Oracle XA 接口(在事务处理与多个数据库交互时使用)；I/O 服务器进程；Oracle DB 备份和还原操作。如果没有在 SGA 中创建大型池，那么上述操作所需的缓存空间将在共享池或 PGA 中分配，因而会影响共享池或 PGA 的使用效率。

可见大型池的作用非常广泛，主要是为 Oracle 其他程序、功能和服务提供内存分配，使得这些程序、功能和服务不必去前面介绍的三块内存里面分空间。大型池的大小可以通过设置参数 LARGE_POOL_SIZE 指定，在数据库运行期间，可以使用 ALTER SYSTEM 语句修改大型池的大小。

5. Java 池

Java 池(java_pool)也是 SGA 的一段可选内存区，但是在安装 Java 或者使用 Java 程序时，必须设置 Java 池。Java 池提供对 Java 程序设计的支持，用于存储 Java 代码、Java 语句的语法分析表、Java 语句的执行方案和进行 Java 程序开发等。

Java 池大小可以通过设置参数 Java_POOL_SIZE 指定，默认是 4M。在数据库运行期间，可以使用 ALTER SYSTEM 语句进行修改。

6. 流池

流池(stream_pool)是一个可选的内存配置项，是为 Oracle 流专用的内存池。除非对流池进行专门配置，否则其大小从零开始。当使用 Oracle 流时，池大小会根据需要动态增长。

流池大小可以通过设置参数 STREAMS_POOL_SIZE 指定，在数据库运行期间，可以使用 ALTER SYSTEM 语句进行修改。

5.2.2　程序全局区 PGA

PGA 是包含与某个特定服务器进程相关的数据和控制信息的一块非共享内存区域，它是在服务器进程启动时由 Oracle 创建的。一个 Oracle 进程拥有一个 PGA 内存区，一个 PGA 也只能被拥有它的那个服务器进程所访问。PGA 结构如图 5-6 所示。

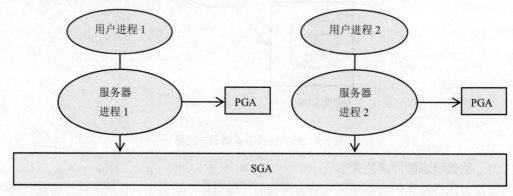

图 5-6　PGA 结构

Oracle 总的内存结构就是由 SGA 和若干 PGA 组成的。

5.3　Oracle 进程结构

5.3.1　Oracle 进程种类

Oracle 数据库系统中的进程主要分为两类:

(1)　运行应用程序或 Oracle 工具代码的用户进程。

(2)　运行 Oracle 数据库服务器代码的 Oracle 数据库进程(包括服务器进程和后台进程)。

Oracle 的进程关系如图 5-7 所示。

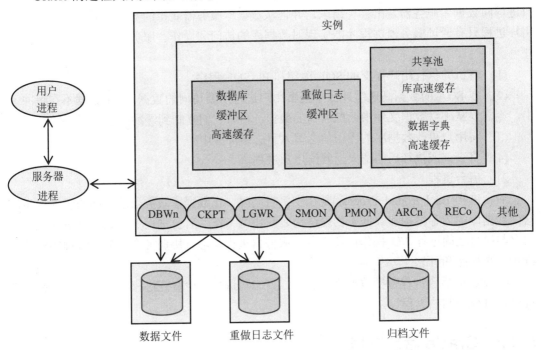

图 5-7　Oracle 进程关系描述

1. 用户进程

当用户连接数据库执行一个应用程序或 Oracle 工具(例如 SQL*Plus)时，会创建一个用户进程(User Process)，来完成用户所指定的任务。在 Oracle 数据库中有两个与用户进程相关的概念：连接和会话。

连接指用户进程与数据库服务器之间的通信路径。该路径由硬件线路、网络协议和操作系统进程通信机制共同构成。

会话指用户到数据的一个明确连接。会话是通过连接实现的，同一个用户可以创建多个连接来产生多个会话。会话始终存在，直到用户断开连接或终止应用程序为止，如图 5-8 所示。

图 5-8　连接与会话

2. 数据库进程

1)　服务器进程

当用户进程访问数据库时,数据库服务器会启动一个与用户进程相对应的服务器进程(Server Process)以执行该用户进程发出的命令。服务器进程就像是用户进程的代理,代替用户进程向数据库服务器发出各种请求,并把从数据库服务器获得的数据返回给用户进程。用户进程只有通过服务器进程才能实现对数据库的访问和操作。服务器进程主要完成以下任务。

(1)　解析并执行用户提交的 SQL 语句和 PL/SQL 程序。

(2)　在 SGA 的数据高速缓冲区中搜索用户进程所要访问的数据,如果数据不在缓冲区中,则需要从硬盘数据文件中读取所需的数据,再将它们复制到缓冲区中。

(3)　将用户更改数据库的操作信息写入日志缓冲区中。

(4)　将查询或执行后的结果返回给用户进程。

2)　后台进程

后台进程(Background Process)是在实例启动时,在数据库服务器端启动的管理程序,它使数据库的内存结构和数据库物理结构之间协调工作。后台进程主要完成以下任务:在内存与磁盘之间进行 I/O 操作;监视各个服务器进程状态;协调各个服务器进程的任务;维护系统性能和可靠性等。

Oracle 的后台进程包括数据库写进程、日志写进程、检查点进程、系统监控进程、进程监控进程、归档进程等。

5.3.2　Oracle 后台进程

数据库的后台进程随数据库实例的启动而自动启动,用来维护内存中数据和磁盘数据的一致性,保证数据库正常运行。可以通过初始化参数文件中参数的设置来确定启动后台进程的数量。

1. 数据库写进程

数据库写进程(DBWn)是数据库中最重要的一个后台进程,它负责把数据高速缓冲区(db_buffer_cache) 中已经被修改过的数据("脏"缓存块)写到数据文件中保存,使数据高速缓冲区有更多的空闲缓存块,保证服务器进程将所需要的数据从数据文件中读取到数据高速缓冲区中,提高缓存命中率,如图 5-9 所示。

虽然对于大多数系统来说,一个数据库写进程 (DBW0)已经足够,但如果系统需要频繁修改数据,则可以配置附加进程(DBW1 到 DBW9)以改进写性能。除了 DBWn 触发时会将脏数据写入磁盘，检查点进程触发时也会命令 DBWn 将脏数据写入磁盘。检查点进程会在后台定期执行。

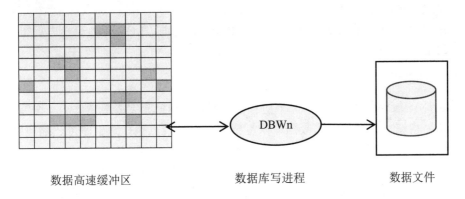

数据高速缓冲区　　　　　　数据库写进程　　　　　　数据文件

图 5-9　数据库写进程

当下列某个事件发生时，会触发 DBWn 进程把"脏"数据写到数据库的数据文件中。

(1)　内存块中 25%的脏块限额达到时。

(2)　Checkpoint 检查点触发时。

(3)　数据高速缓冲区中 LRU 列表(空闲块列表)上有 40%的块都不可用时。

(4)　每隔 300s 定时触发一次。

2. 日志写进程

日志写进程(LGWR)负责管理重做日志缓冲区，就是将重做日志缓冲区记录写入磁盘的重做日志文件中。LGWR 会把自上次写入以后重做日志缓冲区中的记录写入磁盘的重做日志文件中，如图 5-10 所示。

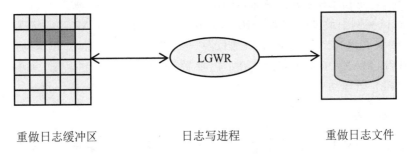

重做日志缓冲区　　　　　　日志写进程　　　　　　重做日志文件

图 5-10　日志写进程

重做日志缓冲区是循环缓冲区。当 LGWR 把重做日志缓冲区中的重做记录写入重做日志文件后，服务器进程就可以在已写入磁盘的重做记录位置上记载新的重做记录。LGWR 的写入速度要足够快，以确保缓冲区中始终有空间可供新的重做记录使用。

DBWR 在工作之前，需要了解 LGWR 是否已经把相关的重做日志缓冲区中的重做记录写入重做日志文件中。如果还没有写入重做日志文件，DBWR 将通知 LGWR 完成相应的工作，然后 DBWR 才开始写入。先写重做日志文件，后写数据文件。

当下列某个事件发生时，会触发 LGWR 将重做日志缓冲区中的重做记录写入重做日志文件。

(1) 用户进程提交事务处理。

(2) 重做日志缓冲区的三分之一已满。

(3) 在 DBWn 进程将"脏"缓冲区写到数据文件之前，LGWR 先写日志后写数据。

(4) 每隔 3 秒。

3. 检查点进程

检查点是一个事件，在执行了一个检查点事件后，数据库完成更新处于一个完整状态。在发生数据库崩溃后，只需要将数据库恢复到上一个检查点执行时刻即可。缩短检查点执行的时间间隔，可以缩短数据库恢复所需的时间。

检查点进程(CKPT)的作用就是执行检查点，主要完成下列两个操作：更新控制文件与数据文件的头部，使其同步，即将时间点信息写入控制文件和每一个数据文件的头部；触发 DBWn 进程，将"脏"缓存块写入数据文件，即推动 DBWn 和 LGWR 工作。

CKPT 的触发条件：

(1) 数据库关闭。

(2) 手工执行 ALTER SYSTEM CHECKPOINT 语句。

(3) 日志文件切换。

(4) 达到参数 log_checkpoint_interval、log_checkpoint_timeout 设定的值。

4. 归档进程

归档进程(ARCn)是可选进程，仅当数据库处于 ARCHIVELOG 模式且已启用自动归档时，才会存在。发生日志切换之后，ARCn 会将重做日志文件复制到指定的存储设备，以防止写满的重做日志文件被覆盖。如果没有启动归档进程，当重做日志文件全部被写满后，数据库将被挂起，等待 DBA 进行手动归档。

一个 Oracle 实例中最多可以运行 10 个 ARCn 进程(ARC0 到 ARC9)。在默认情况下，一个实例只会启动一个 ARCn。如果归档的工作负荷很重，则可以使用 LOG_ARCHIVE_MAX_PROCESSES 初始化参数增加最大归档进程数。可以通过执行 ALTER SYSTEM 语句动态更改该参数的值，以增加或减少 ARCn 进程数。

5. 系统监控进程

系统监控进程(SMON)的主要作用就数据库实例恢复。当数据库发生故障时(例如，操作系统重启)，实例 SGA 中所有没有写到数据文件的信息都会丢失。当数据库重新启动后，SMON 自动恢复实例。SMON 还负责清除不再使用的临时段。

SMON 除了在实例启动时执行一次外，在实例运行期间也会被定期唤醒，检查是否有工作需要它来完成。如果有其他任何进程需要使用 SMON 进程的功能，它们将随时唤醒 SMON。

6. 进程监控进程

进程监控进程(PMON)负责监控其他后台进程是否在正常工作。比如，某个用户进程失败时则 PMON 负责执行进程恢复，方法是清除数据库缓冲区高速缓存以及释放该用户进程使用的资源。

　　PMON 进程监视会话是否发生空闲会话超时,清除非正常中断的用户留下的孤儿会话,回退未提交的事务释放会话所占用的资源。PMON 进程定期检查分派程序和服务器进程的状态,并重新启动任何已停止运行(但并非 Oracle 数据库故意终止)的分派程序和服务器进程。PMON 还将有关实例和分派程序进程的信息注册到网络监听程序。

5.4　案例实训

　　例题 5-2：简单说明 DBWR、LGWR、CKPT 三种进程的相互关系。

　　DBWR 是将脏缓存块写入数据文件。DBWR 进程在工作之前,需要了解日志写入 LGWR 是否已经把相关的日志缓冲区中记载的数据写入硬盘中,如果相关的日志缓冲区中的记录还没有被写入,DBWR 会通知 LGWR 完成相应的工作,然后 DBWR 才开始写入。CKPT 是一个事件,当该事件发生时(每隔一段时间发生),触发 DBWR,将脏缓存块写入数据文件,同时 Oracle 将对数据库控制文件和数据文件的头部的同步序号进行更新,以记录下当前的数据库结构和状态,保证数据的同步。

本 章 小 结

　　数据库和操作系统之间是使用数据库实例进行交互的,本章介绍数据库实例的概念、Oracle 数据库实例的构成及其工作方式。

　　数据库实例由一系列内存结构和后台进程组成。内存分为系统全局区(SGA)和程序全局区(PGA)。SGA 主要包括数据高速缓冲区、共享池、重做日志缓冲区等。常用的后台进程有数据库写进程、日志写进程、检查点进程。

习　　题

1．选择题

(1)　数据库服务器由(　　　)组成。
　　A. SGA 和 PGA
　　B. SGA 和数据库
　　C. 数据库和后台进程
　　D. 例程和数据库

(2)　Oracle 内存结构里面包含(　　　)。
　　A. db_buffer_cache
　　B. shared pool
　　C. PGA
　　D. A 和 B

(3)　内存结构中的 shared pool 是用来(　　　)。
　　A. 存放命令文本、解析代码、执行计划等
　　B. 存放有关对数据库所做更改的信息
　　C. Oracle DB 备份和还原操作
　　D. 存储 Java 代码和数据

(4) 用来执行数据库备份与还原操作的是(　　)。

    A. Java pool   B. shared pool

    C. large pool   D. streams pool

(5) 数据库进程包括(　　)。

    A. 用户进程和服务器进程   B. 服务器进程和后台进程

    C. 后台进程和前台进程   D. 用户进程和前台进程

(6) (　　)不是数据库写进程触发的条件。

    A. 25%的脏块限额达到   B. 检查点触发时

    C. 每300s定时触发   D. 用户进程提交事务处理时

(7) (　　)进程的作用是将脏块写入数据文件中。

    A. DBWn   B. CKPT   C. LGWR   D. ARCn

(8) 检查点信息记录在(　　)。

    A. 数据文件和每个数据文件头   B. 控制文件和每个数据文件头

    C. 参数文件和每个数据文件头   D. 每个数据文件头

(9) Oracle进程结构中完成将重做记录从重做日志高速缓冲区写入重做日志文件的进程是(　　)。

    A. 用户进程   B. 服务器进程

    C. 后台进程LGWR   D. 后台进程DBWR

2. 简答题

(1) 说明数据库实例的概念及其结构。

(2) 简述Oracle数据库SGA中重做日志缓冲区、数据高速缓冲区及共享池的功能。

(3) 说明数据库内存结构中SGA和PGA的组成，以及这两个内存区存放信息的区别。

(4) Oracle数据库进程的类型有哪些？分别完成什么任务？

(5) Oracle数据库后台进程有哪些？其功能是什么？

(6) DBWR是如何工作的？

(7) LGWR是如何工作的？

(8) 说明DBWR、LGWR、CKPT之间的关系。

第6章 模式对象管理

本章要点：模式对象就是存储在用户模式中的数据库对象，Oracle 数据库中模式对象包括表、索引、视图、序列和同义词等。本章将主要介绍表、表的完整性约束及分区表，对索引、视图等也作了较为详尽的讲解。

学习目标：理解模式对象概念，掌握 Oracle 数据库常用对象的管理方法。重点掌握表管理、索引管理、视图管理。

6.1 模 式 对 象

模式(Schema)指数据库中全体数据的逻辑结构和特征的描述，一个模式对应一个数据库用户，并且名字和数据库用户名相同。在 Oracle 数据库中，数据对象是以模式为单位进行组织和管理的。

在通常情况下，用户所创建的数据库对象都保存在与自己同名的模式中。每个用户都有一个单独的模式。模式对象可以通过 SQL 创建(DDL)和操作(DML)。在同一模式中数据库对象的名称必须唯一，而在不同模式中的数据库对象可以同名。在默认情况下，用户引用的对象是与自己同名模式中的对象，如果要引用其他模式中的对象，则需要在该对象名前指明对象所属模式。

在 Oracle 中，模式对象包括表、索引、索引化表、分区表、物化视图、视图、数据库链接、序列、同义词、存储函数与存储过程、Java 类与其他 Java 资源等。而表空间、用户、角色、目录等数据库对象不属于模式对象。

6.2 表 的 管 理

表是数据库中最常用的模式对象，用户的数据在数据库中是以表的形式存储的。表的行称为记录，列称为属性。许多数据库对象(如索引、视图)都是以表为基础的。表管理主要包括表的创建、表约束、表参数设置、修改和删除等。

6.2.1 创建表

创建表使用 **CREATE TABLE** 语句，其语法格式为：

```
CREATE TABLE [schema.]table_name
(column_name datatype [column_level_constraint]
[,column_name datatype [column_level_constraint]…]
[,table_level_constraint])
[TABLESPACE tablespace_name]
[parameter_list];
```

语法说明如下。

- schema：指定表所属的用户模式名称。
- table_name：创建的表名。
- column_name：表中的列名，可以有多个列，列之间用逗号隔开。
- datatype：列的数据类型。
- column_level_constraint：列级约束。
- table_level_constraint：表级约束。
- TABLESPACE tablespace_name：为表指定表空间，如不使用则使用默认表空间存储新建表。
- parameter_list：参数列表。在定义表时，可以通过参数设置存储空间分配等。

例题 6-1： 在当前模式下创建一个名为 student1 的表。

```
SQL>CREATE TABLE student1(
   stuid NUMBER(6) PRIMARY KEY,
   stuname VARCHAR2(20),
   sex NUMBER(1),
   birdate DATE,
   grade NUMBER(2) DEFAULT 1,
   class NUMBER(4)
);
TABLESPACE users
PCTFREE 10 PCTUSED 40
STORAGE(INITIAL 50K NEXT 50K MAXEXTENTS 10 PCTINCREASE 25);
```

6.2.2 数据类型

在创建表时不仅要指明表名、列名，还要根据应用需要指明每个列的数据类型 (Datatype)。Oracle 系统提供了功能非常完全的数据类型，可以使用数据库中内置的数据类型，也可以使用用户自定义的数据类型。Oracle 数据库的内置数据类型分为字符类型、数值类型、日期类型、LOB 类型和二进制类型等。

1. 字符类型

- CHAR(n)：用于存储固定长度的字符串。参数 n 规定了字符串的最大长度。允许最大长度为 2000 字节，最小长度为 1 字节。
- VARCHAR2[(n[BYTE|CHAR])]：用于存储可变长度的字符串。

2. 数值类型

- NUMBER[(m,n)]：用于存储整数和实数。m 表示数值的总位数(精度)，取值范围为 1～38，默认为 38；n 表示小数位数，若为负数则表示把数据向小数点左边舍入，默认值为 0。
- INT、INTEGER、SMALLINT：NUMBER 的子类型，38 位精度的整数。

3. 日期类型

- DATE：用于存储日期和时间。

- TIMESTAMP[(n)]：表示时间戳，是 DATE 数据类型的扩展，允许存储小数形式的秒值。n 表示秒的小数位数，取值范围为 0～9，默认值为 6。

4. LOB 类型

- CLOB：用于存储可变长度的字符数据，如文本文件等，最大数据量为 128TGB。
- BLOB：用于存储大型的、未被结构化的可变长度的二进制数据(如二进制文件、图片文件、音频和视频等非文本文件)，最大数据量为 128TGB。
- BFILE：用于存储指向二进制格式文件的定位器，该二进制文件保存在数据库外部的操作系统中，文件最大为 128TGB。

5. 二进制类型

- RAW(n)：用于存储可变长度的二进制数据，n 表示数据长度，取值范围为 1～2 000 字节。
- LONG RAW：用于存储可变长度的二进制数据，最大存储数据量为 2 GB。

6.2.3 表的完整性约束

为表中的列增加完整性约束条件，目的是防止用户向该列传递不符合要求的数据，维护数据库完整性的一些规则。

1. 约束的类型

在 Oracle 数据库中，根据约束的用途将表的完整性约束分为 PRIMARY KEY、UNIQUE、CHECK、FOREIGN KEY、NOT NULL 五类。

1) PRIMARY KEY 约束

PRIMARY KEY 约束意为主键约束，用于唯一标识表的一行记录。定义为主键的列，取值既不能为 NULL，也不能重复；PRIMARY KEY 约束既可以定义为列级约束，也可以定义表级约束。

2) UNIQUE 约束

UNIQUE 约束意为唯一性约束，用于约束表中列不许出现重复的值。如果某一列或多个列仅定义唯一性约束，而没有定义 NOT NULL 约束，则该约束列可以包含多个空值。

3) CHECK 约束

CHECK 约束意为检查约束，用来限制列值所允许的取值范围，一个列可以定义多个 CHECK 约束。

4) FOREIGN KEY 约束

FOREIGN KEY 约束意为外键约束，定义为 FOREIGN KEY 约束的列的取值要么是主表参照列的值，要么为空；可以在一列或多列组合上定义 FOREIGN KEY 约束；FOREIGN KEY 既可以定义列级约束，也可以定义表级约束。

5) NOT NULL 约束

NOT NULL 约束意为非空约束，定义该约束的列取值不能为空值，否则出现错误。在同一个表中可以定义多个 NOT NULL 约束；NOT NULL 约束只能定义为列级约束。

2．列级约束与表级约束

1）表级约束

表级约束对应于表，不包括在列定义中。通常用于对多个列一起进行约束，与列定义之间用逗号分隔。定义表级约束时必须指出要约束的那些列的名称。

定义表级约束的语法格式为：

```
[CONSTRAINT constraint_name]
constraint_type ([columnl_name,column2_name,…] | [condition]);
```

2）列级约束

列级约束对应于表中的一列，是对某一个特定列的约束，包含在列的定义中，直接跟在该列的其他定义之后，用空格分隔，不必指定列名。

定义列级约束的语法格式为：

```
[CONSTRAINT constraint_name] constraint_type [conditioin];
```

注意： 在 Oracle 中可以通过 CONSTRAINT 关键字为约束命名。如果定义约束时没有为约束命名，Oracle 将自动为约束命名。

例题 6-2：在当前模式下创建一个名为 student 的表，其中学号(stu_no)列定义为 PRIMARY KEY，姓名(stu_name)列定义为 NOT NULL，性别(stu_sex)列取值只能为'M'或'F'，为年龄(stu_age)列定义一个表级 CHECK 约束，取值在 18～60 岁之间。

```
SQL>CREATE TABLE student (
stu_no  NUMBER(6) CONSTRAINT stu_pk PRIMARY KEY,
stu_name VARCHAR2 (10)  NOT NULL,
stu_sex  CHAR(2) CONSTRAINT stu_ckl CHECK(stu_sex in('M', 'F')),
stu_age  NUMBER(2),
CONSTRAINT stu_ck2 CHECK(stu_age BETWEEN 18 AND 60)
);
```

例题 6-3：在当前模式下创建一个名为 course 的表，其中课程号(cou_no)定义为 PRIMARY KEY，课程名称(cou_name)定义为 UNIQUE 约束，学分(cou_credit)列为 NOT NULL 约束。

```
SQL>CREATE TABLE course (
cou_no NUMBER(6) PRIMARY KEY,
cou_name CHAR(20) UNIQUE,
cou_credit NUMBER(3,1) NOT NULL
);
```

例题 6-4：在当前模式下创建一个名为 stu_cou 的表，其中学号(stu_no)列定义为 FOREIGN KEY，取值参照 student 表的 stu_no 列，课程号(cou_no)列定义为 FOREIGN KEY，取值参照 course 表的 cou_no 列，stu_no 和 cou_no 列联合定义 PRIMARY KEY，为表级约束，命名为 sc_pk。

```
SQL>CREATE TABLE stu_cou (
stu_no NUMBER(6) REFERENCES student(stu_no),
cou_no NUMBER(6) REFERENCES course(cou_no),
```

```
grade NUMBER(5,2),
CONSTRAINT sc_pk PRIMARY KEY(stu_no, cou_no)
);
```

3．添加约束

除了在创建表时定义约束外，还可以为已创建的表添加约束，这是使用 ALTER TABLE 语句完成。语法格式为：

```
ALTER TABLE table_name
ADD [CONSTRAINT constraint_name]
constraint_type (column1_name,column2_name,…)[ condition ];
```

例题 6-5：当前模式下有 teacher 表，定义如下：

```
SQL>CREATE TABLE teacher (
tea_no     NUMBER(6),
tea_name  VARCHAR2(10),
tea_age    NUMBER (3),
tea_sex    CHAR(2),
tea_address VARCHAR2(100)
);
```

分别为 tea_no 列添加 PRIMARY KEY 约束，为 tea_name 列添加 UNIQUE 约束，为 tea_sex 列添加 CHECK 约束，值只能为'M'或'F'，为 tea_address 列添加 NOT NULL 约束。

```
SQL>ALTER TABLE teacher ADD CONSTRAINT t_pk PRIMARY KEY(tea_no);
SQL>ALTER TABLE teacher ADD CONSTRAINT t_uk UNIQUE(tea_name);
SQL>ALTER TABLE teacher ADD CONSTRAINT t_ck CHECK(tea_sex IN ('M','F'));
SQL>ALTER TABLE teacher MODIFY tea_address NOT NULL;
```

4．删除约束

使用 ALTER TABLE...DROP 语句可以删除约束。

例题 6-6：删除例题 6-5 中表的约束。

① 删除指定内容的约束：删除 tea_name 列上的约束。

```
SQL>ALTER TABLE teacher DROP UNIQUE(tea_name);
```

② 删除指定名称的约束：删除约束 t_ck。

```
SQL>ALTER TABLE teacher DROP CONSTRAINT t_ck;
```

③ 删除指定名称的约束：删除约束 t_pk。

```
SQL>ALTER TABLE teacher DROP CONSTRAINT t_pk CASCADE;
```

如果要在删除约束的同时，删除引用该约束的其他约束(如子表的 FOREIGN KEY 约束引用了主表的 PRIMARY KEY 约束)，则需要在 ALTER TABLE...DORP 语句中指定 CASCADE 关键字。

5．约束信息查询

数据字典视图 all_constraints、user_constraints 和 dba_constraints 包含了表中约束的详细信息，如约束名称、类型、状态等，可以查询表中所有约束的相关信息。数据字典视图

all_cons_columns、user_cons_columns 和 dba_cons_columns 包含了定义约束的列信息，可以查询约束所作用的列的信息。

例题 6-7： 查看 student 表中的所有约束。

```
SQL>SELECT constraint_name, constraint_type,deferred,status
2  FROM user_constraints WHERE table_name='STUDENT';
```

例题 6-8： 查看 student 表中各个约束所作用的列。

```
SQL>SELECT constraint_name,column_name
2  FROM user_cons_columns WHERE table_name='STUDENT';
```

6.2.4 利用子查询创建表

利用子查询来创建新表，可以不需要为新表定义列。语法格式为：

```
CREATE [GLOBAL TEMPORARY] TABLE table_name (
column_name [column_level_constraint]
[,column_name [column_level_constraint]…]
[, table_level_constraint])
[ON COMMITE DELETE | PRESERVER ROWS]
[parameter_list]
AS subquery;
```

注意： ①利用子查询创建表，可以修改表列的名称，但是不能修改列的数据类型和长度。

②源表中的约束条件(除非空约束)和列的默认值都不会复制到新表中。

③子查询中不能包含 LOB 类型列。

④当子查询条件为真时，新表中包含查询到的数据；当子查询条件为假时，则创建一个空表。

例题 6-9： 在当前模式下创建一个 emp_select 表，内容为 scott 模式下 emp 表中工资高于 2 000 元的员工的员工号、员工名和所在部门号。

```
SQL>CREATE TABLE emp_select(emp_no,emp_name,dept_no)
2  AS
3  SELECT empno,ename,deptno FROM scott.emp WHERE sal>2000;
```

6.2.5 修改表

表创建完成后，根据需要可以对表进行修改，包括列的添加、删除、修改等。

1. 添加列

为表添加列使用 ALTER TABLE… ADD 语句，语法格式为：

```
ALTER TABLE table_name
ADD ( new_column_name datatype[DEFAULT value] [NOT NULL] );
```

为表添加列时应该注意，如果表中已经有数据，那么新列不能用 NOT NULL 约束，除非为新列设置默认值。在默认情况下，新插入列的值为 NULL。

例题 6-10： 为 teacher 表添加一列电话号码 phone。

```
SQL>DESC teacher
SQL>ALTER TABLE teacher ADD(phone VARCHAR2(13));
SQL>DESC teacher
```

Name	Null?	Type
TEA_NO	NOT NULL	NUMBER(6)
TEA_NAME		VARCHAR2(10)
TEA_AGE		NUMBER(3)
TEA_SEX		CHAR(2)
TEA_ADDRESS		NOT NULL VARCHAR2(100)
PHONE		VARCHAR2(13)

2. 修改列类型

修改列的类型使用 ALTER TABLE...MODIFY 语句，语法格式为：

```
ALTER TABLE table_name MODIFY column_name  new_datatype;
```

例题 6-11： 修改 teacher 表中 tea_name 和 phone 两列的数据类型。

```
SQL>DESC teacher
SQL>ALTER TABLE teacher MODIFY tea_name CHAR(20);
SQL>ALTER TABLE teacher MODIFY phone NUMBER;
SQL>DESC teacher
```

Name	Null?	Type
TEA_NO	NOT NULL	NUMBER(6)
TEA_NAME		CHAR(20)
TEA_AGE		NUMBER(3)
TEA_SEX		CHAR(2)
TEA_ADDRESS	NOT NULL	VARCHAR2(100)
PHONE		NUMBER

3. 删除列

删除列的方法有两种：一是直接删除；二是将列先标记为 UNUSED，然后删除。常用删除列方法为直接删除。

直接删除：使用 ALTER TABLE...DROP COLUMN 语句直接删除列，语法格式为：

```
ALTER TABLE table_name
DROP [COLUMN column_name]|[(column1_name,column2_name,…)]
[CASCADE CONSTRAINTS];
```

直接删除可以删除一列或多列，同时删除与列相关的索引和约束。如果删除的列是一个多列约束的组成部分，则必须使用 CASCADE CONSTRAINTS 选项。

例题 6-12： 删除 stu_cou 表中的 cou_no 列。

```
SQL>ALTER TABLE stu_cou DROP COLUMN cou_no CASCADE CONSTRAINTS;
```

例题 6-13： 删除 teacher 表中的 tea_no、phone 列。

```
SQL>ALTER TABLE teacher DROP (tea_no, phone);
```

由上两例可见，删除一列时需用 COLUMN 关键字，而删除多列时不用。

6.2.6　删除表

删除表可以使用 DROP TABLE 语句实现，语法格式为：

```
DROP TABLE table_name [CASCADE CONSTRAINTS];
```

使用 DROP TABLE 语句删除表后，该表中所有数据也被删除；同时从数据字典中删除该表定义并删除与该表相关的所有索引和触发器；最后回收为该表分配的存储空间。

CASCADE CONSTRAINTS：如果要删除的表中包含被其他表外键引用的 PRIMARY KEY 列或 UNIQUE 约束列，并且希望在删除该表的同时删除其他表中相关的 FOREIGN KEY 约束，则需要使用该子句。

6.3　视　图　管　理

视图是一个虚拟的表，它在物理上并不存在。它的数据来自于定义视图的子查询语句中所引用的基表。视图可以建立在一个或多个表(或其他视图)上，它不占实际的存储空间，只是在数据字典中保存它的定义信息。可以将视图看成一个移动的窗口，通过它可以看到感兴趣的数据。

视图可以简化数据操作。那些被经常使用的查询可以被定义为视图，从而使得用户不必为以后的操作每次指定全部的条件。另外，视图着重于特定数据。通过视图用户只能查询和修改他们所能见到的数据。

6.3.1　创建视图

视图的创建使用 CREATE VIEW 语句实现，语法格式为：

```
CREATE [OR REPLACE] [FORCE | NOFORCE] VIEW [schema.] view_name
 [(columnl, column2,…)]
AS subquery
[WITH CHECK OPTION [CONSTRAINT constraint]]
[WITH READ ONLY];
```

语法说明如下。
- OR REPLACE：如果视图已经存在，使用此选项可以替换视图。
- FORCE | NOFORCE：FORCE 表示不管基表是否存在都创建视图；NOFORCE 表示仅当基表存在时才创建视图(默认)。
- view_name：创建的视图名称。
- subquery：子查询，决定了视图中数据的来源。
- WITH CHECK OPTION：检查数据是否符合子查询中的约束条件。
- CONSTRAINT：为使用 WITH CHECK OPTION 选项时指定的约束命名。
- WITH READ ONLY：指明该视图为只读视图，不能做 DML 操作。

1. 创建简单视图

简单视图是指数据来源于一个表,并且子查询中不包含连接、组函数等。

例题 6-14: 在当前模式下创建一个基于 scott 模式下 emp 表的视图,并对该视图进行查询操作。

① 创建视图。

```
SQL>CREATE VIEW emp_view1
2    AS
3    SELECT empno,ename,sal,job,deptno FROM scott.emp WHERE sal>2000;
```

② 对该视图进行查询。

```
SQL>SELECT empno,ename,sal,deptno FROM emp_view1
```

EMPNO	ENAME	SAL	DEPTNO
7566	JONES	2975	20
7698	BLAKE	2850	30
7782	CLARK	2450	10
7788	SCOTT	3000	20
7839	KING	5000	10
7902	FORD	3000	20

如果子查询中包含条件,创建视图时可以使用 **WITH CHECK OPTION** 选项。所以本例也可以写成如下命令:

```
SQL>CREATE VIEW emp_view1
2 AS
3 SELECT empno,ename,sal,job,deptno FROM scott.emp
4 WHERE sal>2000 WITH CHECK OPTION;
```

2. 创建复杂视图

复杂视图是指数据来源于一个或多个表,也可以是经过运算得到的数据。

例题 6-15: 在当前模式下创建一个基于 scott 模式下 emp 表和 dept 表的视图,在该视图的子查询中检索员工的基本信息的同时显示其所在的部门名称。

```
SQL>CREATE VIEW emp_view2
2 AS
3 SELECT empno,ename,dname FROM scott.emp,scott.dept
4 WHERE emp.deptno=dept.deptno;
```

6.3.2 视图 DML 操作

创建视图后,就可以对视图进行操作。对视图操作实质上就是对视图的基表进行操作。一般来说,简单视图的所有列都支持 DML 操作。对于复杂视图来讲,如果视图定义包括下列任何一项,则不可直接对视图进行 DML 操作,需要通过触发器来实现。

- 集合操作符(UNION、UNION ALL、MINUS、INTERSECT)。
- 聚集函数(SUM、AVG 等)。
- GROUP BY、CONNECT BY 或 START WITH 子句。

- DISTINCT 操作符。
- 由表达式定义的列。
- 伪列 ROWNUM。

对支持 DML 操作的视图的所有列执行 DML 操作，结果将直接反映到基表中。如果不使用 WITH CHECK OPTION 子句，可以通过 emp_view1 视图对 emp 表进行 UPDATE、INSERT 和 DELETE 操作，不受 WHERE 子句限制。但如果使用了 WITH CHECK OPTION 子句，则通过 emp_view1 视图对 emp 表进行 UPDATE、INSERT 和 DELETE 操作必须满足 sal>2000 这个条件的约束。

例题 6-16：对 emp_view1 的两种形式，分别执行如下的插入一条记录的操作。

```
SQL>INSERT INTO emp_view1(empno,ename,sal,deptno)
2  VALUES(9999,'JAMES',1000,20);
```

如果未使用 WITH CHECK OPTION 子句，记录正常插入 emp 表。

如果使用 WITH CHECK OPTION 子句，会提示如下错误：

```
ERROR at line 1:
ORA-01402: view WITH CHECK OPTION where-clause violation
```

6.3.3　修改和删除视图

修改视图可以采用 CREATE OR REPLACE VIEW 语句实现，相当于重建该视图而把原来视图删除，但是会保留该视图上授予的各种权限。

例题 6-17：修改视图 emp_view1，添加员工的雇用日期信息。

```
SQL>CREATE OR REPLACE VIEW emp_view1
2  AS
3  SELECT empno,ename,sal,dname, hiredate FROM scott.emp
4  WHERE sal>2000;
```

删除视图可以使用 DROP VIEW 语句实现。删除视图后，该视图的定义也从数据字典中删除，同时该视图上的权限被回收，但是对于该视图的基表没有任何影响。

例题 6-18：删除 emp_view1 视图。

```
SQL>DROP VIEW emp_view1;
```

6.4　索　引　管　理

6.4.1　索引概述

1. 索引的概念

索引是建立在表列上的数据库对象，它是对表的一列或多列进行排序的结构，用于提高数据的查询效率。如果对表创建了索引，则在有条件查询时，系统先对索引进行查询，利用索引可以迅速查询到符合条件的数据。如果一个表没有创建索引，则对该表进行查询时需要进行全表扫描。

利用索引之所以能够提高查询效率，是因为在索引结构中保存了索引值及其相应记录的物理地址，即 ROWID，并且按照索引值进行排序。当查询数据时，系统根据查询条件中的索引值信息，利用特定的排序算法在索引结构中很快查询到相应的索引值及其对应的 ROWID，根据 ROWID 可以在数据表中很快查询到符合条件的记录。

在一个表上是否创建索引、创建多少索引和创建什么类型的索引，都不会影响对表的使用方式，而只是影响对表中数据的查询效率。创建索引需要占用许多存储空间，而且向表中添加和删除记录时，数据库需花费额外的开销来更新索引，因此在实际应用中要确保索引能得到有效的利用。

2．索引的分类

Oracle 数据库为了提高数据检索性能，提供了多种类型的索引，以满足不同的应用需求。常用的索引类型有 B 树索引、函数索引、位图索引。

1）　B 树索引

B 树索引是按平衡树算法来组织索引的，在树的叶子结点中保存了索引值及其 ROWID。在 Oracle 数据库中创建的索引默认为 B 树索引。B 树索引包括唯一性索引、非唯一性索引、反键索引、单列索引、复合索引等多种。B 树索引占用空间多，适合索引值基数高、重复率低的应用。

2）　函数索引

函数索引也是 B 树索引，只不过它存储的不是数据本身，而是经过函数处理后的数据。在函数索引的表达式中可以使用各种算术运算符、PL/SQL 函数和内置 SQL 函数。如果检索数据时需要对字符大小写或数据类型进行转换，则使用这种索引能够提高效率。

3）　位图索引

位图(位映射)索引是为每一个索引值建立一个位图，在这个位图中使用一个位元来对应一条记录的 ROWID。如果该位元为 1，则表明与该位元对应的 ROWID 是一个包含该位图索引值的记录。位元到 ROWID 的映射是通过位图索引中的映射函数来实现的。位图索引实际上是一个二维数组，列数由索引值的基数决定，行数由表中记录个数决定。位图索引占用空间小，适合索引值基数少、重复率高的应用。

6.4.2　创建索引

创建索引使用 CREATE INDEX 语句，语法格式为：

```
CREATE [UNIQUE] | [BITMAP] INDEX index_name
ON table_name ( [column_name [ASC | DESC],…] | [expression] )
[REVERSE]
[parameter_list];
```

语法说明如下。

- UNIQUE：要求索引列中的值必须唯一。
- BITMAP：表示建立的索引类型为位图索引；默认表示 B 树索引。
- ASC | DESC：用于指定索引值的排列顺序，ASC 表示按升序排列，DESC 表示按降序排列，默认值为 ASC。

- REVERSE：表示建立反键索引。
- parameter_list：用于指定索引的存放位置、存储空间分配和数据块参数设置。

用户在自己的模式中创建索引必须具有 CREATE INDEX 系统权限；如果想在其他模式中创建索引，必须具有 CREATE ANY INDEX 系统权限。当用户为表定义主键时，系统自动默认地为该列创建一个 B 树索引，因此用户不能再为该主键创建 B 树索引。

例题 6-19：为 scott 模式下的 emp 表的 ename 列创建一个索引。

```
SQL>CREATE INDEX emp_ename ON scott.emp(ename)
2  TABLESPACE users STORAGE (INITIAL 20K NEXT 20K PCTINCREASE 75);
```

如果不指明表空间，则采用用户默认表空间；如果不指明存储参数，索引将继承所处表空间的存储参数设置。

位图索引适用于表中具有较小基数的列。创建位图索引时，必须在 CREATE TABLE 语句中显式地指定 BITMAP 关键字。

例题 6-20：在当前模式下的 student 表的 stu_sex 列上创建一个位图索引。

```
SQL>CREATE BITMAP INDEX student_sex ON student(stu_sex);
```

student 表的 stu_sex 列只有两个取值：'M'和'F'，所以对该列不适合创建 B 树索引。因为 B 树索引主要用于对大量不同的数据进行细分。

6.4.3　删除索引

不必要的索引会影响表的使用效率，应及时删除。用户只可以删除自己模式中的索引，如果要删除其他模式中的索引，必须具有 DROP ANY INDEX 系统权限。索引被删除后，它所占用的所有盘区都将返回给包含它的表空间。删除索引可以使用 DROP INDEX 语句实现，语法格式为：

```
DROP INDEX index_name;
```

例题 6-21：删除 emp_ename 索引。

```
SQL>DROP INDEX emp_ename;
```

注意：　如果索引是定义约束时自动建立的，则在禁用约束或删除约束时会自动删除对应的索引。此外，在删除表时会自动删除与其相关的所有索引。

6.5　分区表与分区索引管理

分区(Partitioning Option)技术是 Oracle 数据库对巨型表或巨型索引进行管理和维护的重要技术。分区指的是将一个巨型表或巨型索引分成若干独立的组成部分进行存储和管理，每一个相对小的、可以独立管理的部分，称为原来表或索引的分区。每个分区都具有相同的逻辑属性，但物理属性可以不同。如具有相同列、数据类型、约束等，但可以具有不同的存储参数、位于不同的表空间等。分区后，表中每个记录或索引条目将根据分区条件分散存储到不同分区中。

通过将大表和索引分成可以管理的小块，从而避免了将每个表作为一个大的、单独的对象进行管理。分区通过将操作分配给更小的存储单元，减少了需要进行管理操作的时间，并通过增强的并行处理提高了性能，通过屏蔽故障数据的分区，还增加了可用性。对巨型表进行分区后，既可以对整个表进行操作，也可以针对特定的分区进行操作，从而简化了对表的管理和维护。

一般情况下，当出现下列情况时，可以考虑对表进行分区。

(1) 表的大小超过 1.5GB～2GB 时或对于 OLTP 系统，表的记录超过 1000 万条时可考虑分区。

(2) 要对一个表进行并行 DML 操作时，必须对表进行分区。

(3) 为了平衡硬盘的 I/O 操作，需要将一个表分散存储在不同的表空间中，必须对表进行分区。

(4) 需要将表的一部分设置为只读，另一部分设置为可更新时，必须对表进行分区。

6.5.1　创建分区表

Oracle 通常可以创建四种类型的分区表：范围分区、列表分区、散列分区和复合分区。对于表而言上述分区形式都可以应用，但如果表中包含有 LONG 或 LONG RAW 类型的列，则不能对表进行分区。

1. 范围分区

范围(RANGE)分区是应用比较广泛的一种分区方式，是按照分区列值的范围来作为分区的条件。因此在创建范围分区时需要指定基于的列，以及分区的范围值。

例题 6-22：创建一个分区表 emp_range，将员工信息根据其工资进行分区。

```
SQL>CREATE TABLE emp_range(
emp_no      NUMBER(4) PRIMARY KEY,
emp_name    VARCHAR2(10),
hireday     DATE,
sal         NUMBER(7,2),
job      VARCHAR2(10)
)
PARTITION BY RANGE(sal)
(   PARTITION p1 VALUES LESS THAN (2000) TABLESPACE ora11tbs1,
PARTITION p2 VALUES LESS THAN (5000) TABLESPACE ora11tbs2,
PARTITION p3 VALUES LESS THAN(MAXVALUE) TABLESPACE ora11tbs3
 );
```

语句中根据 PARTITION BY RANGE 子句后括号中列进行分区，每个分区以 PARTITION 关键字开头后跟分区名。VALUES LESS THAN 子句后跟分区列值的范围。还可以对每个分区的存储进行设置，也可以对所有分区采用默认的存储设置。

本例中将工资低于 2000 元的员工信息保存在 ora11tbs1 表空间中，将工资高于 2000 元并且低于 5000 元的员工信息保存在 ora11tbs2 表空间中，将工资高于 5000 元的员工信息保存在 ora11tbs3 表空间中。

2. 列表分区

有时候用来进行分区的列值并不能划分范围，而且分区列的取值范围只是一个包含少数值的集合，满足这两个条件则可以对表进行列表(LIST)分区。比如按地区、性别、部门号等分区。

例题 6-23：创建一个分区表，将员工信息根据其部门编号进行分区。

```
SQL>CREATE TABLE emp_list(
emp_no      NUMBER(4) PRIMARY KEY,
emp_name    VARCHAR2(10),
dept_no     NUMBER(2),
sal         NUMBER(7,2),
job         VARCHAR2(10)
)
PARTITION BY LIST(dept_no)
(   PARTITION p1 VALUES(10) TABLESPACE ora11tbs1,
PARTITION p2 VALUES(20) TABLESPACE ora11tbs2,
PARTITION p3 VALUES(30) TABLESPACE ora11tbs3,
PARTITION p4 VALUES(40) TABLESPACE ora11tbs4
);
```

语句根据 PARTITION BY LIST 后括号中列值进行分区。每个分区以 PARTITION 关键字开头后跟分区名。VALUES 子句用于设置分区所对应的分区列取值。

3. 散列分区

上述两种分区方法无法对各个分区中可能具有的记录数量进行预测，因此可能导致数据在各个分区中分布不均衡。可以采用散列(HASH)分区方法，在指定数量的分区中均等地分配数据。

为了创建散列分区，需要指定分区列、分区数量或单独的分区描述。

例题 6-24：创建一个分区表，根据员工号将员工信息均匀分布到 ora11tbs1 和 ora11tbs2 表空间中。

```
SQL>CREATE TABLE emp_hash (
emp_no      NUMBER(4) PRIMARY KEY,
emp_name  VARCHAR2(10),
age         INT
)
PARTITION BY HASH(emp_no)
(   PARTITION p1  TABLESPACE ora11tbs1,
PARTITION p2  TABLESPACE ora11tbs2
);
```

语句根据 PARTITION BY HASH 后括号中列值进行分区。使用 PARTITION 子句指定每个分区名称及其存储空间。

4. 组合分区

组合分区就是同时使用两种方法对表进行分区。Oracle 支持范围-列表和范围-散列组合分区。

下面以范围-列表组合分区为例讲解组合分区的使用方法，对于其他组合分区的用法与此类似。

范围-列表复合分区先对表进行范围分区，然后对每个分区进行列表分区，即在一个范围分区中创建多个列表子分区。

例题 6-25：创建一个范围-列表复合分区表。

```
SQL>CREATE TABLE emp_range_list(
emp_no        NUMBER(4) PRIMARY KEY,
emp_name      VARCHAR2(10),
dept_no       NUMBER(2),
sal           NUMBER(7,2),
job           VARCHAR2(10))
PARTITION BY RANGE(sal)
SUBPARTITION BY LIST(dept_no)
( PARTITION p1 VALUES LESS THAN( 5000 )
(  SUBPARTITION p1_subl VALUES(10) TABLESPACE ora11tbs1,
SUBPARTITION p1_sub2 VALUES(20) TABLESPACE ora11tbs2,
SUBPARTITION p1_sub3 VALUES(30) TABLESPACE ora11tbs3,
SUBPARTITION p1_sub4 VALUES(40) TABLESPACE ora11tbs4),
PARTITION p2 VALUES LESS THAN( MAXVALUE )
(  SUBPARTITION p2_subl  VALUES(10) TABLESPACE ora11tbs5, SUBPARTITION
p2_sub2 VALUES(20) TABLESPACE ora11tbs6,SUBPARTITION p2_sub3  VALUES(30)
TABLESPACE ora11tbs7, SUBPARTITION p2_sub4  VALUES(40) TABLESPACE
ora11tbs8)
);
```

本例按工资分区，再在工资分区中按部门成子分区。将工资低于 5000 元的 10 号部门员工数据存放在 ora11tbs1 表空间，将工资低于 5000 元的 20 号部门员工数据存放在 ora11tbs2 表空间，将工资低于 5000 元的 30 号部门员工数据存放在 ora11tbs3 表空间，将工资低于 5000 元的 40 号部门员工数据存放在 ora11tbs4 表空间；将工资高于 5000 元的 10 号部门员工数据存放在 ora11tbs5 表空间，将工资高于 5000 元的 20 号部门员工数据存放在 ora11tbs6 表空间，将工资高于 5000 元的 30 号部门员工数据存放在 ora11tbs7 表空间，将工资高于 5000 元的 40 号部门员工数据存放在 ora11tbs8 表空间。

6.5.2　创建分区索引

1．分区索引的类型

分区索引就是为分区表创建索引。分区表的索引包括两类：分区索引和全局索引。

1）　分区索引

分区索引是指为分区表中的各个分区单独建立索引分区，每个索引分区之间是相互独立的。分区索引与分区表是一一对应关系。为分区表建立了分区索引后，Oracle 会自动对表的分区和索引的分区进行同步维护。如果为分区表添加了新的分区，Oracle 就会自动为新分区建立新的索引分区。如果表的分区依然存在，则用户不能删除它所对应的索引分区。

2）　全局索引

全局索引是指先对整个分区表建立索引，然后对索引进行分区。各个索引分区之间不是相互独立的，索引分区与表分区之间也不是一一对应的关系。

2. 创建分区索引举例

分区表创建后，可以对分区表创建本地分区索引。

例题 6-26：在 emp_range 分区表的 emp_name 列上创建本地分区索引。

```
SQL>CREATE INDEX emp_range_local ON emp_range(emp_name) LOCAL;
```

使用 LOCAL 关键字标识分区索引。

例题 6-27：为分区表 emp_range 的 sal 列建立基于范围的全局索引。

```
SQL>CREATE INDEX emp_range_global ON emp_range(sal)
GLOBAL PARTITION BY RANGE(sal)
(   PARTITION p1 VALUES LESS THAN(5000) TABLESPACE ora11tbs1,
PARTITION p2 VALUES LESS THAN(MAXVALUE) TABLESPACE ora11tbs2
);
```

使用 GLOBAL 关键字标识全局索引。

6.5.3 查询分区表和分区索引信息

可以通过查询数据字典视图 dba_part_tables、dba_tab_partitions 获取分区表及分区索引有关的信息。

例题 6-28：查询所有表名以 emp 开头的分区表信息，主要显示表名、分区类型、分区个数等信息。

```
SQL>SELECT owner,table_name,partitioning_type,partition_count
2 FROM dba_part_tables WHERE table_name like '%EMP%';
```

OWNER	TABLE_NAME	PARTITION_TYPE	PARTITION_C
SYS	EMP_HASH	HASH	2
SYS	EMP_LIST	LIST	3
SYS	EMP_RANGE	RANGE	3
SYS	EMP_RANGE_LIST	RANGE	2

例题 6-29：查询范围分区表 emp_range 的分区信息，主要包括表名、各分区名、表空间名等信息。

```
SQL>SELECT table_name,partition_name,high_value,tablespace_name
2 FROM dba_tab_partitions WHERE table_name='EMP_RANGE';
```

TABLE_NAME	PARTITION_NAME	HIGH_VALUE	TABLESPACE_NAME
EMP_RANGE	P1	2000	ORA11TBS1
EMP_RANGE	P2	5000	ORA11TBS2
EMP_RANGE	P3	MAXVALUE	ORA11TBS3

6.6 序 列

序列是能够产生唯一序号的数据库对象。序列是一种共享式的对象，可以为多个数据库用户依次生成不重复的连续整数，一般使用序列自动生成表中的主键值。这样可以避免在向表中添加数据时，手工指定主键值。

6.6.1　创建序列

创建序列可以使用 CREATE SEQUENCE 语句实现，语法格式为：

```
CREATE SEQUENCE sequence_name
[INCREMENT BY n]
[START WITH n]
[MAXVALUE n]
[MINVALUE n];
```

语法说明如下。

- sequence_name：创建的序列名称。
- INCREMENT BY：是序列的增量，默认值为 1。
- START WITH：设置序列初始值。如果是递增序列，初值为 MAXVALUE 参数值；如果是递减的，初值是 MINVALUE 参数值。
- MAXVALUE：指定 MAXVALUE 则设置序列最大值为 n。
- MINVALUE：指定 MINVALUE 则设置序列最小值为 n。

例题 6-30：创建一个名为 stu_seq 的序列，初始值为 1，最大值为 99，增量为 1。

```
SQL>CREATE SEQUENCE stu_seq INCREMENT BY 1
2  START WITH 1 MAXVALUE 99;
```

6.6.2　使用序列

序列不占用实际的存储空间，可以提高访问效率，在数据字典中只存储序列的定义描述。使用序列实质上是使用序列的下列两个属性。

- currval：返回序列当前值。
- nextval：返回的下一个值。

只有在发出至少一个 nextval 之后才可以使用 currval 属性。

序列值可以应用于查询的选择列表、INSERT 语句的 VALUES 子句、UPDATE 语句的 SET 子句，但不能应用在 WHERE 子句或 PL/SQL 过程性语句中。

例题 6-31：序列的使用综合例子。

① 创建一个表 stu。

```
SQL>CREATE TABLE stu (
    sno number(2) PRIMARY KEY,
    sname VARCHAR2(10) NOT NULL
);
```

② 向表中添加如下记录，其中 sno 字段的值使用例题 8-40 中创建的序列自动生成。

```
SQL>INSERT INTO stu(sno, sname) VALUES (stu_seq.nextval,'张丽');
SQL>INSERT INTO stu(sno, sname) VALUES (stu_seq.nextval,'王红');
SQL>INSERT INTO stu(sno, sname) VALUES (stu_seq.nextval,'陈东');
```

③ 查询表 stu 中的值。

```
SQL>SELECT * FROM stu;
```

可见 sno 字段的值通过序列自动赋予。图 6-1 中的 SELECT 语句表示查询序列的当前值。

图 6-1 通过序列赋值后的结果

6.6.3 修改与删除序列

修改序列通常就是调整序列的参数。除了不能修改序列起始值外，序列的其他任何子句和参数都可以进行修改。如果要修改 MAXVALUE 参数值，需要保证修改后的最大值大于序列的当前值。此外，序列的修改只影响以后生成的序列号。修改序列可以使用 ALTER SEQUENCE 语句实现。

例题 6-32：修改序列 stu_seq 的设置。

```
SQL>ALTER SEQUENCE stu_seq INCREMENT BY 2 MAXVALUE 1000;
```

删除序列使用 DROP SEQUENCE 语句实现，语法格式为：

```
DROP SEQUENCE sequence_name;
```

例题 6-33：删除序列 stu_ seq。

```
SQL>DROP SEQUENCE stu_seq;
```

6.7 同 义 词

同义词是数据库中表、索引、视图或其他模式对象的别名。使用同义词可以隐藏对象的实际名称和所有者信息，或隐藏分布式数据库中远程对象的位置信息，这样可以提高对象访问安全性，同时可以简化对象访问。

1．创建同义词

创建同义词使用 CREATE SYNONYM 语句，语法格式为：

```
CREATE [ PUBLIC ] SYNONYM synonym_name FOR object_name;
```

语法说明如下。

● synonym _name：创建的同义词名称。

- PUBLIC：创建的同义词为公有，数据库所有用户都可以使用，如缺省则默认为私有同义词。
- object_name：同义词所代表的对象名称。

例题 6-34：在当前模式下为 scott 用户的 emp 表创建一个公有同义词，名称为 scottemp，并使用同义词对 emp 进行操作。

① 为 scott 下的 emp 表创建一个同义词。

```
SQL>CREATE PUBLIC SYNONYM scottemp FOR scott.emp;
```

② 在当前模式下，可以利用同义词 scottemp 实现对 scott 模式下的 emp 表的操作。

```
SQL>SELECT ename,job,sal,deptno FROM scottemp WHERE sal>2500;
```

2．删除同义词

删除同义词可以使用 DROP SYNONYM 语句实现，语法格式为：

```
DROP [ PUBLIC ] SYNONYM synonym_name;
```

6.8　案 例 实 训

例题 6-35：按部门编号创建分区表，部门号为 10 存储到一个区，部门号为 20 存储到另一个区，添加数据，分别显示结果。

① 创建分区表。

```
SQL>CREATE TABLE EMP_SELECT(EMPNO number(4),DEPTNO number(2) check( deptno
in (10,20)),SAL number(6))
PARTITION BY LIST(DEPTNO)
(PARTITION DEPTNO_1 VALUES(10) TABLESPACE ORCLTBS1,
 PARTITION DEPTNO_2 VALUES(20) TABLESPACE ORCLTBS2)
    STORAGE (INITIAL 10M NEXT 10M MAXEXTENTS 5
);
```

② 添加 2 条记录。

```
SQL>insert into EMP_SELECT values(2345,10,300);
SQL>insert into EMP_SELECT values(2355,20,300);
```

③ 查看分区表信息。

```
SQL> select * from EMP_SELECT PARTITION (DEPTNO_1);
```

EMPNO	DEPTNO	SAL
2345	10	300

```
SQL> select * from EMP_SELECT PARTITION (DEPTNO_2);
```

EMPNO	DEPTNO	SAL
2355	20	300

④ 通过查询语句添加记录。

```
SQL>insert into EMP_SELECT PARTITION (DEPTNO_1) select empno,deptno,sal from
emp where deptno=10
SQL>insert into EMP_SELECT PARTITION (DEPTNO_2) select empno,deptno,sal from
emp where deptno=20
```

💡 **注意：** 列表分区适合有时候用来进行分区的列值并不能划分范围，而且分区列的取值范围只是一个包含少数值的集合，满足这两个条件则可以对表进行列表分区。比如按工种、部门号等分区。

本 章 小 结

本章主要介绍 Oracle 数据库中模式对象中的表、索引、视图、序列和同义词等，对表的完整性约束及分区表，以及索引、视图等也作了较为详尽的讲解。

分区技术是 Oracle 数据库对巨型表或巨型索引进行管理和维护的重要技术。分区指的是将一个巨型表或巨型索引分成若干独立的组成部分进行存储和管理。B 树索引占用空间多，适合索引值基数高、重复率低的应用。位图索引占用空间小，适合索引值基数少、重复率高的应用。

习　题

1. 选择题

(1) （　　）分区允许用户明确地控制无序行到分区的映射。
  A. 散列　　　　　　　　B. 范围　　　　　　　　C. 列表　　　　　　　　D. 复合

(2) 在 Oracle 中，一个用户拥有的所有数据库对象统称为（　　）。
  A. 数据库　　　　　　　B. 模式　　　　　　　　C. 表空间　　　　　　　D. 实例

(3) 在列的取值重复率比较高的列上，适合创建（　　）索引。
  A. 标准　　　　　　　　B. 唯一　　　　　　　　C. 分区　　　　　　　　D. 位图

(4) 可以使用（　　）伪列来访问序列。
  A. CURRVAL 和 NEXTVAL　　　　　　　　B. NEXTVAL 和 PREVAL
  C. CACHE 和 NOCACHE　　　　　　　　　D. MAXVALUE 和 MINVALUE

(5) 下列选项中，哪个选项不是同义词的用途？（　　）
  A. 简化 SQL 语句　　　　　　　　　　　B. 隐藏对象的名称和所有者
  C. 提供对对象的公共访问　　　　　　　　D. 显示对象的名称和所有者

(6) 在 Oracle 数据库中，（　　）用来限制列值所允许的取值范围。
  A. 主键约束　　　　　　B. 唯一性约束　　　　C. 检查约束　　　　　　D. 外键约束

(7) （　　）占用空间多，适合索引值基数高、重复率低的应用。
  A. 平衡树索引　　　　　B. 位图索引　　　　　C. 单列索引　　　　　　D. 复合索引

(8) （　　）为数据库对象提供一定的安全保证，同时可以简化对象访问。

A. 表 　　　　　B. 簇 　　　　　C. 同义词 　　　　　D. 序列

(9) (　　　)可以为多个数据库用户依次生成不重复的连续整数。

A. 表 　　　　　B. 簇 　　　　　C. 同义词 　　　　　D. 序列

2．简答题

(1) 简述表约束的种类和作用。

(2) 简述视图的作用及创建方法。

(3) 简述索引的作用以及索引的类型有哪些，在 Oracle 中如何创建各种类型的索引。

(4) 简述 B 树索引与位图索引的区别。

(5) 简述分区表的种类和作用。

(6) 简述序列的概念及其应用。

(7) 简述同义词的概念及其应用。

3．操作题

对 Oracle 数据库 SCOTT 模式下的 EMP 表和 DEPT 表，完成下列操作。

(1) 创建一个分区表 emp_range(注意表结构为 EMPNO number(4)，DEPTNO number(2) check(deptno in (10,20)))，SAL number(6))，将职工信息根据工资不同进行分区，将工资低于 3000 元的职工信息保存在 ORCLTBS1 表空间中，将工资高于 3000 元的职工信息保存在 ORCLTBS2 表空间中。利用 EMP 添加相应数据。

(2) 创建一个分区表 student_list(注意表结构为 sno NUMBER(6) PRIMARY KEY，sname VARCHAR2(10)，sex CHAR(2) CHECK(sex in ('M','F')))，按学生性别分为 student_male 与 student_female 两个区，分别存放在表空间 ORCLTBS1 与表空间 ORCLTBS2 中。

(3) 按部门编号创建分区表 EMP_SELECT(注意表结构为 EMPNO number(4)，DEPTNO number(2) check(deptno in (10,20)),SAL number(6))，部门号为 10 的放在 DEPTNO_1 区，存储在表空间 ORCLTBS1 中；部门号为 20 的放在 DEPTNO_2 区，存储在表空间 ORCLTBS2 中，利用子查询把 EMP 表的 10 号部门与 20 号部门的员工信息添加到分区表中，然后查询各个分区表信息。

(4) 针对 emp 表创建一个视图，包含数据为部门号为 30 的员工号、员工名及部门名称。

(5) 为 SCOTT 模式下的 emp 表创建一个公共同义词，名称为 employee。

(6) 创建序列 USER_S，该序列为 1～1000 之间的整数，自动增加 1。使用该序列向表 USERS 中插入 2 条新的记录。

第7章　SQL 基础

本章要点：结构化查询语言(Structured Query Language，SQL)，是一种数据库查询和程序设计语言，用于存取数据以及查询、更新和管理关系数据库系统。本章将主要介绍 SQL 应用基础，包括数据查询、数据更新(插入、修改、删除)操作。

学习目标：了解 SQL 特点，掌握 SQL 的数据查询、数据更新操作。重点掌握单表、多表、嵌套数据查询及数据插入、修改、删除操作。

7.1　SQL 概述

SQL 是英文 Structured Query Language 的缩写，意思为结构化查询语言。SQL 的主要功能就是同各种数据库建立联系，进行沟通。按照 ANSI(美国国家标准协会)的规定，SQL 被作为关系型数据库管理系统的标准语言。SQL 语句可以用来执行各种各样的操作，例如更新数据库中的数据，从数据库中提取数据等。目前，绝大多数流行的关系型数据库管理系统，如 Oracle、Sybase、Microsoft SQL Server 等都采用了 SQL 标准。虽然很多数据库都对 SQL 语句进行了再开发和扩展，但是包括 SELECT、INSERT、UPDATE、DELETE、CREATE 以及 DROP 在内的标准的 SQL 命令仍然可以被用来完成几乎所有的数据库操作。

根据 SQL 实现功能的不同，Oracle 数据库中的 SQL 可以分为数据定义(DDL)、数据操纵(DML)、数据查询、事务控制、系统控制与会话控制六类。其中，数据定义用于定义、修改、删除数据库对象；数据操纵用于数据插入、修改、删除；数据查询用于数据的检索，包括 SELECT，这也是本章主要介绍的内容；事务控制用于事务提交、事务回滚等；系统控制用于设置数据库系统参数，包括 ALTER、SYSTEM；会话控制用于设置用户会话相关参数，包括 ALTER SESSION。SQL 之所以能成为关系数据库的标准语言，并得到广泛的应用，其原因在于 PL/SQL 具有以下特点。

(1) 综合统一。融数据定义语言(DDL)、数据操纵语言(DML)、数据控制语言(DCL)功能于一体，可以独立完成数据库生命周期中的全部活动。

(2) 高度非过程化。SQL 只要提出"做什么"，无须了解存取路径。存取路径的选择以及 SQL 的操作过程由系统自动完成。

(3) 面向集合的操作方式。SQL 采用集合操作方式，操作对象、查找结果是元组的集合，一次插入、删除、更新操作的对象可以是元组的集合，面向集合的操作方式提高了对数据操作的效率。

(4) 多种使用方式。SQL 既是独立的语言，能够独立地用于联机交互的使用方式，又是嵌入式语言，能够嵌入高级语言。例如，C、C++、Java 程序中，供程序员设计程序时使用。

7.2　SQL 数据查询

数据查询是数据库的核心操作，SQL 提供了 SELECT 语句用于检索数据库，或者检索满足设定条件的数据，该语句具有灵活的使用方式和丰富的功能。SELECT 语句的语法格式为：

```
SELECT [ALL|DISTINCT] <目标列表达式> [,<目标列表达式>] …
FROM <表名或视图名>[,<表名或视图名> ] …
[ WHERE <条件表达式> ]
[ GROUP BY <列名1> [ HAVING <条件表达式> ] ]
[ ORDER BY <列名2> [ ASC|DESC ] ];
```

语法说明如下。
- SELECT 子句：指定要显示的属性列，使用"*"来选择所有的列。
- FROM 子句：指定查询对象(基本表或视图)。
- WHERE 子句：指定查询条件。
- GROUP BY 子句：对查询结果按指定列的值分组，该属性列值相等的元组为一个组。通常会在每组中使用集函数。
- HAVING 短语：筛选出只有满足指定条件的组。
- ORDER BY 子句：对查询结果表按指定列值的升序(ASC)或降序排序(DESC)。

SELECT 语句既可以完成简单的单表查询，也可以完成复杂的连接查询和嵌套查询，下面详细介绍。

7.2.1　单表查询

1. 选择表中的若干列

在很多情况下，用户只对表中的一部分属性感兴趣，这时可以通过在 SELECT 子句的<目标列表达式>中指定要查询的属性列。

例题 7-1：查询员工的职工编号、姓名及工资信息。

```
SQL>SELECT empno,ename,sal FROM emp;
```

例题 7-2：查询员工表中所有员工的信息。

```
SQL>SELECT * FROM emp;
```

2. 选择表中的若干元组

查询满足指定条件的元组可以通过 WHERE 子句实现。在执行无条件查询时，由于没有任何指定的限制条件，所以会检索表或视图中的所有记录。有条件查询是指在 SELECT 语句中使用 WHERE 子句设置查询条件，只有满足查询条件的记录才会返回。WHERE 子句常用的查询条件如表 7-1 所示。

表 7-1　常见的查询条件

运算符号	谓　词
比较	=,　>,　<,　>=,　<=,　<>,　!=
确定范围	BETWEEN AND，NOT BETWEEN AND
确定集合	IN，NOT IN
字符匹配	LIKE，NOT LIKE
空值	IS NULL，IS NOT NULL
逻辑运算	AND，OR

例题 7-3：查询员工工资大于 2000 元的职工编号、姓名及工资信息。

```
SQL>SELECT empno,ename,sal FROM emp sal>2000;
```

例题 7-4：查询员工工资大于 2000 元且小于 5000 元的职工编号、姓名及工资信息。

```
SQL>SELECT empno,ename,sal FROM emp BETWEEN 2000 AND 5000;
```

例题 7-5：查询 30 号部门和 20 号部门的员工信息。

```
SQL>SELECT * FROM emp deptno in (20,30);
```

例题 7-6：查询 20 号部门中工资高于 2500 元的员工信息。

```
SQL>SELECT * FROM emp WHERE deptno=20 AND sal>2500;
```

例题 7-7：查询工资高于 2000 元的 30 号部门和 20 号部门的员工信息。

```
SQL>SELECT * FROM emp WHERE (deptno=20 OR deptno=30)AND sal>2000;
```

例题 7-8：查询奖金为非空的员工信息。

```
SQL>SELECT * FROM emp WHERE comm IS NOT NULL;
```

注意：　① 如果查询条件有多个，那么这些查询条件之间还要进行逻辑运算。常用的逻辑运算符包括 NOT、AND、OR，其中 NOT 的优先级最高，OR 的优先级最低。

② 如果要判断列或表达式的结果是否为空，则需要使用 IS NULL 或 IS NOT NULL 运算符。

3. ORDER BY 子句

在执行查询操作时，用户可以使用 ORDER BY 子句对查询的结果按照一个或多个属性列进行排序。可以使用 ASC 或 DESC 设置按升序或降序排序，默认为升序。

例题 7-9：对员工表按职工的工资降序排序。

```
SQL>SELECT empno,ename,sal FROM emp ORDER BY sal DESC;
```

对查询结果进行排序，不仅可以基于单列进行，而且可以基于多列进行。当按多列排序时，首先按照第一列进行排序；当第一列的数据相同时，以第二列进行排序，以此类推。

例题 7-10：查询员工信息，按员工所在部门号降序、工资升序排序。

```
SQL>SELECT * FROM emp ORDER BY deptno DESC,sal;
```

4. 聚集函数

在查询过程中，经常涉及对查询信息的统计，为增强检索功能，SQL 提供了许多聚集函数，常见的聚集函数如表 7-2 所示。如果指定 DISTINCT 短语，则表示在计算时取消指定列中的重复值；如果不指定 DISTINCT 短语或指定 ALL 短语(ALL 为默认值)，则表示不取消重复值。

表 7-2　常见的聚集函数

函　数	格　式	功　能
AVG	AVG([DISTINCT|ALL] <列名>)	计算一列值的平均值(要求数值列)
COUNT	COUNT([DISTINCT|ALL] *)	统计元组个数
COUNT	COUNT([DISTINCT|ALL] <列名>)	统计一列中非空值的个数
MAX	MAX([DISTINCT|ALL] <列名>)	求一列值中的最大值
MIN	MIN([DISTINCT|ALL] <列名>)	求一列值中的最小值
SUM	SUM([DISTINCT|ALL] <列名>)	计算一列值的总和(要求数值列)
STDDEV	STDDEV(<列名>)..	计算一列值的标准差
VARIANCE	VARIANCE(<列名>)	计算一列值的方差

例题 7-11：查询统计 20 号部门员工的人数、平均工资、最低工资。

```
SQL>SELECT count(*),avg(sal),min(sal) FROM emp WHERE deptno=20;
```

例题 7-12：查询各个部门中的员工人数和平均工资。

```
SQL>SELECT deptno,count(*),avg(sal) FROM emp GROUP BY deptno;
```

例题 7-13：查询统计员工表中所有的部门个数。

```
SQL>SELECT count(DISTINCT deptno) FROM emp;
```

注意：　① COUNT(*)函数是对元组进行计数，某个元组的一个或部分列取空值不影响 COUNT 的统计结果。除了 COUNT(*)函数外，其他统计函数都不考虑返回值或表达式为 NULL 的情况。

② WHERE 子句和 GROUP BY 子句不能使用聚集函数。聚集函数只能出现在目标列表达式、ORDER BY 子句、HAVING 子句中，不能出现在 WHERE 子句和 GROUP BY 子句中。

③ 默认 ALL 短语，对所有的返回行进行统计，包括重复的行；如果指定 DISTINCT 短语，则表示在计算时取消指定列中的重复值。

④ 如果对查询结果进行了分组，则聚集函数的作用范围为各个组，否则聚集函数作用于整个查询结果。

5. GROUP BY 子句

在数据查询过程中，经常需要将数据分组，以便对各个组进行统计分析。在 Oracle 数据库中，分组统计是由 GROUP BY 子句、集合函数、HAVING 子句共同实现的。

例题 7-14：查询各个部门中的员工人数和平均工资。

```
SELECT deptno,count(*),avg(sal) FROM emp GROUP BY deptno;
```

在分组查询中，SELECT 子句后面的所有目标列或目标表达式要么是分组列，要么是分组表达式，要么是集合函数。下面的写法是错误的，因为 ename 不是分组列，也不是集合函数。

```
SELECT ename,count(*),avg(sal) FROM emp GROUP BY deptno;
```

例题 7-15：查询不同工种的员工人数大于 2 的平均工资。

```
SELECT job,count(*),avg(sal) FROM emp  GROUP BY job HAVING count(*)>2;
```

例题 7-16：查询各个部门中不同工种的员工人数和平均工资。

```
SELECT deptno,job,count(*),avg(sal) FROM emp  GROUP BY deptno,job;
```

例题 7-17：查询各个部门中不同工种的员工人数和平均工资并排序。

```
SELECT deptno,job,count(*),avg(sal) FROM emp  GROUP BY deptno,job
ORDER BY deptno;
```

7.2.2 连接查询

连接查询是涉及两个以上表的查询，常用的连接查询主要包括等值与非等值连接查询、自身连接查询、外连接查询和复合条件查询。通过连接操作可查询出存放在多个表中的不同表的属性信息，这给用户带来很大的灵活性。

1. 等值与非等值连接查询

连接查询的 WHERE 子句中用来连接两个表的条件称为连接条件或连接谓词。当连接运算符为"="时，称为等值连接，使用其他运算符称为非等值连接，语法格式为：

```
SELECT tab1.column, tab2.column [,…]  FROM tab1,tab2 WHERE condition;
```

例题 7-18：查询 20 号部门员工的员工号、员工名、部门号和部门名。

```
SQL>SELECT empno,ename,emp.deptno,dname FROM emp,dept
 WHERE emp.deptno=20 AND emp.deptno=dept.deptno;
```

自然连接(Natural Join)是一种特殊的等值连接，它要求两个关系中进行比较的分量必须是相同的属性组，并且在结果中把重复的属性列去掉。而等值连接并不去掉重复的属性列。

例题 7-19：查询 20 号部门员工的工资等级。

```
SQL>SELECT empno,ename,sal,grade FROM emp,salgrade
 WHERE sal>losal AND sal<hisal and deptno=20;
```

运行结果如下：

EMPNO	ENAME	SAL	GRADE
7902	FORD	3400	5
7566	JONES	2975	4
7369	SMITH	800	1
7876	ADAMS	800	1

2. 自身连接查询

连接查询不仅可以在两个表之间进行，也可以是一个表与其自己进行连接。自身连接是指在同一个表或视图中进行连接，就是一个表或视图与自己本身的表或视图相连接。

例题 7-20：查询 10 号部门所有员工的员工号、员工名和该员工领导的员工名、员工号。

```
SQL>SELECT A.ename,A.empno,A.sal,B.ename,B.empno,B.sal
    FROM emp A,emp B WHERE A.mgr=B.empno AND A.deptno=10;
```

运行结果如下：

```
ENAME    EMPNO   SAL         ENAME      EMPNO    SAL
-------  ------  ----------  ---------  -------  ----------
CLARK    7782    2450.00     KING       7839     5000.00
MILLER   7934    1300.00     CLARK      7782     2450.00
```

3. 外连接查询

在通常的连接操作中，只有满足连接条件的元组才能作为结果输出。外连接是将某个连接表中不符合连接条件的记录加入结果集中。根据结果集中所包含不符合连接条件的记录来源的不同，外连接分为左外连接、右外连接、全外连接三种。

1) 左外连接

左外连接是以左表的记录为基础，将连接操作符左侧表中不符合连接条件的记录加入结果集中，与之对应的连接操作符右侧表列用 NULL 填充。换句话说，左表的记录将会全部表示出来，而右表只会显示符合搜索条件的记录。右表记录不满足条件的属性均为 NULL。语法格式为：

```
SELECT tab1.column, tab2.column[,…]  FROM tab1,tab2
WHERE tabl.column <operator> tab2.column ( + ) […];
```

例题 7-21：查询 10 号部门的部门名、员工号、员工名和所有其他部门的名称。

```
SQL>SELECT dname,empno,ename FROM dept,emp
WHERE dept.deptno=emp.deptno(+) AND emp.deptno(+)=10;
```

或为：

```
SQL>SELECT dname,empno,ename FROM dept LEFT JOIN emp ON
dept.deptno=emp.deptno AND dept.deptno=10;
```

查询结果为：

```
DNAME                EMPNO    ENAME
-------------------  -------  ------------
ACCOUNTING           7782     CLARK
ACCOUNTING           7839     KING
ACCOUNTING           7934     MILLER
OPERATIONS
SALES
RESEARCH
```

2) 右外连接

右外连接是以右表为基础，将连接操作符右侧表中不符合连接条件的记录加入结果集中，与之对应的连接操作符左侧表列用 NULL 填充。换句话说，右表的记录将会全部表示出来，而左表只会显示符合搜索条件的记录。左表记录不满足条件的属性均为 NULL。语法格式为：

```
SELECT tab1.column, tab2.column[,…]  FROM tab1,tab2
WHERE tab1.column( + ) <operator> tab2.column [...];
```

例题 7-22：查询 20 号部门的部门名称及其员工号、员工名，和所有其他部门的员工名、员工号。

```
SQL>SELECT empno,ename,dname FROM dept,emp
    WHERE dept.deptno(+)=emp.deptno AND dept.deptno(+)=20;
```

或为：

```
SQL>SELECT empno,ename,dname FROM dept RIGHT JOIN emp  ON
    dept.deptno=emp.deptno AND dept.deptno=20;
```

查询结果为：

```
EMPNO     ENAME    DNAME
-------   ------   ------------
7902      FORD     RESEARCH
7876      ADAMS    RESEARCH
7788      SCOTT    RESEARCH
7369      SMITH    RESEARCH
7934      MILLER
7839      KING
7782      CLARK
...       ...
```

用(+)来实现，这个"+"号可以这样来理解："+"表示补充，即哪个表有加号，哪个表就是匹配表。若加号写在右表，左表就是全部显示，故是左连接；加号写在左表，右表就是全部显示，故是右连接。

3）全外连接

全外连接是指将连接操作符两侧表中不符合连接条件的记录加入结果集中。左表和右表记录不满足条件的属性均为 NULL。语法格式为

```
SELECT tab1.column, tab2.column[,…]
FROM tab1 FULL JOIN  tab2 ON tab1.column1 = tab2.column2;
```

例题 7-23：查询所有的部门名和员工名。

```
SQL>SELECT EMPNO,ENAME,DNAME
    FROM emp FULL JOIN dept ON emp.deptno=dept.deptno;
```

7.2.3 嵌套查询

在 SQL 中，一个 SELECT-FROM-WHERE 语句称为一个查询块。将一个查询块嵌套在另一个查询块的 WHERE 子句或 HAVING 短语的条件中的查询称为嵌套查询，其中外层查询也称为父查询，内层查询也称子查询。嵌套查询的工作方式是：先处理内查询，由内向外处理，外层查询利用内层查询的结果。嵌套查询不仅仅可以用于父查询 SELECT 语句使

用，还可以用于 INSERT、UPDATE、DELETE 语句或其他子查询中。嵌套查询使用户可以用多个简单查询构成复杂的查询，从而增强 SQL 的查询能力。

1. 带有 IN 谓词的子查询

在嵌套查询中，子查询的结果往往包括多条记录，是一个集合，所以 IN 是嵌套查询中最经常使用的谓词。

例题 7-24： 查询与 30 号部门某个员工工资相等的员工信息。

```
SQL>SELECT empno,ename,sal FROM emp
    WHERE sal IN (SELECT sal FROM emp WHERE deptno=30);
```

例题 7-25： 查询与 20 号部门某个员工工资相同，工种也与 20 号部门的某个员工相同的员工的信息。

```
SQL>SELECT empno,ename,sal,job FROM emp
    WHERE (sal,job) IN (SELECT sal,job FROM emp WHERE deptno=20);
```

例题 7-26： 查询与 7902 号员工的工资、工种都相同的员工的信息。

```
SQL>SELECT empno,ename,sal,job FROM emp
    WHERE (sal,job)=(SELECT sal,job FROM emp WHERE empno=7902);
```

注意：　① 子查询的结果包括多条记录用谓词 IN。
　② 子查询结果为单条记录时，用等号 "=" 可以代替 IN；子查询结果为多条记录时，不能用等号 "=" 代替 IN。在例题 7-26 中，由于职工号唯一，内查询的结果是一个值，因此可以用 "=" 代替 IN。

2. 带有比较运算符的子查询

带有比较运算符的子查询是指父查询与子查询之间用比较运算符进行连接。当用户确切知道内层查询返回的值是单值时，可以用>，<，=，>=，<=，!=或<>等比较运算符。

例题 7-27： 查询比 7934 号员工工资高的员工的员工号、员工名、员工工资。

```
SQL>SELECT empno,ename,sal FROM emp
    WHERE sal>(SELECT sal FROM emp WHERE empno=7934);
```

例题 7-28： 查询比 10 号部门员工平均工资高的员工的员工号、员工名、员工工资。

```
SQL>SELECT empno,ename,sal FROM emp
    WHERE sal>(SELECT avg(sal) FROM emp WHERE deptno=10)
```

例题 7-29： 查询比本部门平均工资高的员工信息。

```
SQL>SELECT empno,ename,sal FROM emp a
    WHERE sal>(SELECT sal FROM emp WHERE deptno=a.deptno);
```

3. 带有 ANY(SOME)或 ALL 谓词的子查询

子查询返回单值时可以用比较运算符，而返回多值时要用 ANY 或 ALL 谓词修饰符。使用 ANY 或 ALL 谓词时则必须同时使用比较运算符。其语意如表 7-3 所示。

表7-3　比较运算符

运　算　符	含　　义
IN	与子查询返回结果中任何一个值相等
NOT IN	与子查询返回结果中任何一个值都不等
>ANY	比子查询返回结果中某一个值大
=ANY	与子查询返回结果中某一个值相等
<ANY	比子查询返回结果中某一个值小
>ALL	比子查询返回结果中所有值都大
<ALL	比子查询返回结果中任何一个值都小
EXISTS	子查询至少返回一行时条件为TRUE
NOT EXISTS	子查询不返回任何一行时条件为TRUE

例题7-30： 查询比20号部门某个员工工资高的员工信息。

```
SQL>SELECT empno,ename,sal FROM emp
    WHERE sal >ANY (SELECT sal FROM emp WHERE deptno=20);
```

上面的操作等价于：

```
SQL>SELECT empno,ename,sal FROM emp
    WHERE sal >(SELECT min(sal) FROM emp WHERE deptno=20);
```

例题7-31： 查询比30号部门所有员工工资高的员工信息。

```
SQL>SELECT empno,ename,sal FROM emp
    WHERE sal >ALL (SELECT sal FROM emp WHERE deptno=30);
```

上面的操作等价于：

```
SQL>SELECT empno,ename,sal FROM emp
    WHERE sal >(SELECT max(sal) FROM emp WHERE deptno=30);
```

4. 基于派生表的查询

在SQL中，子查询不仅可以出现在WHERE子句中，还可以出现在FROM子句中。这时候子查询生成的临时派生表(derived table)成为主查询的查询对象。

例题7-32： 查询各个员工的员工号、员工名及其所在部门平均工资。

```
SQL>SELECT empno,ename,d.avgsal FROM emp,
    (SELECT deptno,avg(sal) avgsal FROM emp GROUP BY deptno) d
    WHERE emp.deptno=d.deptno;
```

例题7-33： 查询各个部门号、部门名、部门人数及部门平均工资。

```
SQL>SELECT dept.deptno,dname, d.amount,d.avgsal
    FROM dept,(SELECT deptno,count(*) amount,
    avg(sal) avgsal FROM emp GROUP BY deptno) d
    WHERE dept.deptno=d.deptno;
```

💡 **注意：** ① 通过FROM子句生成派生表时，必须为该派生表指定一个别名。

② 注意相关子查询与不相关子查询的区别，子查询在执行时并不需要外部

父查询的信息，这种子查询称为不相关子查询。如果子查询在执行时需要引用外部父查询的信息，那么这种子查询就称为相关子查询，例题 7-32 为相关子查询。

③　在相关子查询中经常使用 EXISTS 或 NOT EXISTS 谓词来实现。如果子查询返回结果，则条件为 TRUE；如果子查询没有返回结果，则条件为 FALSE。

7.2.4　集合查询

在查询过程，SELECT 语句的查询结果是元组的集合，所以多个 SELECT 语句的结果可进行集合操作。集合查询操作主要包括并操作 UNION、交操作 NTERSECT 和差操作 MINUS，语法格式为：

```
SELECT query_statement1  [UNION|UNION ALL|INTERSECT|MINUS]
SELECT query_statement2;
```

💡 注意：　①　参加集合操作的各查询结果的列数必须相同，对应项的数据类型也必须相同。

②　如果要对最终的结果集排序，只能在最后一个查询之后用 ORDER BY 子句指明排序列。

1. UNION

UNION 操作对多个结果集进行并集操作，系统会自动去掉重复行，重复行只保留一个，同时进行默认规则的排序。UNION ALL 操作对两个结果集进行并集操作，包括重复行，不进行排序。

例题 7-34：查询 10 号部门与 20 号部门的员工号、员工名、工资和部门号。

```
SQL>SELECT empno,ename,sal,deptno FROM emp WHERE deptno=10
    UNION
    SELECT empno,ename,sal,deptno FROM emp WHERE deptno=20;
```

上面的 UNION 操作等价于：

```
SQL>SELECT empno,ename,sal,deptno FROM emp WHERE deptno=10 OR deptno=20;
```

例题 7-35：查询 10 号部门与 20 号部门的员工号、员工名和部门号，查询结果按部门号降序排列。

```
SQL>SELECT empno,ename,deptno FROM emp WHERE deptno=10
    UNION
    SELECT empno,ename,deptno FROM emp WHERE deptno=20
    ORDER BY deptno DESC;
```

2. INTERSECT

INTERSECT 操作对多个结果集进行交集操作，只返回同时存在几个查询结果集中的记录，同时进行默认规则的排序。

例题 7-36：查询 20 号部门中工资大于 3000 元的员工号、员工名、工资和部门号。

```
SQL>SELECT empno,ename,sal,deptno FROM emp WHERE deptno=20
    INTERSECT
```

```
SELECT empno,ename,sal,deptno FROM emp WHERE sal>3000;
```

上面的 INTERSECT 操作等价于：

```
SQL>SELECT empno,ename,sal,deptno FROM emp WHERE deptno=10 AND sal>3000;
```

3. MINUS

MINUS 操作是两个结果集进行差操作，返回结果在第一个结果集中存在，而在第二个结果集中不存在的记录，不包括重复行，同时进行默认规则的排序。

例题 7-37：查询 20 号部门中工种不是"SALESMAN"的员工号、员工名、工种名称。

```
SQL>SELECT empno,ename,job FROM emp WHERE deptno=20
    MINUS
    SELECT empno,ename,job FROM emp WHERE job='SALESMAN';
```

7.3 SQL 数据更新

数据更新操作主要有三种：向表中添加若干条记录数据、修改表中的数据和删除表中的若干条记录数据。在 SQL 中有相应的数据插入(INSERT)、修改(UPDATE)和删除(DELETE)操作三类语句。

7.3.1 插入数据

SQL 的数据插入语句 INSERT 通常有两种形式，一种是插入一个元组，另一种是插入子查询的结果。后者可以一次插入多条记录。

1. 插入元组

插入元组的 INSERT 语句的一般语法格式为：

```
INSERT INTO table_name|view_name [(column1,column2…)]
VALUES(value1[,value2,…]);
```

如果在 INTO 后面没有指明列名，则 VALUES 子句中列值的个数、顺序、类型必须与表中列的个数、顺序、类型相匹配。字符型和日期型数据在插入时要加单引号。日期类型数据需要按系统默认格式输入，或使用 TO_DATE 函数进行日期转换。

例题 7-38：往职工表中添加一条新记录。

① 查看当前日期格式。

```
SQL> SELECT sysdate FROM dual;
```

当前日期格式：22-MAY-15

② 插入新记录。

```
SQL>INSERT INTO emp(empno,ename,sal,hiredate)
    VALUES(1236,'JOAN',2500,'20-may-15');
```

或：

```
SQL>INSERT INTO emp(empno,ename,sal,hiredate) VALUES(1234,'JOAN',2500,
    to_date ('2007-11-15','YYYY-MM-DD'));
```

例题 7-39：向 emp 表中插入一行记录，其员工名为 JACK，员工号为 1248，其他信息与员工名为 SCOTT 的员工信息相同。

```
SQL>INSERT INTO emp SELECT 1248, 'JACK',job,mgr,hiredate,sal,comm,deptno
    FROM emp WHERE ename='SCOTT';
```

2. 插入子查询结果

利用子查询可以将子查询得到的结果集批量数据一次插入一个表中，利用 INSERT INTO...VALUES 语句每次只能插入一行记录，其一般语法格式为：

```
INSERT INTO table_name|view_name [(column1,column2…]) subquery;
```

例题 7-40：创建一个部门统计表 emp_1，统计员工表中各个部门的部门号、部门平均工资和最高工资，并将统计的结果写入到表 emp_1 中。

```
SQL>CREATE TABLE emp_1(deptno INT,avgsal INT,maxsal INT);
SQL>INSERT INTO emp_1 SELECT deptno,avg(sal),max(sal) FROM emp
    GROUP BY deptno;
```

7.3.2　修改数据

数据修改是以新记录替换数据库中与之相对应的旧记录的过程。可以使用 UPDATE 语句修改数据库中的一条或多条记录。修改语句的一般语法格式为：

```
UPDATE  <表名>
    SET<列名>=<表达式>[,SET<列名>=<表达式>] WHERE  <条件>;
```

其功能是修改指定表中满足 WHERE 子句条件的元组。其中 SET 子句给出<表达式>的值用于取代相应的属性列值。如果省略 WHERE 子句则表示修改表中的全部元组。

1. 修改某一个元组的值

例题 7-41：将员工号为 7844 的员工工资增加 5%，奖金修改为 500 元。

```
UPDATE emp SET sal=sal+sal*5%,comm=500 WHERE empno=7844;
```

2. 修改多个元组的值

例题 7-42：将 30 号部门的所有员工的工资减少 100 元。

```
UPDATE emp SET sal=sal-100 WHERE deptno=30;
```

3. 带子查询的修改语句

例题 7-43：将员工工资设置为 10 号部门的平均工资加 200 元。

```
UPDATE emp SET sal=200+ SELECT avg(sal) FROM emp WHERE deptno=10;
```

7.3.3　删除数据

从数据库中删除不需要的数据信息，结构化查询语言提供了 DELETE 命令，用于灵活地删除储存在一个表内的部分或全部信息。删除语句的一般语法格式为：

```
DELETE FROM <table name>   [WHERE search_conditions];
```

DELETE 语句的功能是从指定表中删除满足 WHERE 子句条件的所有元组。如果省略 WHERE 子句则表示删除表中全部元组，但表的定义仍在数据字典中。也就是说，DELETE 语句删除表中的数据，而不是删除表中的定义。

1. 删除某一个元组的值

例题 7-44：删除员工号为 7821 的员工信息。

```
DELETE FROM emp WHERE empno=7821;
```

2. 删除多个元组的值

例题 7-45：删除 20 号部门所有员工的信息。

```
DELETE FROM emp WHERE deptno=20;
```

3. 带子查询的删除语句

例题 7-46：删除比 30 号部门所有员工工资都高的员工信息。

```
DELETE FROM emp WHERE sal>(SELECT max(sal) FROM emp WHERE deptno=30);
```

用户在操作数据库时，要小心使用 DELETE 语句，因为数据可以从数据库中永远被删除。DELETE 语句是要记录日志的操作，所以如果无意中使用了 DELETE 语句，可以从备份的数据库中对 DELETE 操作通过回滚进行恢复。但是，如果要删除的数据量非常大，则 DELETE 操作效率比较低。因此 Oracle 11g 中提供了 TRUNCATE 删除数据的方法。TRUNCATE TABLE 是不记录日志的操作，通常比使用 DELETE 语句快，但是该操作不可通过回滚恢复删除的数据。使用 TRUNCATE 语句将释放表的数据和索引所占据的所有空间以及为全部索引分配的页，因此执行效率比较高。

7.4 案 例 实 训

例题 7-47：创建一个工种统计表 job_1，统计员工表中各个工种的平均工资和最低工资，并将统计的结果写入表 job_1 中。

① 创建工种统计表 job_1。

```
SQL>CREATE TABLE job_1(job VARCHAR2(9),avgsal INT,minsal INT);
```

② 插入新记录。

```
SQL>INSERT INTO job_1 SELECT job,avg(sal),min(sal) FROM emp
    GROUP BY job;
```

③ 查看运行结果。

```
SQL>SELECT * FROM job_1;
```

JOB	AVGSAL	MINSAL
CLERK	963	800
SALESMAN	1400	1250

PRESIDENT	5000	5000
MANAGER	2758	2450
ANALYST	3200	3000

本 章 小 结

本章主要介绍 SQL 应用基础，包括数据查询、数据更新(插入、修改、删除)操作。重点详细介绍了单表、多表、嵌套数据查询及数据插入、修改、删除操作。

自身连接是指在同一个表或视图中进行连接，就是一个表或视图与自己本身的表或视图相连接。在 SQL 中，一个 SELECT-FROM-WHERE 语句称为一个查询块。将一个查询块嵌套在另一个查询块的 WHERE 子句或 HAVING 短语的条件中的查询称为嵌套查询。

习 题

1. 选择题

(1) 在 SELECT 语句中，( )用于对搜索的结果进行分类汇总。

    A. HAVING   B. ORDER BY   C. WHERE   D. GROUP BY

(2) 怎样取出在集合 A 中，但却不在集合 B 中的数据? ( )。

    A. A MIUS B   B. B MINUS A

    C. A INTERSECT B   D. B INTERSECT A

(3) 怎样取出既在集合 A 中，又在集合 B 中的数据? ( )

    A. A UNION B   B. A UNION ALL B

    C. A INTERSECT B   D. A MINUS B

(4) 使用( )，可以将某个 SQL 语句的执行依赖于另一个查询语句的执行结果。

    A. 内连接查询   B. 子查询

    C. 外连接查询   D. 合并查询

(5) 分组查询是在查询语句中使用( )子句，对查询结果执行分组操作。

    A. HAVING   B. ORDER BY

    C. WHERE   D. GROUP BY

(6) 当需要删除视图时，用户可以使用( )语句删除视图。

    A. DROP VIEW   B. DELETE VIEW

    C. MODIFY VIEW   D. ATLER VIEW

2. 操作题

在 Oracle 数据库 scott 模式下有 emp 表和 dept 表，完成下列操作。

(1) 查询至少有一个员工的所有部门。

(2) 查询薪金比'SMITH'多的所有员工。

(3) 查询受雇日期早于其直接上级的所有员工。

(4) 查询所有部门名称及其员工信息，包括那些没有员工的部门。

(5) 查询所有工种为 "CLERK" (办事员)的员工姓名及其部门名称。

(6) 查询最低薪金大于 1500 元的各种工作。

(7) 查询在部门 "SALES" (销售部)工作的员工的姓名，假定不知道销售部的部门编号。

(8) 查询薪金高于公司平均薪金的所有员工。

(9) 查询与 "SCOTT" 从事相同工作的所有员工。

(10) 查询薪金等于部门 30 中某个员工的薪金的所有员工的姓名和薪金。

(11) 查询薪金高于在部门 30 工作的所有员工的薪金的员工姓名和薪金。

(12) 查询在每个部门工作的员工数量、平均工资和平均服务期限。

(13) 查询所有员工的姓名、部门名称和工资。

(14) 查询所有部门的详细信息和部门人数。

(15) 查询各个部门的 MANAGER(经理)的最低薪金。

(16) 查询所有员工的年工资，按年薪从低到高排序。

第 8 章　PL/SQL 基础

本章要点：PL/SQL(Procedural Language extensions to SQL)是 Oracle 公司对标准数据库语言的扩展,Oracle 公司已经将 PL/SQL 整合到 Oracle 服务器和其他工具中了,使用 PL/SQL 可以在各种环境下对 Oracle 数据库进行访问。本章将讲述 PL/SQL 的特点、基础语法、词法单元、数据类型、控制结构、游标和异常处理机制。

学习目标：了解 PL/SQL 的特点,掌握 PL/SQL 的基础语法、词法单元、数据类型、控制结构、游标和异常处理机制。重点掌握 PL/SQL 的程序结构、控制结构和游标的应用。

8.1　PL/SQL 概述

8.1.1　PL/SQL 的功能和用法

1. PL/SQL 的特点

SQL 的全称是结构化查询语言(Structure Query Language),它是应用程序与数据库进行交互操作的接口。它将数据查询、数据操纵、数据定义和数据控制(Data Control)功能融于一体,从而使得我们可以通过 SQL 访问数据库执行相应操作。PL/SQL 是 Oracle 数据库系统提供的扩展 SQL。使用 PL/SQL 可以在各种环境下对 Oracle 数据库进行访问。PL/SQL 不是一个独立的产品,它是一个整合到 Oracle 服务器和 Oracle 工具中的技术,可以把 PL/SQL 看作 Oracle 服务器内的一个引擎,SQL 语句执行处理单个 SQL 语句,PL/SQL 引擎处理 PL/SQL 程序块。当 PL/SQL 程序块在 PL/SQL 引擎处理时,Oracle 服务器中的 SQL 语句执行器处理 PL/SQL 程序块中的 SQL 语句。PL/SQL 不仅可以嵌入 SQL 语句,而且可引入变量和常量、控制结构、函数、过程、触发器、异常处理等一系列数据库对象,为进行复杂的应用开发提供了可能,从而提供了更加强大的功能。PL/SQL 具有以下特点。

(1) PL/SQL 支持静态和动态 SQL。静态 SQL 支持 DML 操作和事务 PL/SQL 块控制。动态 SQL 是 SQL 允许嵌入 PL/SQL 块的 DDL 语句。

(2) 减小网络流量,当客户端应用程序与服务器交互时,一个块可以包含若干 SQL 语句,PL/SQL 允许一次发送语句的整块到数据库。这降低了网络流量,提高了应用程序的运行性能。

(3) 模块化的程序设计功能,提高了系统可靠性。PL/SQL 程序以块为单位,每个块就是一个完整的程序,实现特定的功能。块与块之间相互独立,相互调用,提高了编程人员的生产效率。

(4) PL/SQL 强劲的功能,如异常处理、封装、数据隐藏和面向对象数据类型可以节省设计和调试的时间。

(5) PL/SQL 服务器端应用程序设计,可移植性好。

(6) PL/SQL 提供了用于开发 Web 应用程序和服务器页面的支持。

2. PL/SQL 执行过程与开发工具

随着 Oracle 数据库的安装，服务器端自动安装 PL/SQL 引擎。下面以服务器 PL/SQL 引擎为例子说明 PL/SQL 块的执行过程，如图 8-1 所示。客户端应用程序向数据库服务器提交单独的 SQL 语句，服务器接收到应用程序的内容后，将 SQL 语句直接传递给服务器内部的 SQL 语句执行器，进行分析执行。客户端应用程序向数据库服务器提交 PL/SQL 块，服务器将 PL/SQL 块传递给 PL/SQL 引擎，PL/SQL 引擎负责 PL/SQL 块中的过程化，如变量、函数调用、存储过程调用等；同时将 PL/SQL 块中的 SQL 语句传递给 SQL 语句执行器。

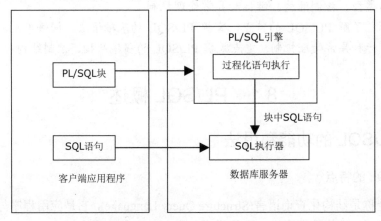

图 8-1　PL/SQL 执行过程

常用的 PL/SQL 开发工具有 SQL *PLUS、Procedure Builder、Oracle Form、Oracle Reports、PL/SQL Developer，本书将采用 SQL*Plus 作为开发工具。

8.1.2　PL/SQL 程序结构

1. PL/SQL 块的组成

PL/SQL 程序的基本单元是语句块，所有的 PL/SQL 程序都是由语句块组成的，语句块之间可以相互嵌套，一个基本的 PL/SQL 块由声明(DECLARE)、执行部分(BEGIN)异常处理部分(EXCEPTION)三部分组成。

1) 声明部分

声明部分以关键字 DECLARE 开始，以 BEGIN 结束。主要用于声明将在可执行部分中调用的所有变量、常量、数据类型、游标、异常处理名称以及本地(局部)子程序定义等。声明部分不是必需的，是可选的，可以省略。

2) 执行部分

执行部分是 PL/SQL 块的功能实现部分，以关键字 BEGIN 开始，以 EXCEPTION 或 END 结束(如果 PL/SQL 块中没有异常处理部分，则以 END 结束)。该部分通过变量赋值、流程控制的 PL/SQL 语句、数据查询、数据操纵的 SQL 语句、数据定义、事务控制、游标处理等实现块的功能。执行部分是必需的，不能省略。

3) 异常处理部分

异常处理部分以关键字 EXCEPTION 开始，以 END 结束。该部分用于处理该块执行过程中出错或出现非正常现象时所做的相应处理。这部分可以没有。

例题 8-1：定义一个包含声明部分、执行部分和异常处理部分的 PL/SQL 块，查询员工号为 7812 的员工名字。

```
SET SERVEROUTPUT ON;
DECLARE
  v_ename VARCHAR2(10);
BEGIN
  SELECT ename INTO v_ename FROM emp  WHERE empno=7844;
  DBMS_OUTPUT.PUT_LINE(v_ename);
EXCEPTION
  WHEN NO_DATA_FOUND THEN
    DBMS_OUTPUT.PUT_LINE('There is not such a  employee');
END;
```

 注意：　① 执行部分是必需的，而声明部分和异常部分是可选的。

② 可以在一个块的执行部分或异常处理部分嵌套其他 PL/SQL 块。

③ 所有的 PL/SQL 块都是以 "END;" 结束。

④ 若要在 SQL*Plus 环境中看到 DBMS_OUTPUT.PUT_LINE 方法的输出结果，必须将环境变量 SERVEROUTPUT 设置为 ON，方法为：

```
SQL>SET SERVEROUTPUT ON;
```

2. PL/SQL 块分类

PL/SQL 块可以分为两类，一类为匿名块，另一类为命名块。匿名块是能够动态地创建和执行过程代码的 PL/SQL 结构，而不需要以持久化的方式将代码作为数据库对象储存在系统目录中。匿名块只能执行一次，不能由其他应用程序调用。匿名块是标准的 PL/SQL 块。它们的语法和遵循的规则适用于所有 PL/SQL 块，包含声明、变量范围、执行、异常处理，以及 SQL 和 PL/SQL 的使用。命名块是指一次编译可多次执行的 PL/SQL 程序，包括函数、存储过程、包、触发器等。它们编译后放在服务器中，由应用程序或系统在特定条件下调用。

8.1.3　词法单元

PL/SQL 程序由词法单元构成。所谓词法单元，就是一个字符序列，字符序列中的字符取自 PL/SQL 所允许的字符集。PL/SQL 词法单元包括标识符(包括关键字)、分隔符、常量值、注释等。

1. 字符集

在 PL/SQL 程序中，允许出现的字符集包括：

(1) 大小写字母：包括 A～Z 和 a～z。

(2) 数字：包括 0～9。

(3) 符号：包括( ), +, - , *, /, <, >, =, !, ～, ^, ;, :, ., ', @, %, ", #,

$, &, _, |, {}, ?, []。

(4) 制表符、空格和回车符。

2. PL/SQL 标识符

标识符用于定义 PL/SQL 程序中的常量、变量、异常、游标、游标变量、子程序名称。标识符是由字母开头，后面可以跟字母、数字、美元符号、下划线和数字符号。PL/SQL 程序设计中的标识符定义规则为：

(1) 标识符名最大长度不能超过 30 个字符。

(2) 标识符必须以字符开头。

(3) 标识符不区分大小写，如 TypeName 和 typename 是完全相同的。

(4) 不能用减号(-)、斜线(/)、空格。

(5) 可以包含数字(0~9)、下划线(_)、"$"和"#"。

(6) 不要与数据库表或者列同名。

(7) 不能使用 PL/SQL 保留字作为标识符名。

标识符在使用过程中，一定要注意定义的规则。如标识符 X, t2, phone#, credit_limit, LastName, oracle$number 是一些合法的标识符，因为这些标识符是由字母开头，后面可以跟字母、数字、美元符号($)、下划线(_)和数字符号(#)，其最大长度不得超过 30 个字符。而像连字符(-)、斜线(/)、空格等符号都是不允许使用的，如 debit-amount、on/off、user id、mine&yours 是一些不合法的标识符。

对于某些标识符，称它们为保留关键字(Reserved Word)，因为对于 PL/SQL 来说，它们有着特殊含义，不可以被重新定义。例如 BEGIN 和 END，它们代表块或子程序的起始和结束而被 PL/SQL 保留下来。

3. PL/SQL 分隔符

在 PL/SQL 程序中，分隔符是有着特殊意义的简单或复合的符号，其中简单分隔符只有一个字符，例如，使用加号或减号简单的分隔符来表现数学运算。复合分隔符由两个字符组成，如 ":=" 符号表示赋值操作。表 8-1 所示是 PL/SQL 分隔符的列表。

表 8-1　PL/SQL 分隔符的列表

符　号	说　明	符　号	说　明
:=	赋值运算符	>	大于
+	加	<	小于
-	减	>=	大于等于
*	乘	<=	小于等于
/	除	=	等于
**	乘方	<>	不等
:	主变量指示符	!=	不等
||	连接两个字符串	--	单行注释
%	属性指示符	/*	多行注释开始
.	从属关系符号	*/	多行注释结束
;	终结符	..	范围操作符

4. 注释

PL/SQL 编译器会忽略注释，添加注释能使程序更加易读。通常添加注释的目的就是描述每段代码的用途。PL/SQL 支持单行和多行两种注释。其中，单行注释可以在一行的任何地方以一对连字符(--) 开始，直到该行结尾；多行注释由斜线、星号(/*)开头，以星号、斜线(*/)结尾，可以注释多行内容，也可以使用多行注释注掉整块代码，例如：

```
/*
LOOP
  FETCH c1
    INTO emp_rec;
  EXIT WHEN c1%NOTFOUND;
  ...
END LOOP;
*/
```

8.1.4 数据类型

PL/SQL 标量数据类型包括数值型、字符型、日期型和布尔型。这些类型有的是 Oracle SQL 中定义的数据类型，有的是 PL/SQL 自身附加的数据类型。字符型和数值型又有子类型，子类型只与限定的范围有关，比如 NUMBER 类型可以表示整数，也可以表示小数，而其子类型 POSITIVE 只表示正整数。

1. PL/SQL 数值数据类型和子类型

NUMBER 类型是以十进制格式进行存储的整数和浮点数，但是在计算上，系统会自动将它转换为二进制进行运算。它的定义语法是 NUMBER(p，s)，其中 p 是精度，最大 38 位；s 是小数位数。例如：NUMBER(5，2)可以用来存储表示-999.99～999.99 间的数值。p、s 可以在定义时省略，例如：NUMBER(5)、NUMBER 等。数值数据类型及其子类型的详细信息如表 8-2 所示。

表 8-2 PL/SQL 数值数据类型及其子类型的详细信息

数据类型	描 述
BINARY_INTEGER	2 147 483 647 到-2 147 483 648 范围内的有符号整数，以 32 位表示
BINARY_DOUBLE	双精度 IEEE 754 格式的浮点数
NUMBER(p, s)	整数和浮点数。NUMBER 变量也可以表示 0
DEC(prec, scale)	ANSI 具体的定点类型使用 38 位小数最大精度
FLOAT	具有 126 个二进制数字(约 38 位十进制数)的浮点型
INT	具有 38 位小数最大精度 ANSI 具体的整数类型
SMALLINT	ANSI 和 IBM 的 38 位小数最大精度具体的整数类型
REAL	具有 63 位二进制数字最大精度浮点型(大约 18 位小数)

2. PL/SQL 字符数据类型和子类型

PL/SQL 中的字符类型与 Oracle 数据库中的字符类型类似，但是允许字符串的长度有所不同，如表 8-3 所示。

表 8-3　PL/SQL 字符类型及其子类型的详细信息

数据类型	描　述
CHAR	具有 32 767 个字节的最大尺寸固定长度字符串
VARCHAR2	具有 32 767 个字节的最大尺寸变长字符串
LONG	具有 32 760 个字节的最大尺寸变长字符串

3. PL/SQL 日期时间和间隔类型

DATE 数据类型存储固定长度的日期和时间信息，包括世纪、年、月、日、时、分、秒。默认的日期格式由 Oracle 初始化参数 NLS_DATE_FORMAT 设置。例如，默认的可以是'DD-MON-YY'，它包括一个两位数字的月份中的日期、月份名称的缩写，以及年的最后两位数字，例如，01- OCT-12。

4. PL/SQL 大对象(LOB)数据类型

大对象(LOB)数据类型是指大到数据项，如文本、图形图像、视频剪辑和声音波形。LOB 数据类型允许高效地、随机地、分段访问这些数据。预定义的 PL/SQL LOB 数据类型如表 8-4 所示。

表 8-4　PL/SQL LOB 数据类型及其子类型的详细信息

数据类型	描　述	大　小
BFILE	用于存储大型二进制对象的文件	依赖于系统，不能超过 4GB 字节
BLOB	用于存储大型二进制对象在数据库中	8～128TB 字节
CLOB	用于存储字符大块数据在数据库中	8～128 TB
NCLOB	用于在数据库中存储大块 NCHAR 数据	8～128 TB

5. %TYPE 与%ROWTYPE

1)　%TYPE

声明一个变量，使它的类型与某个变量或数据库基本表中某个列的数据类型一致，可以使用%TYPE，例如：

```
v_empno1 emp.empno%TYPE;
v_empno2 v_empno1%TYPE;
```

2)　%ROWTYPE

声明一个变量，使它的类型与某个变量或数据库某个表结构数据类型一致，可以使用%ROWTYPE，例如：

```
v_empno3 emp%ROWTYPE;
v_empno4 v_empno3%ROWTYPE;
```

例题 8-2：编写一个程序，分别用%TYPE 与%ROWTYPE 类型查看员工号为 7823、7890 的工资信息。

```
DECLARE
  v_sal emp.sal%TYPE;
  v_emp emp%ROWTYPE;
BEGIN
  SELECT sal INTO v_sal FROM emp WHERE empno=7823;
  SELECT * INTO v_emp FROM emp WHERE empno=7890;
  DBMS_OUTPUT.PUT_LINE(v_sal);
  DBMS_OUTPUT.PUT_LINE(v_emp.ename||v_emp.sal);
END;
```

注意： ① 变量的类型随参照的变量类型、数据库表列类型、表结构的变化而变化，这样的程序在一定程度上具有更强的通用性。

② 注意%TYPE 与%ROWTYPE 的区别，%TYPE 为表中某个列的数据类型，%ROWTYPE 为某个表结构数据类型。

③ 如果表列中有 NOT NULL 约束，则%TYPE 与%ROWTYPE 返回的数据类型没有此限制。

8.1.5 变量与常量

1. 变量与常量的定义

在 PL/SQL 程序中，使用变量或常量，则必须先在声明部分定义变量或常量。常量的值在程序内部不能改变，常量的值在定义时赋予，声明时必须包括关键字 CONSTANT；变量(variable)是指没有固定的值，可以改变。变量或常量定义语法为：

```
variable_name [CONSTANT] databyte [NOT NULL] [:=DEFAULT expression];
```

参数说明如下。

(1) variable_name 为变量或常量名，是一标识符，每行只能定义一个标识符。

(2) 如果是常量，加上关键字 CONSTANT，必须为它赋初值。

(3) 如果定义的标识符不能为空，则必须加上关键字 NOT NULL，并赋初值。

(4) 为标识符赋值时，使用赋值符号"：="，默认值为空。

(5) databyte 表示数据类型，在 PL/SQL 程序中定义变量、常量和参数时，则必需要为它们指定数据类型。

在 PL/SQL 中，可以在块、子程序的声明部分来声明常量或变量。声明能够分配内存空间，指定数据类型，为存储位置进行命名，以便我们能够引用这块存储空间。下面来看一个简单的例子。

```
DECLARE
    birthday   DATE:= NULL;
emp_count   SMALLINT:=0;
    credit_limit   CONSTANT   REAL:= 5000.000;
BEGIN
    IF birthday IS NULL THEN
      DBMS_OUTPUT.PUT_LINE('birthday IS NULL!');
    END IF;
    DBMS_OUTPUT.PUT_LINE(emp_count ||' '|| credit_limit);
END;
```

birthday 声明了一个 DATE 类型的变量，初始化为 NULL 的。emp_count 声明了 SMALLINT 类型的变量，并用赋值操作符指定了初始值零。声明常量 credit_limit 要多加一个 CONSTANT 关键字，常量在声明的时候必须进行初始化，否则就会产生编译错误。为变量赋值有以下几种方法。

(1) 直接给变量赋值，例如：

```
eno:= 7369;
myname :='SCOTT';
```

第一句给变量赋值为数值型，第二句给变量赋值为字符串型。

(2) 用户交互赋值。运行时系统会提示用户输入 empno，用户输入的值将存入 eno 变量，例如：

```
eno := &empno;
```

(3) 通过 SQL SELECT INTO 或 FETCH INTO 语句给变量赋值，例如：

```
DECLARE
 MyName emp.name%TYPE;
SELECT ename INTO MyName FROM emp WHERE empno=7844;
```

💡 **注意：** 　只有在该查询返回一行的时候该语句才可以执行成功，否则就会抛出异常。

2. 变量的作用域

变量的作用域是指变量的有效作用范围，从变量声明开始，直到块结束。只有在这个范围之内程序代码才能使用它。如果 PL/SQL 块相互嵌套，则在内部块中声明的变量是局部的，只能在内部块中引用，而在外部块中声明的变量是全局的，既可以在外部块中引用，也可以在内部块中引用。例如：

```
DECLARE
  v_i PLS_INTEGER := 100;
  v_p VARCHAR2(200) := 'A';
BEGIN
  DECLARE
    v_i PLS_INTEGER := 999;
  BEGIN
    dbms_output.put_line(v_i);
    dbms_output.put_line(v_p);
  END;
  dbms_output.put_line(v_i);
END;
```

运行结果为：

```
999
A
100
```

8.1.6　PL/SQL 中的 SQL 语句

PL/SQL 执行采用编译阶段对变量进行绑定，识别程序中标识符的位置，检查用户的权限、数据库对象等信息，因此在 PL/SQL 中只允许出现查询语句(SELECT)、DML 语句

(UPDATE、DELETE、INSERT)、事务控制语句(COMMIT、ROLLBACK、SAVEPOINT)。因为它们不会修改数据库模式对象及其权限，DDL 语句不可以直接使用。下面介绍在 PL/SQL 程序中使用的 SQL 语句。

1. SELECT 语句

在 PL/SQL 程序中使用 SELECT…INTO 语句查询一条记录的信息，必须返回有且只有一条记录，如果查询出多条记录，系统会报错，其语法格式为：

```
SELECT select_list_item INTO variable_list| record_variable FROM table WHERE
condition;
```

例题 8-3：利用职工表，显示职工编号为 7844 的员工姓名及该员工所在部门编号。

```
SET SERVEROUTPUT ON;
DECLARE
  v_deptno emp.deptno%type;
  v_ename emp.ename%type;
BEGIN
  SELECT ename,deptno INTO v_ename,v_deptno FROM emp WHERE empno=7844;
  DBMS_OUTPUT.PUT_LINE(v_ename||' '||v_deptno);
END;
```

注意：　①　SELECT…INTO 语句只能查询一个记录的信息，如果没有查询到任何数据，则会产生 NO_DATA_FOUND 异常；如果查询到多个记录，则会产生 TOO_MANY_ROW 异常。

②　INTO 句子后的变量用于接收查询的结果，变量的个数、顺序应该与查询的目标数据相匹配，也可以是记录类型的变量。

③　查询多条记录不能使用 SELECT…INTO 语句，用游标处理查询多条记录。

2. DML 语句

PL/SQL 中 DML 语句对标准 SQL 语句中的 DML 语句进行了扩展，允许使用变量。

例题 8-4：编写一个程序，使用变量插入一条记录，然后把该记录工资增加 200 元，最后删除该记录信息。

```
DECLARE
v_empno emp.empno%TYPE :=7645;
BEGIN
  INSERT INTO emp(empno,ename,sal,deptno)
         VALUES(v_empno,'JOAN',2300,20);
  UPDATE emp SET sal=sal+500 WHERE empno=v_empno;
  DELETE FROM emp WHERE empno=v_empno;
END;
```

8.2　控　制　结　构

PL/SQL 是一种应用在数据库中的面向过程的程序设计语言。它与其他程序语言一样，存在针对逻辑的控制结构。控制结构主要包括选择结构与循环结构。

8.2.1　选择结构

选择结构是最基本的程序结构，根据条件可以改变程序的逻辑流程，可以通过 IF 语句来实现，也可以通过 CASE 语句来实现。

1. IF 语句

条件语句 IF 的功能是根据指定的条件表达式的值决定执行相应的程序段，否则执行 ELSE 语句。IF 语句的基本语法为：

```
IF condition1 THEN  statement1;
[ ELSIF condition2 THEN statement2; ]
...
[ ELSE else_statements ; ]
END IF;
```

例题 8-5：编写一个程序，可以输入一个雇员名，如果该雇员的工资低于 2000 元，就给该雇员工资增加 200 元。

```
DECLARE
v_sal number(6,2);
BEGIN
SELECT sal INTO v_sal FROM emp WHERE ename=trim('&&name');
IF v_sal<2000 THEN
   UPDATE emp SET sal=v_sal+200 WHERE ename=trim('&name');
   END IF;
END;
```

例题 8-6：输入一个员工号，修改该员工的工资，如果该员工为 10 号部门的，工资增加 200 元；若为 20 号部门的，工资增加 250 元；若为 30 号部门的，工资增加 300 元；否则增加 400 元。

```
DECLARE
  v_deptno emp.deptno%type;
  v_increment NUMBER(4);
  v_empno  emp.empno%type;
BEGIN
   v_empno:=&x;
  SELECT deptno INTO v_deptno FROM emp1 WHERE empno=v_empno;
  IF v_deptno=10 THEN v_increment:=200;
  ELSIF v_deptno=20 THEN v_increment:=250;
  ELSIF v_deptno=30 THEN v_increment:=300;
  ELSE  v_increment:=400;
  END IF;
  UPDATE emp SET sal=sal+v_increment WHERE empno=v_empno;
END;
```

例题 8-7：根据工资计算员工号为 7788 的员工应缴税金，不同工资级别的税率不同。

```
SET SERVEROUTPUT ON
DECLARE
  v_sal  NUMBER(5);
  v_tax  NUMBER(5,2);
```

```
BEGIN
  SELECT sal INTO v_sal  FROM emp  WHERE empno=7788;
IF v_sal >=3000 THEN
          V_tax:= v_sal*0.08;        --税率8%
        ELSIF v_sal>=1500 THEN
          V_tax:= v_sal*0.06;        --税率6%
        ELSE
          V_tax:= v_sal*0.04;        --税率4%
    END IF;
    DBMS_OUTPUT.PUT_LINE('应缴税金:'||V_tax);
 END;
```

2. 分支语句 CASE

当需要多项选择时，CASE 语句可以以一种更简洁的表示法实现该功能。CASE 语句适用于分情况的多分支处理，它有两种形式，一种只进行等值比较，另一种可以进行多种条件的比较。

1) 等值比较

当执行 CASE 语句时，系统将根据选择变量表达式结果同 WHEN 语句表达式的值进行顺序匹配，如果找到一个匹配的 WHEN 常量时，则执行相应的语句序列。如果没有与选择变量相匹配的 WHEN 常量，则执行 ELSE 部分的语句序列。CASE 语句等值比较的基本语法为：

```
CASE search_expression
    WHEN expression1 THEN sql_statement1;
    WHEN expression2 THEN sql_statement2;
    ...
    WHEN expressionN THEN sql_statementN;
[ELSE default_sql_statement]
END CASE;
```

例题 8-8：将例题 8-6 使用 IF 语句改写为 CASE 语句的形式。

```
DECLARE
  v_deptno emp.deptno%type;
  v_increment NUMBER(4);
  v_empno  emp.empno%type;
BEGIN
 v_empno:=&x;
 SELECT deptno INTO v_deptno FROM emp WHERE empno=v_empno;
 CASE v_deptno
   WHEN 10 THEN v_increment:=200;
   WHEN 20 THEN v_increment:=250;
   WHEN 30 THEN v_increment:=300;
   ELSE  v_increment:=400;
END CASE;
UPDATE emp SET sal=sal+v_increment WHERE empno=v_empno;
END;
```

例题 8-9：输入一个雇员编号，按工种更新相应员工的工资。如果该雇员的职位是 CLERK，工资增加 100 元；若职位是 SALESMAN，工资增加 150 元；若职位是 ANALYST，工资增加 250 元；其他职位的雇员工资增加 200 元。

```
DECLARE
   v_job emp.job%type;
   v_increment NUMBER(4);
   v_empno  emp.empno%type;
BEGIN
  v_empno :=&x;
SELECT job INTO v_job FROM emp WHERE empno=v_empno;
  CASE v_job
    WHEN 'CLERK' THEN v_increment:=100;
    WHEN 'SALESMAN' THEN v_increment:=150;
    WHEN 'ANALYST' THEN v_increment:=250;
    ELSE  v_increment:=200;
END CASE;
UPDATE emp SET sal=sal+v_increment WHERE empno=v_empno;
END;
```

2) 多种条件比较

当执行多种条件比较的 CASE 语句时，CASE 语句对每一个 WHEN 条件进行判断，当条件为真时，执行其后的语句；如果所有条件都不为真，则执行 ELSE 后面的语句。CASE 语句多种条件比较的基本语法为：

```
CASE
    WHEN conditon1 THEN sql_statement1;
    WHEN conditon2 THEN sql_statement2;
    ...
    WHEN conditonN THEN sql_statementN;
[ELSE default_sql_statement]
END CASE;
```

例题 8-10：根据输入的员工号，修改该员工工资。如果该员工工资低于 2000 元，则工资增加 300 元；如果工资在 2000～3000 元之间，则增加 250 元；如果工资在 3000～4000 元之间，则增加 200 元；否则增加 150 元。

```
DECLARE
  v_sal emp.sal%type;
  v_increment NUMBER(4);
  v_empno  emp.empno%type;
BEGIN
  v_empno:=&x;
SELECT sal INTO v_sal FROM emp WHERE empno=v_empno;
CASE
  WHEN v_sal<2000 THEN v_increment:=300;
  WHEN v_sal<3000 THEN v_increment:=250;
  WHEN v_sal<4000 THEN v_increment:=200;
  ELSE  v_increment:=150;
  END CASE;
UPDATE emp SET sal=sal+v_increment WHERE empno=v_empno;
END;
```

💡 **注意**：　① 　WHEN 子句只能包含结果为布尔类型的表达式，产生其他类型结果的表达式是不允许的。

　② 　注意 WHEN 条件语句逻辑排列顺序，搜寻条件是按顺序计算的。每个搜

寻条件的布尔值决定了哪个 WHEN 子句被执行。

③ 在 CASE 语句中，当第一个 WHEN 条件为真时，执行其后的操作，操作完后结束 CASE 语句。对其他 WHEN 条件不再判断，其后的操作也不执行。

8.2.2 循环结构

在 PL/SQL 中，循环结构有 LOOP 简单循环、WHILE 循环和 FOR 循环三种，下面分别介绍它们的使用方法。

1. LOOP 简单循环

LOOP 简单循环语句功能是重复执行循环体中的程序块，直到终止条件满足，执行 EXIT 语句，则退出循环。LOOP 循环的基本语法为：

```
LOOP
   sequence_of_statement;
EXIT [WHEN condition];
END LOOP;
```

当使用简单循环时，无论是否满足条件，语句至少会被执行一次；当 condition 为 TRUE 时，会退出循环，并执行 END LOOP 后面的相应操作。在循环体中一定要包含 EXIT 语句，否则会陷入死循环。另外还应该定义循环控制变量，并且在循环体内修改循环控制变量的值。

例题 8-11：执行 CREATE TABLE temp_table(num_col NUMBER，info_col CHAR(10)) 语句创建 temp_table 表，然后利用循环向 temp_table 表中插入 50 条记录。

```
DECLARE
  v_counter BINARY_INTEGER := 1;
BEGIN
  LOOP
    INSERT INTO temp_table VALUES (v_Counter, 'Loop index');
    v_counter := v_counter + 1;
    EXIT WHEN v_counter > 50;
  END LOOP;
END;
```

2. WHILE 循环

在 WHILE 循环语句中，只有 WHILE 后面的条件语句成立时，重复执行循环体中的程序块。WHILE 循环的基本语法为：

```
WHILE condition LOOP
      sequence_of_statement;
END LOOP;
```

当 condition 为 TRUE 时，执行循环体内的语句，而当 condition 为 FALSE 或 NULL 时，会退出循环，并执行 END LOOP 后面的语句。当使用 WHILE 循环时，应该定义循环控制变量，并在循环体内改变循环控制变量的值。

例题 8-12：利用 WHILE 循环向 temp_table 表中插入 50 条记录。

```
DECLARE
```

```
    v_counter BINARY_INTEGER :=1;
BEGIN
    WHILE v_counter <= 50 LOOP
        INSERT INTO temp_table VALUES (v_counter, 'Loop index');
        v_counter := v_counter + 1;
    END LOOP;
END;
```

3. FOR 循环

在 FOR 循环语句中，Oracle 会隐含自动定义循环控制变量，不需要定义循环变量，并指定循环变量的初始值和终止值，每循环一次循环变量自动加 1 或减 1，以控制循环的次数。FOR 循环的基本语法为：

```
FOR counter_name IN [REVERSE]  low_bound..upper_bound
    LOOP
        sequence_of_statement;
END LOOP;
```

其中参数说明如下。

- counter_name：循环控制变量，它可以得到当前的循环次数。需要注意的是，不能为其手工赋值，循环变量只能在循环体中使用，不能在循环体外使用。
- REVERSE：可选项，指定循环方式。默认的循环方式为由下标(lower_bound)到上标(upper_bound)，使用该选项则从上标界到下标界。
- low_bound：循环范围的下标界。
- upper_bound：循环范围的上标界。

例题 8-13：利用 FOR 循环向 temp_table 表中插入 50 条记录。

```
BEGIN
    FOR v_counter IN 1..50 LOOP
        INSERT INTO temp_table VALUES (v_counter, 'Loop Index');
    END LOOP;
END;
```

💡 **注意：**　①　当使用简单循环时，在循环体中一定要包含 EXIT 语句，否则会陷入死循环。

②　FOR 循环不需要定义循环变量，系统自动定义一个循环变量。

③　在 WHILE 循环语句中，只有 WHILE 后面的条件语句成立时，重复执行循环体中的程序块；简单循环时，无论是否满足条件，语句至少会被执行一次。

8.3　游　　标

8.3.1　游标概述

在 PL/SQL 块中执行 SELECT、INSERT、DELETE 和 UPDATE 语句时，Oracle 会在内存中为其分配上下文区(Context Area)，即缓冲区，缓冲区中存放 SELECT 语句返回的查询结果。游标是指向该区的一个指针，由系统或用户以变量的形式定义。游标的作用就是用于临时存储从数据库中提取的数据块。一般情况下，SELECT 语句查询结果是多条记录，因此，需要用游标机制将多条记录一次一条地传送到应用程序主程序处理，从而把对集合的操作转换为对单个记录的处理。采用游标把数据从存放在磁盘的数据库表中调到计算机内存中进行处理，最后将处理结果显示出来或最终写回数据库表中，这样数据处理的速度才会提高，否则频繁的磁盘数据交换会降低效率。PL/SQL 中 Oracle 游标分为显式游标和隐式游标。

(1) 显式游标(Explicit Cursor)：在 PL/SQL 程序中由用户定义、操作，用于处理返回多行数据的 SELECT 查询。

(2) 隐式游标(Implicit Cursor)：由 Oracle 系统自动分配的游标，用于处理返回单行数据的 SELECT 查询。

8.3.2　显式游标

1. 显式游标的操作

利用显式游标处理 SELECT 查询返回的多行数据，需要先定义显式游标，然后打开游标，检索游标，最后关闭游标。

1) 定义游标

根据要查询的数据情况，在 PL/SQL 块的声明部分定义游标，语法格式为：

```
CURSOR cursor_name[(parameter1 datatype [,parameter2 datatype…])]
IS SELECT_statement;
```

参数是可选部分，所定义的参数可以出现在 SELECT 语句的 WHERE 子句中。如果定义了参数，则必须在打开游标时传递相应的实际参数。SELECT_statement 语句是对表或视图的查询语句，甚至也可以是复合查询。可以带 WHERE 条件、ORDER BY 或 GROUP BY 等子句，但不能使用 INTO 子句。在 SELECT_statement 语句中可以使用在定义游标之前定义的变量。

2) 打开游标

为了在内存中分配缓冲区，并从数据库中检索数据，需要在 PL/SQL 块的执行部分打开游标。打开游标时，SELECT 语句的查询结果就被传送到缓冲区中缓存，同时游标指针指向缓冲区中结果集的第一个记录，打开游标语法在可执行部分，语法格式为：

```
OPEN cursor_name [(parameter1 datatype [,parameter2 datatype…])];
```

3) 检索游标

打开游标，将查询结果放入缓冲区后，需要将游标中的数据以记录为单位检索出来，然后在 PL/SQL 中实现过程化的处理。检索游标的操作必须在打开游标之后进行，检索游标的语法格式为：

```
FETCH cursor_name [(parameter1 datatype [,parameter2 datatype…])] INTO
variable_list;
```

游标指针只能向下移动，不能回退。变量名是用来从游标中接收数据的变量，需要事先定义。INTO 子句中的变量个数、顺序、数据类型必须与缓冲区中每个记录的信息一致。

游标打开后有一个指针指向数据区，FETCH 语句依次返回指针所指的一行数据。

4) 关闭游标

游标对应缓冲区的数据处理完后，应该及时关闭游标，以释放游标占用的系统资源。游标一旦关闭，游标占用的资源就被释放，游标变成无效，必须重新打开才能使用。关闭游标的语法格式为：

```
CLOSE cursor_name [(parameter1 datatype [,parameter2 datatype…])];
```

2. 显式游标的属性

无论是显式游标还是隐式游标，都具有%ISOPEN、%FOUND、%NOTFOUND、%ROWCOUNT 等属性。利用游标属性可以判断当前游标的状态。显式游标的属性及其含义如表 8-5 所示。

表 8-5　显式游标的属性及其含义

显式游标的属性	返回值类型	意　义
%ROWCOUNT	整型	数值型，返回到目前为止从游标缓冲区检索的元组数
%FOUND	布尔型	判断最近依次使用 FETCH 语句是否从缓冲区中检索到数据，如果检索到数据为 TRUE，否则为 FALSE
%NOTFOUND	布尔型	如果最近一次使用 FETCH 语句，没有返回结果则为 TRUE，否则为 FALSE
%ISOPEN	布尔型	如果游标已打开，返回 TRUE，否则为 FALSE

3. 显式游标的检索

显式游标对应的缓冲区中返回结果为多行记录，而 PL/SQL 中每次只能处理一行记录，因此需要采用循环的方式从缓冲区中检索数据进行处理。根据循环方法的不同，检索游标有下列三种方法。

1) 利用 LOOP 简单循环检索游标

利用简单循环检索游标，先执行 FETCH 检索游标操作，然后判断是否符合退出循环条件，不管循环条件是否满足，循环体至少执行一次，语法格式为：

```
DECLARE
    CURSOR cursor_name IS SELECT…;
BEGIN
    OPEN cursor_name;
    LOOP
FETCH…INTO…;
    EXIT WHEN  cursor_name%NOTFOUND
      ……
    END LOOP;
    CLOSE cursor_name;
END;
```

2) 利用 WHILE 循环检索游标

利用 WHILE 循环检索游标时，在循环体外进行一次 FETCH 检索游标操作，作为第一次循环的初始条件，语法格式为：

```
DECLARE
    CURSOR cursor_name IS SELECT…;
BEGIN
    OPEN cursor_name;
    FETCH…INTO…;
    WHILE cursor_name%FOUND LOOP
        FETCH…INTO…;
        ……
    END LOOP;
    CLOSE cursor_name;
END;
```

3)　利用 FOR 循环检索游标

利用 FOR 循环检索游标时，系统会自动打开、检索和关闭游标。用户只需要考虑如何从游标缓冲区中检索出数据。FOR 循环检索游标的语法格式为：

```
DECLARE
    CURSOR cursor_name IS SELECT…;
BEGIN
    OPEN cursor_name;
    FOR loop_variable IN cursor_name LOOP
     ……
    END LOOP;
 END;
```

利用 FOR 循环检索游标时，系统隐含地定义一个数据类型为 cursor_name%ROWTYPE 的循环变量 loop_variable，用户可以直接使用该循环变量，也不需要定义。从游标缓冲区中提取数据并放入循环变量 loop_variable 中，同时进行%FOUND 属性检查以确定是否检索到数据。当游标缓冲区中所有的数据都检索完毕或循环中断，系统自动关闭游标。利用 FOR 循环检索游标是在 PL/SQL 块中使用游标最简单的方式，它简化了对游标的处理。

例题 8-14： 分别利用 LOOP 简单循环、WHILE 循环与 FOR 循环统计并输出各个部门的平均工资。

①　LOOP 简单循环。

```
DECLARE
  CURSOR c_dept_stat IS SELECT deptno,avg(sal) avgsal
  FROM emp GROUP BY deptno;
  v_dept c_dept_stat%ROWTYPE;
BEGIN
  OPEN c_dept_stat;
LOOP
    FETCH c_dept_stat INTO v_dept;
    EXIT WHEN c_dept_stat%NOTFOUND;
    DBMS_OUTPUT.PUT_LINE(v_dept.deptno||' '||v_dept.avgsal);
  END LOOP;
  CLOSE c_dept_stat;
END;
```

②　WHILE 循环。

```
DECLARE
CURSOR c_dept_stat IS SELECT deptno,avg(sal) avgsal
FROM emp GROUP BY deptno;
```

```
    v_dept c_dept_stat%ROWTYPE;
BEGIN
  OPEN c_dept_stat;
  FETCH c_dept_stat INTO v_dept;
  WHILE c_dept_stat%FOUND LOOP
    DBMS_OUTPUT.PUT_LINE(v_dept.deptno||' '||v_dept.avgsal);
    FETCH c_dept_stat INTO v_dept;
  END LOOP;
   CLOSE c_dept_stat;
END;
```

③　FOR 循环。

```
DECLARE
CURSOR c_dept_stat IS SELECT deptno,avg(sal) avgsal
FROM emp GROUP BY deptno;
BEGIN
  FOR v_dept IN c_dept_stat LOOP
    DBMS_OUTPUT.PUT_LINE(v_dept.deptno||' '||v_dept.avgsal);
  END LOOP;
END;
```

或

```
DECLARE
 BEGIN
  FOR v_dept IN (SELECT deptno,avg(sal) avgsal FROM emp GROUP BY deptno) LOOP
    DBMS_OUTPUT.PUT_LINE(v_dept.deptno||' '||v_dept.avgsal);
  END LOOP;
END;
```

注意：　① LOOP 简单循环检索游标：不管循环条件是否满足，循环体至少执行一次，注意循环终止条件 EXIT WHEN 子句。

② WHILE 循环检索游标：在循环体外进行一次 FETCH 检索游标操作。

③ FOR 循环检索游标：游标打开、数据的检索与循环变量都是系统自动进行的，因此可以不在声明部分定义游标，例如上面的 FOR 循环检索游标，而在 FOR 语句中直接使用子查询。

例题 8-15： 利用游标显示 10 号部门的员工编号、员工名。

```
SET SERVEROUTPUT ON;
DECLARE
 CURSOR c_emp IS SELECT * FROM emp WHERE deptno=10;
 v_emp c_emp%ROWTYPE;
BEGIN
 OPEN c_emp;
DBMS_OUTPUT.PUT_LINE(' --- ---运行结果-----------------------');
  LOOP
    FETCH c_emp INTO v_emp;
    EXIT WHEN c_emp%NOTFOUND;
    DBMS_OUTPUT.PUT_LINE(v_emp.empno||' '||v_emp.ename);
 END LOOP;
CLOSE c_emp;
END;
```

8.3.3　隐式游标

隐式游标主要用于处理 DML 操作(INSERT、UPDATE、DELETE)和单行 SELECT 语句，没有 OPEN、FETCH、CLOSE 等操作。显式游标用于处理返回多行数据的 SELECT 查询，但所有的 SQL 语句都有一个执行的缓冲区，隐式游标就是指向该缓冲区的指针，由系统隐含地打开、处理和关闭。当系统使用一个隐式游标时，可以通过隐式游标的属性来了解操作的状态和结果，进而控制程序的流程。隐式游标可以使用 SQL 游标名字来访问，但要注意，通过 SQL 游标名总是只能访问前一个 DML 操作或单行 SELECT 操作的游标属性。所以通常在刚刚执行完操作之后，立即使用 SQL 游标名来访问属性。游标的属性有四种，如表 8-6 所示。

表 8-6　隐式游标的属性及其含义

隐式游标的属性	返回值类型	意　义
SQL%ROWCOUNT	整型	代表 DML 语句成功执行的数据行数
SQL%FOUND	布尔型	值为 TRUE 代表插入、删除、更新或单行查询操作成功
SQL%NOTFOUND	布尔型	与 SQL%FOUND 属性返回值相反
SQL%ISOPEN	布尔型	DML 执行过程中为真，结束后为假

例题 8-16： 使用隐式游标的属性，判断对员工工资的修改是否成功。

```
SET SERVEROUTPUT ON;
BEGIN
UPDATE emp SET sal=sal+100 WHERE empno=1234;
IF SQL%FOUND THEN
    DBMS_OUTPUT.PUT_LINE('成功修改雇员工资！');
    COMMIT;
ELSE
    DBMS_OUTPUT.PUT_LINE('修改雇员工资失败！');
END IF;
END;
```

例题 8-17： 修改员工号为 2000 的员工工资，将其工资增加 200 元。如果该员工不存在，则向 emp 表中插入一个员工号为 2000、工资为 2500 元的员工。

```
BEGIN
UPDATE emp SET sal=sal+200 WHERE empno=2000;
   IF SQL%NOTFOUND THEN
   INSERT INTO emp(empno,sal) VALUES(2000,2500);
END IF;
END;
```

8.3.4　使用游标更新或删除数据

使用显式游标不仅可以处理 SELECT 语句返回的多个记录，还可以在处理游标中当前数据的同时，修改该行所对应数据库中的数据。通过游标更新或删除数据时，则必须在游标定义中带有 FOR UPDATE 子句，用于在游标结果集数据上加行共享锁，以防止其他用户在相应行上执行 DML 操作，语法格式为：

```
CURSOR cursor_name IS SELECT select_list FROM table
FOR UPDATE [OF column_reference] [NOWAIT];
```

语法说明如下。

- FOR UPDATE：用于在游标结果集上加共享锁。
- OF 子句：省略 OF 子句，对全表加锁，否则对指定的 column_reference 列加锁。
- NOWAIT：用于指定不等待锁，立刻加锁。

在提取了游标数据后，为了更新或删除当前游标行数据，必须在 UPDATE 或 DELETE 语句中引用 WHERE CURRENT OF 子句。语法格式为：

```
UPDATE table_name SET column=expression WHERE CURRENT OF cursor_name;
DELETE FROM table_name WHERE CURRENT OF  cursor_name;
```

例题 8-18：修改员工的工资，如果员工的部门号为 10，工资提高 200 元；如果部门号为 20，工资提高 250 元；如果部门号为 30，工资提高 300 元；否则工资提高 350 元。

```
DECLARE
    CURSOR c_emp IS SELECT * FROM emp FOR UPDATE;
    v_increment NUMBER;
BEGIN
    FOR v_emp IN c_emp LOOP
      CASE v_emp.deptno
          WHEN 10 THEN v_increment:=200;
          WHEN 20 THEN v_increment:=250;
          WHEN 30 THEN v_increment:=300;
          ELSE         v_increment:=350;
      END CASE;
    UPDATE emp SET sal=sal+v_increment WHERE CURRENT OF c_emp;
END LOOP;
    COMMIT;
END;
```

例题 8-19：修改员工的工资，如果工资低于 1000 元，工资提高 300 元；工资在 1000～2000 元之间，则工资提高 250 元；工资在 2000～3000 元之间，则工资提高 200 元；否则工资提高 100 元。

```
DECLARE
    CURSOR c_emp IS SELECT * FROM emp FOR UPDATE;
    v_increment NUMBER;
BEGIN
    FOR v_emp IN c_emp LOOP
      CASE
          WHEN v_emp.sal<1000  THEN v_increment:=300;
          WHEN v_emp.sal<2000  THEN v_increment:=250;
          WHEN v_emp.sal<3000  THEN v_increment:=200;
          ELSE                      v_increment:=100;
      END CASE;
    UPDATE emp SET sal=sal+v_increment WHERE CURRENT OF c_emp;
END LOOP;
  COMMIT;
END;
```

例题 8-20：利用游标删除部门号为 10 的所有员工。

```
DECLARE
CURSOR emp_cursor IS SELECT deptno FROM emp WHERE deptno=10 FOR UPDATE;
 v_deptno emp.deptno%TYPE;
  BEGIN
  OPEN emp_cursor;
  LOOP
FETCH emp_cursor INTO v_deptno;
   EXIT WHEN emp_cursor%NOTFOUND;
   DELETE FROM emp WHERE CURRENT OF emp_cursor;
  END LOOP;
 CLOSE emp_cursor;
END;
```

例题 8-21：利用游标将工资低于 2500 元的员工增加 150 元工资。

```
DECLARE
CURSOR emp_cursor IS SELECT ename,sal FROM emp1 FOR UPDATE OF sal;
v_oldsal emp.sal%TYPE;
BEGIN
OPEN emp_cursor;
 LOOP
 FETCH emp_cursor INTO v_oldsal;
 EXIT WHEN emp_cursor%NOTFOUND;
   IF v_oldsal<2500 THEN
UPDATE emp1 SET sal=sal+150  WHERE CURRENT OF emp_cursor;
   END IF;
 END LOOP;
 CLOSE emp_cursor;
 END;
```

> **注意：** ① 如果通过游标更新或删除数据，在定义游标时必须带有 FOR UPDATE 子句。
>
> ② 打开游标时对相应的表加锁，其他用户不能对该表进行 DML 操作。
>
> ③ 如果定义游标使用 FOR UPDATE 子句，在提取了游标数据后，为了更新或删除当前游标行数据，必须在 UPDATE 或 DELETE 语句中引用 WHERE CURRENT OF 子句。
>
> ④ 由于 COMMIT 语句或 ROLLBACK 语句会释放会话拥有的任何锁，因此如果在检索游标的循环内使用 COMMIT 语句会释放定义游标时对数据加的锁，从而导致利用游标修改或删除数据的操作失败。

8.4 异 常 处 理

8.4.1 异常概述

在编写程序过程中，有可能遇到难以预料的错误，一个优秀的程序员应该能够正确处理各种出错情况，并尽可能从错误中恢复。PL/SQL 与其他大多数程序语言一样也提供了异常处理机制。PL/SQL 采用异常和异常处理机制来实现错误处理。Oracle 中的错误分为如下两类。

(1) 编译时错误：程序编写过程中的错误，PL/SQL 引擎在编译时会发现这些错误并报告用户，此时程序还没有运行，不涉及异常处理。

(2) 运行时错误：程序编译通过，但在运行过程中产生的错误，对于这类错误需要异常处理机制来进行处理。

Oracle 运行时的错误可以分为 Oracle 错误和用户定义错误。与之对应，异常分为预定义异常、非预定义异常和用户定义异常三种，其中预定义异常对应于常见的 Oracle 错误，非预定义异常对应于其他 Oracle 错误，而用户定义异常对应于用户定义错误。

预定义异常是指 Oracle 系统为一些常见错误定义好的异常，PL/SQL 将一些常见的公共错误定义成一系列的预定义异常，当程序触发这类异常时，开发人员无须在程序中手动为它们定义，可直接引用这些异常。表 8-7 为 Oracle 常用的预定义异常及其对应的错误编号。

表 8-7　Oracle 常用的预定义异常与对应的错误编号

错 误 号	异常错误名称	说　明
ORA-0001	DUP_VAL_ON_INDEX	违反了唯一性限制
ORA-1001	INVALID-CURSOR	试图使用一个无效的游标
ORA-1012	NOT-LOGGED-ON	没有连接到 Oracle
ORA-1017	LOGIN-DENIED	无效的用户名/口令
ORA-1403	NO_DATA_FOUND	SELECT INTO 没有找到数据
ORA-1422	TOO_MANY_ROWS	SELECT INTO 返回多行
ORA-6500	STORAGE-ERROR	内存不够引发的内部错误
ORA-6501	PROGRAM-ERROR	内部错误
ORA-6504	ROWTYPE-MISMATCH	游标变量与 PL/SQL 变量有不兼容行类型
ORA-6511	CURSOR-ALREADY-OPEN	试图打开一个已处于打开状态的游标
ORA-6530	ACCESS-INTO-NULL	试图为 NULL 对象的属性赋值
ORA-6532	SUBSCRIPT-OUTSIDE-LIMIT	对嵌套或 varray 索引的引用超出声明范围以外

8.4.2　异常处理过程

异常处理(Exception)是用来处理正常执行过程中未预料的事件，避免 PL/SQL 块一旦产生异常，程序不能正确处理而意外终止。

Oracle 中对运行时错误的处理采用异常处理机制。一个错误对应一个异常，当错误产生时就抛出相应的异常，并被异常处理器捕获，程序控制权传递给异常处理器，异常处理器处理运行时的错误。在 PL/SQL 程序中，异常处理分下列三个步骤。

(1) 在声明部分为错误定义异常，包括非预定义异常处理和用户定义异常。

(2) 在执行过程中当错误产生时抛出与错误对应的异常。

(3) 在异常处理部分通过异常处理器捕获异常，并进行异常处理。

1．异常定义

Oracle 中的预定义异常由系统定义，而非预定义异常和用户定义异常则需要用户定义。定义异常的方法是在 PL/SQL 块的声明部分定义一个 EXCEPTION 类型的变量，其语法格式为：

```
exception_name EXCETION;
```

如果是非预定义的异常，还需要使用编译，只是 PRAGMA EXCEPTION_INIT 将异常与一个 Oracle 错误相关联，其语法格式为：

```
PRAGMA EXCETION_INIT ( exception_name , oracle_error_number );
```

语法说明如下。

- exception_name：设置异常名称，该名称需要使用 EXCEPTION 类型进行定义。
- oracle_error_number：Oracle 错误号，该错误号与错误代码相关联。

2．异常的抛出

Oracle 系统自动识别内部错误，因此当错误产生时系统抛出与之对应的预定义异常或非预定义异常。但是，对于自定义异常，系统无法识别，需要用户手动抛出。用户定义异常的抛出语法格式为：

```
RAISE user_define_exception;
```

显式抛出异常是程序员处理声明异常的习惯用法，但 RAISE 不限于声明了的异常，它可以抛出任何异常。

3．异常的捕获及处理

在 PL/SQL 程序块中，使用 EXCEPTION 关键字标识异常处理块，用于捕获在执行块中发生的各类异常。具体的语法格式如下：

```
EXCEPTION
WHEN exception1 THEN statements1;
WHEN exception2 THEN statements2;
[...]
WHEN OTHERS THEN statementsN;
```

语法说明如下。

- exception<n>：可能出现的异常名称。
- WHEN OTHERS：表示任何未处理的异常，可以通过该语句提供一个统一处理方式。异常处理可以按任意次序排列，但 OTHERS 必须放在最后。

在一般的应用处理中，建议程序员使用异常处理，因为如果程序中不声明任何异常处理，则在程序运行出错时，程序就被终止，并且也不提示任何信息。预定义异常的处理非常简单，只需在 PL/SQL 块的异常处理部分，在 WHEN 子句后面直接引用相应的异常名称，并对其完成相应的异常错误处理即可。下面是使用系统提供的异常来编程的例子。

例题 8-22： 在 PL/SQL 中输出一个在 emp 表中不存在的员工号的员工姓名，并显示错误的编号和错误的名称。

```
DECLARE
  v_name  emp.ename%TYPE;
BEGIN
  SELECT ename INTO v_name FROM emp WHERE empno =9900;
  DBMS_OUTPUT.PUT_LINE('员工姓名为: ' || v_name);
  EXCEPTION
    WHEN NO_DATA_FOUND THEN
      DBMS_OUTPUT.PUT_LINE('没有雇员号为9900的员工');
WHEN OTHERS THEN DBMS_OUTPUT.PUT_LINE('错误编号'||
SQLCODE||'错误名称'||SQLERRM);
 END;
```

OTHERS 异常处理是一个特殊的异常处理器,可以捕获所有的异常。通常,OTHERS 异常处理那些没有被其他异常处理器捕获的异常。SQLCODE 函数可以获取异常错误号,SQLERRM 函数则可以获取异常的具体描述信息。

例题 8-23: 修改 8790 号员工的工资,保证修改后工资不超过 8000 元。

```
DECLARE
  e_highlimit EXCEPTION;
  v_sal emp.sal%TYPE;
BEGIN
  UPDATE emp SET sal=sal+100 WHERE empno=8790 RETURNING sal INTO v_sal;
  IF v_sal>8000 THEN RAISE e_highlimit;
  END IF;
  EXCEPTION
    WHEN e_highlimit THEN DBMS_OUTPUT.PUT_LINE('工资太高了');
  ROLLBACK;
END;
```

如果修改后工资不超过 8 000 元,系统不会出现异常;否则抛出异常。e_highlimit 为自定义异常,系统无法识别,RAISE e_highlimit 为用户手动抛出与之对应的异常。

8.4.3　异常的传播

当 PL/SQL 语句块的可执行部分出现某个运行错误时,会抛出不同类型的异常。但是,运行错误也可能发生在语句块的声明部分或者异常处理部分。控制在这些环境下异常抛出方式的规则称为异常传播。PL/SQL 程序运行过程中出现错误后,根据错误产生的位置不同,其异常传播也不同。

1.　执行部分引发的异常

当一个异常是在块的执行部分引发的,根据当前块是否有该异常的处理器,决定要激活哪个异常处理器。

(1)　如果当前块对该异常设置了处理器,那么执行它并成功完成该块的执行,然后程序控制流程会转到外层语句块,并继续执行。

(2)　如果当前块没有对该异常设置处理器,那么通过在外层语句块的执行部分产生该异常来传播异常,然后对外层语句块执行步骤(1)。

2．声明部分和异常处理引发的异常

当 PL/SQL 语句块的声明部分或者异常处理部分出现运行错误时，该语句块的异常处理部分不能捕获此项错误。如果不存在外部语句块，该程序执行会终止，并将执行权转到主机环境。如果存在外部语句块，该异常会立即传播到外部语句块。

总之，如果在本块中没有处理，最终都将向外层块中传播。因此，通常在程序最外层块的异常处理部分放置 OTHERS 异常处理器，以保证没有错误被漏掉检测，否则错误将传递到调用环境。

8.5　案　例　实　训

例题 8-24： 修改所在部门编号为 30 号的员工工资，保证修改后的工资不超过 8000 元。

```
DECLARE
  v_sal emp.sal%TYPE;
BEGIN
  BEGIN
SELECT sal INTO v_sal FROM emp WHERE demptno=30;
    EXCEPTION
WHEN NO_DATA_FOUND THEN
DBMS_OUTPUT.PUT_LINE('There is not such a person');
END;
  EXCEPTION
WHEN TOO_MANY_ROWS THEN
DBMS_OUTPUT.PUT_LINE('There are more than one person');
END;
```

运行结果为：There are more than one person

因为 30 号部门应该有多条记录，当前语句块没有该异常处理，则通过外层语句块执行部分产生该异常来传播该异常。

本　章　小　结

本章主要介绍 PL/SQL 的特点、基础语法、词法单元、数据类型、控制结构、游标和异常处理机制。重点介绍了 PL/SQL 的程序结构、控制结构和游标的应用。

控制结构主要包括选择结构与循环结构。游标是指向缓冲区的一个指针。一般情况下，SELECT 语句查询结果是多条记录，因此，需要用游标机制将多条记录一次一条地传送到应用程序主程序处理，从而把对集合的操作转换为对单个记录的处理。

习　　题

1．选择题

(1) 带有(　　)子句的 SELECT 语句可以在表的一行或多行上放置排他锁。

A．FOR INSERT　　　　　　　　　　B．FOR UPDATE

C．FOR DELETE   D．FOR REFRESH

(2) 以下不属于命名的 PL/SQL 块的是(   )。

　　A．程序包　　　　B．过程　　　　C．游标　　　　D．函数

(3) 下面(   )包用于显示 PL/SQL 块和存储过程中的调试信息。

　　A．DBMS_OUTPUT　　　　　　　B．DBMS_STANDARD

　　C．DBMS_INPUT　　　　　　　　D．DBMS_SESSION

(4) 用于处理得到单行查询结果的游标为(   )。

　　A．循环游标　　　B．隐式游标　　　C．REF 游标　　　D．显式游标

(5) 要更新游标结果集中的当前行，应使用(   )子句。

　　A．WHERE CURRENT OF　　　　B．FOR UPDATE

　　C．FOR DELETE　　　　　　　　D．FOR MODIFY

(6) 在 Oracle 中，游标都具有以下属性，除了(   )。

　　A．%NOTFOUND　　B．%FOUND　　C．%ROWTYPE　　D．%ISOPEN

(7) 在 Oracle 中，当控制一个显式游标时，以下哪种命令包含 INTO 子句？(   )

　　A．OPEN　　　　　B．CLOSE　　　C．FETCH　　　D．CURSOR

(8) 在 Oracle 中，PL/SQL 程序块必须包括(   )。

　　A．声明部分　　　　　　　　　　B．可执行部分

　　C．异常处理部分　　　　　　　　D．以上都是

(9) 在 PL/SQL 中，下列哪个语句关联的隐式游标可能会引发 TOO_MANY_ROWS 异常？(   )

　　A．INSERT　　　　　　　　　　　B．SELECT INTO

　　C．UPDATE　　　　　　　　　　　D．DELETE

(10) 如果一个游标确定不再使用，可使用(   )命令释放游标所占用的资源。

　　A．CLOSE　　　　　　　　　　　B．DELETE

　　C．FETCH　　　　　　　　　　　D．DEALLOCATE

(11) 在 PL/SQL 中，如何将变量 v1 定义为 emp 表的记录类型？(   )

　　A．v1 emp%type　　　　　　　　B．v1 emp%record

　　C．v1 emp%tabletype　　　　　　D．v1 emp%rowtype

(12) 采用 SELECT 语句返回的结果是一个结果集。如果需要逐行对数据进行访问和操作，可以使用(   )。

　　A．视图　　　　　　B．过程　　　　C．函数　　　　D．游标

(13) 在 SQL*PLUS 环境中可以利用 DBMS_OUTPUT 包中的 PUT_LINE 方法来回显服务器端变量的值，但在此之前要利用一个命令打开服务器的回显功能，这一命令是(   )。

　　A．SET SERVER ON　　　　　　　B．SET SERVERDISPLAY ON

　　C．SET SERVERSHOW ON　　　　　D．SET SERVEROUTPUT ON

2. 简答题

(1) 简述 PL/SQL 的特点。

(2) 简述 PL/SQL 程序结构及各个部分的作用。

(3)　什么是游标？如何分类游标？简述两类游标的区别。

(4)　简述游标的作用和游标操作的基本步骤。

(5)　说明游标与游标变量的区别。

(6)　举例说明%ROWTYPE 与%TYPE 数据类型的区别。

3. 操作题

(1)　编写一个 PL/SQL 块，输出所有员工的员工名、员工号、工资和部门号。

(2)　输入一个员工号，修改该员工的工资，如果该员工为 10 号部门的，工资增加 100元；若为 20 号部门的，工资增加 150 元；若为 30 号部门的，工资增加 200 元；否则增加 300 元。

(3)　分别利用 LOOP 简单循环、WHILE 循环、FOR 循环向 temp_table 表中插入 50 条记录。

(4)　根据输入的员工号，修改该员工工资。如果该员工工资低于 1000 元，则工资增加 200 元；如果工资在 1000～2000 元之间，则增加 150 元；如果工资在 2000～3000 元之间，则增加 100 元；否则增加 50 元。

(5)　根据输入的部门号查询某个部门的员工信息，部门号在程序运行时指定。

(6)　利用 WHILE 循环统计并输出各个部门的平均工资。

(7)　用游标完成修改员工的工资，如果员工的部门号为 10，工资提高 100 元；如果部门号为 20，工资提高 150 元；如果部门号为 30，工资提高 200 元；否则工资提高 250 元。

(8)　使用游标显示部门编号为 10 的员工姓名和工资。

(9)　修改员工号为 1200 的员工工资，将其工资提高 100 元；如果该员工不存在，则向 emp 表中插入一个员工为号 1200、工资为 2000 元的员工。

(10) 查询薪金高于在部门编号为 30 工作的所有员工的薪金的员工姓名和薪金。

第 9 章　PL/SQL 程序设计

本章要点：为了避免编写冗长的 PL/SQL 代码，PL/SQL 程序的模块化、容易移植性是通过各种命名块的开发、应用体现出来的。存储过程和函数统称为 PL/SQL 子程序，它们是被命名的 PL/SQL 块，均存储在数据库服务器中，可以在应用程序中进行调用。本章介绍存储过程、函数、触发器三种数据对象的创建、调用及管理。

学习目标：了解 Oracle 数据库的 PL/SQL 程序设计基本步骤。掌握存储过程、函数、触发器的创建、调用及管理。重点掌握存储过程、函数、触发器的应用。

9.1　存　储　过　程

在大型数据库系统中，有两个很重要作用的功能，那就是存储过程和触发器。在数据库系统中无论是存储过程还是触发器，都是通过 SQL 语句和控制流程语句的集合来完成的。相对来说，数据库系统中的触发器也是一种存储过程。存储过程是指被命名的 PL/SQL 块，一组用于完成特定数据库功能的 SQL 语句集，该 SQL 语句集经过编译后存储在数据库服务器中，可以在应用程序中进行调用，是 PL/SQL 程序模块化的一种体现。存储过程在数据库中运算时自动生成各种执行方式，因此，大大提高了对其运行时的执行速度。大型 Oracle 数据库系统不仅提供了用户自定义存储过程的功能，同时也提供了许多可作为工具进行调用的系统自带存储过程。在调用存储过程时，用户通过指定已经定义的存储过程名字并给出相应的存储过程参数来调用并执行它，从而完成一系列的数据库操作。存储过程的优点如下。

(1) 存储过程是一个编译过的代码块，存储过程只在创造时进行编译，以后每次执行存储过程都不需再重新编译，而一般 SQL 语句每执行一次就编译一次，所以使用存储过程可提高数据库执行速度。

(2) 通过存储过程能够使没有权限的用户在控制之下间接地存取数据库，从而确保数据的安全。

(3) 一个存储过程在网络中交互时使用的 PL/SQL 块，可以替代多条 T-SQL 语句，降低网络的通信量，提高通信速率。

(4) 存储过程可以重复使用，可减少数据库开发人员的工作量。

9.1.1　存储过程的创建

存储过程与其他程序设计语言一样，PL/SQL 也可以根据用户需要创建存储过程，在需要的时候调用执行，这样可以提高代码的重用性和共享性。要创建一个存储过程，必须有 CREATE PROCEDURE 系统权限。创建一个存储过程的基本语法为：

```
CREATE [OR REPLACE] PROCEDURE procedure_name
(parameter1_name [IN|OUT|IN OUT] datatype [DEFAULT|:=value]
[, parameter2_name [mode] datatype [DEFAULT|:=value],…])
AS|IS
    /*Declarative section */
BEGIN
    /*Executable section*/
EXCEPTION
    /*Exception section */
END [procedure_name];
```

使用 REPLACE PROCEDURE 关键词表示如果要创建的过程已经存在，则将其替换为当前定义的过程，同时原有赋予的权限都将被保留。其中 IN、OUT、IN OUT 用来修饰参数，说明如下。

- IN：默认参数模式，表示输入参数，在调用存储过程时需要为输入参数赋值，而且其值不能在过程体中修改。
- OUT：输出参数，存储过程通过输出参数返回值。
- IN OUT：表示 IN 与 OUT 这两种的组合，既可接收传递值，也允许在过程体中修改其值，并可以返回。

例题 9-1： 创建一个以部门号为参数，返回该部门平均工资的存储过程。

```
CREATE OR REPLACE PROCEDURE query_avgsal
(p_deptno emp.deptno%TYPE,p_avgsal OUT emp.sal%TYPE)
AS
BEGIN
   SELECT avg(sal) INTO p_avgsal FROM emp WHERE deptno=p_deptno;
EXCEPTION
   WHEN NO_DATA_FOUND THEN
       DBMS_OUTPUT.PUT_LINE('The deptno is invalid!');
END query_avgsal;
```

例题 9-2： 建立一个输入参数为员工号，输出员工名和工资的存储过程。

```
CREATE OR REPLACE PROCEDURE query_sal
(eno VARCHAR2,p_name OUT VARCHAR2,p_sal OUT NUMBER)
 AS
BEGIN
SELECT ename,sal INTO p_name,p_sal FROM emp WHERE empno=eno;
 EXCEPTION
  WHEN NO_DATA_FOUND THEN raise_application_error(-20000,'该雇员不存在');
END query_sal;
```

9.1.2　存储过程的调用

存储过程经过编译后存储在数据库服务器中，如果不调用是不会执行的，在应用程序中进行调用。调用存储过程时，实参的数量、顺序、类型要与形参的数量、顺序、类型相匹配。在调用时，用户通过指定已经定义的存储过程名字并给出相应的存储过程参数来调用并执行它。

1. 在 SQL*Plus 中调用存储过程

在 SQL*Plus 中调用存储过程可以使用 EXECUTE 或 CALL 命令。

例题 9-3：调用例题 9-1 的存储过程，输出部门编号为 20 号的平均工资。

```
SQL>EXECUTE query_avgsal(20)
```

或：

```
SQL>CALL query_avgsal(20);
```

2. 在 PL/SQL 程序中调用存储过程

在 PL/SQL 程序中，存储过程可以作为一个独立的表达式被调用。

例题 9-4：调用例题 9-2 的存储过程，输出员工号为 7369 的员工名和工资。

```
DECLARE
  v_ename emp.ename%TYPE;
  v_sal  NUMBER;
BEGIN
 query_sal(7369,v_ename,v_sal);
    DBMS_OUTPUT.PUT_LINE(v_ename||' '||v_sal);
END;
```

3. 存储过程综合应用

存储过程的代码直接存放于数据库服务器端，一般由客户端直接通过存储过程的名字进行调用，减少了网络流量，加快了系统执行速度。例如在进行百万以上的大批量数据查询时，使用存储过程分页要比其他方式分页快得多。

例题 9-5：调用例题 9-2 的存储过程，输出员工表(EMP)中每个员工的员工名和工资。

```
DECLARE
  v_ename emp.ename%TYPE;
  v_sal  NUMBER;
BEGIN
For v_emp in (select empno from emp) loop
query_sal(v_emp.empno,v_ename,v_sal);
    DBMS_OUTPUT.PUT_LINE(v_ename||' '||v_sal);
End loop;
END;
```

例题 9-6：创建一个存储过程，以部门号为参数，输出该部门中比平均工资高的员工号与员工名。以部门编号 20 为输入参数，调用该存储过程。

① 定义存储过程。

```
CREATE OR REPLACE PROCEDURE show_emp(
p_deptno emp.deptno%TYPE)
AS
  v_sal emp.sal%TYPE;
BEGIN
SELECT avg(sal) INTO v_sal FROM emp WHERE deptno=p_deptno;
FOR v_emp IN (SELECT * FROM emp WHERE deptno=p_deptno AND sal>v_sal) LOOP
    DBMS_OUTPUT.PUT_LINE(v_emp.empno||' '||v_emp.ename);
END LOOP;
EXCEPTION
  WHEN NO_DATA_FOUND THEN
    DBMS_OUTPUT.PUT_LINE('The department doesn't exists!');
END show_emp;
```

② 调用存储过程。

```
BEGIN
    show_emp(20);
END;
```

例题 9-7：创建一个存储过程，以部门号为参数，返回该部门的最高工资和人数。以部门编号 10 为输入参数，调用该存储过程。

① 定义存储过程。

```
CREATE OR REPLACE PROCEDURE return_deptinfo(
p_deptno emp.deptno%TYPE,
p_maxsal OUT emp.sal%TYPE,
p_count  OUT number)
AS
BEGIN
    SELECT avg(sal),count(*) INTO p_maxsal,p_count FROM emp
    WHERE deptno=p_deptno;
EXCEPTION
    WHEN NO_DATA_FOUND THEN
    DBMS_OUTPUT.PUT_LINE('The department don't exists!');
END return_deptinfo;
```

② 调用存储过程。

```
DECLARE
  v_maxsal emp.sal%TYPE;
  v_count  NUMBER;
BEGIN
  return_deptinfo(10,v_maxsal,v_count);
  DBMS_OUTPUT.PUT_LINE(v_maxsal||' '||v_count);
END;
```

💡 **注意**： ① 当存储过程被调用时，实参与形参之间值的传递方式取决于参数的模式。IN 表示向存储过程传递参数，OUT 表示从存储过程返回参数，而 IN OUT 表示传递参数和返回参数。

② 通常，存储过程不需要返回值，如果需要返回一个值，可以通过函数调用来实现；但是如果希望返回多个值，则可以使用 OUT 或 IN OUT 模式参数来实现。

③ IN 模式参数可以是常量或表达式，当子程序调用结束返回调用环境时，实参没有被改变；OUT 模式参数只能是变量，不能是常量或表达式，当子程序调用结束后返回调用环境时，形参值被赋给实参，实参被改变。

9.1.3　存储过程的管理

1. 修改存储过程

修改存储过程，可以先删除该存储过程，然后重新创建，但是这样需要为新创建的存储过程重新进行权限分配。如果采用 CREATE OR REPLACE PROCEDURE 方式重新创建并覆盖原有的存储过程，则会保留原有的权限分配。例如：

```
SQL>CREATE OR REPLACE PROCEDURE procedure_name;
```

2. 重新编译存储过程

可以使用 ALTER PROCEDURE procedure_name COMPILE 命令重新编译存储过程。例如：

```
SQL>ALTER PROCEDURE procedure_name COMPILE;
```

3. 删除存储过程

删除存储过程使用 DROP PROCEDURE 语句，例如：

```
SQL>DROP PROCEDURE QUERY_SAL;
```

4. 查看存储过程源代码

可通过查询数据字典视图查看当前用户所有的存储过程及其代码。例如：

```
SQL>SELECT text FROM user_source WHERE name='QUERY_SAL';
```

或：

```
SQL>SELECT name,text FROM user_source WHERE type='PROCEDURE';
```

9.2 函　　数

用户定义函数是存储在数据库服务器中，方便用户在应用程序中进行调用。函数用于返回特定数据，执行时需要设置一个变量接收函数的返回值。

9.2.1 函数的创建

函数的创建与存储过程的创建类似，不同之处在于，在一个函数中必须包含一个 RETURN 语句，也就是函数有一个显式的返回值，用于返回特定数据。函数调用是 PL/SQL 表达式的一部分，而过程调用可以是一个独立的 PL/SQL 语句。创建函数的语法格式为：

```
CREATE [OR REPLACE] FUNCTION function_name
(parameter1_name [mode] datatype [DEFAULT|:=value]
[, parameter2_name [mode] datatype [DEFAULT|:=value],…])
RETURN return_datatype
AS|IS
    /*Declarative section is here */
BEGIN
    /*Executable section is here*/
EXCEPTION
    /*Exception section is here*/
END [function_name];
```

函数参数有 IN 模式、OUT 模式、IN OUT 模式三种类型。

- IN：表示输入给函数的参数，该参数只能用于传值，不能被赋值。
- OUT：参数在函数中被赋值，可以传给函数调用程序，该参数只能用于赋值，不能用于传值。

- IN OUT：表示参数既可以传值，也可以被赋值。

例题 9-8：创建一个以部门号为参数，返回该部门平均工资的函数。

```
CREATE OR REPLACE FUNCTION return_avgsal
(p_deptno emp.deptno%TYPE)
RETURN emp.sal%TYPE
AS
    v_avgsal emp.sal%TYPE;
BEGIN
   SELECT avg(sal) INTO v_avgsal FROM emp WHERE deptno=p_deptno;
   RETURN v_avgsal;
EXCEPTION
   WHEN NO_DATA_FOUND THEN
       DBMS_OUTPUT.PUT_LINE('The deptno is invalid!');
END return_avgsal;
```

9.2.2　函数的调用

自定义函数的调用方法跟系统内置函数的调用方法相同，可以直接在 SELECT 语句中调用，也可以在函数中调用。

例题 9-9：调用例题 9-8 中的函数，显示 10 号部门的平均工资。

```
DECLARE
  v_sal emp.sal%TYPE;
BEGIN
    v_sal:=return_avgsal(10);
     DBMS_OUTPUT.PUT_LINE(v_sal);
 END;
```

例题 9-10：调用例题 9-8 中的函数，显示各个部门的平均工资。

```
DECLARE
  v_sal emp.sal%TYPE;
BEGIN
 FOR v_dept IN (SELECT DISTINCT deptno FROM emp)
 LOOP
     v_sal:=return_avgsal(v_dept.deptno);
     DBMS_OUTPUT.PUT_LINE(v_dept.deptno||' '||v_sal);
 END LOOP;
END;
```

例题 9-11：创建一个以部门号为参数的函数，返回该部门名、部门人数及部门最低工资。

```
CREATE OR REPLACE FUNCTION ret_detinfo
(p_deptno emp.deptno%TYPE,p_num out number,p_min out number)
RETURN dept.dname%TYPE
AS
    v_dname dept.dname%TYPE;
BEGIN
   SELECT dname INTO v_dname FROM dept  WHERE deptno=p_deptno;
   SELECT count(*),min(sal) INTO p_num,p_min FROM emp WHERE deptno=p_deptno;
```

```
    RETURN  v_dname;
END ret_detinfo;
```

例题 9-12：调用例题 9-11 中的函数，输出各个部门名、部门人数及部门最低工资。

```
DECLARE
v_minsal emp.sal%TYPE;
v_num number;
v_dnane dept.dname%TYPE;
BEGIN
  FOR v_dept IN (SELECT DISTINCT deptno FROM emp)
  LOOP
      v_dname:=ret_detinfo(v_dept.deptno,v_num,v_minsal);
      DBMS_OUTPUT.PUT_LINE(v_dname||' '|| v_num ||' '||v_minsal);
  END LOOP;
END;
```

注意：① 在函数定义的头部，参数列表之后，必须包含一个 RETURN 语句来指明函数返回值的类型，但不能约束返回值的长度、精度、刻度等。如果使用 %TYPE，则可以隐含地包括长度、精度等约束信息。

② 函数可以在 SQL 语句的 SELECT 语句的目标列、WHERE 和 HAVING 子句、ORDER BY 与 GROUP BY 子句、INSERT 语句的 VALUES 子句中、UPDATES 语句的 SET 子句中调用。

③ 函数的参数只能使用 IN 模式，形式参数类型与返回的数据类型必须使用数据库数据类型。如果需要函数返回多个值，也可以使用 OUT 模式。

④ 函数调用是 PL/SQL 表达式的一部分，而存储过程调用可以是一个独立的 PL/SQL 语句。

⑤ 函数与存储过程的定义与调用有些类似，初学者容易混淆。函数与存储过程的区别如表 9-1 所示。

表 9-1　存储过程与函数的对比

序　号	存储过程	函　数
1	用于在数据库中完成特定的操作或者任务(如插入、删除等)	用于特定的数据
2	程序头部声明用 PROCEDURE	程序头部声明用 FUNCTION
3	程序头部声明时不需要描述返回类型	程序头部声明时需要描述返回类型，而且 PL/SQL 块中至少要包括一个有效的 RETURN 语句
4	可以使用 IN、OUT、IN OUT 三种模式的参数	可以使用 IN、OUT、IN OUT 三种模式的参数
5	存储过程调用可以是一个独立的 PL/SQL 语句	不能独立执行，函数调用是 PL/SQL 表达式的一部分
6	可以通过 OUT、IN OUT 返回零个或多个值	通过 RETURN 语句返回一个值，也可以通过 OUT 类型参数返回值
7	SQL 语句(DML 或 SELECT)中不可调用存储过程	SQL 语句(DML 或 SELECT)中可以调用函数

9.2.3　函数的管理

1. 函数的修改

可以使用 CREATE OR REPLACE FUNCTION 语句重新创建并覆盖原有的函数，例如：

```
SQL>CREATE OR REPLACE FUNCTION ret_maxsal( );
```

2. 查看函数代码

可以通过数据字典视图 user_source 查看当前用户的所有函数及其函数的源代码。例如：

```
SQL>SELECT text FROM user_source WHERE name='RET_MAXSAL';
```

3. 删除函数

自定义函数的删除方法类似于表的删除，为了节省资源，可以使用 DROP FUNCTION 命令删除不需要的函数。例如：

```
SQL>DROP FUNCTION ret_maxsal
```

9.3　触　发　器

9.3.1　触发器概述

1. 触发器的概念与作用

触发器是一种特殊的存储过程，它与数据表紧密联系，编译后存储在数据库服务器中，当特定事件发生时，由系统自动执行。触发器用于保护表中的数据，当一个定义了特定类型触发器的基表执行插入、修改或删除表中数据的操作时，将自动触发触发器中定义的操作，以实现数据的一致性和完整性。触发器拥有比数据库本身标准的功能更精细和更复杂的数据控制能力。

触发器具有以下作用。

(1) 在安全性方面，触发器可以使用户具有操作数据库的某种权力。

(2) 在审计方面，触发器可以跟踪用户对数据库的操作。

(3) 实现复杂的数据完整性规则。

(4) 自动计算数据值，如果数据的值达到了一定的要求，则进行特定的处理。例如，如果商品的数量低于 5，则立即给管理人员发送库存报警信息。

2. 触发器的类型

触发器的类型很多，常用的类型有数据操纵语言(DML)触发器、替代(INSTEAD OF)触发器和系统触发器。各类触发器的作用如表 9-2 所示。

表 9-2　各类触发器的作用

序号	种　类	作　用
1	DML 触发器	创建在表上，由 DML 事件引发的触发器
2	INSTEAD OF 触发器	创建在视图上，用来替换对视图进行的插入、删除和修改操作
3	系统触发器	定义在整个数据库或模式上，触发事件是数据库事件

3. 触发器的组成

触发器由触发头部与触发体两个部分组成，主要包括以下参数。

(1) 触发事件：引起触发器被触发的事件。 例如：DML 语句(如 INSERT、UPDATE、DELETE 语句对表或视图执行数据处理操作)、DDL 语句(如 CREATE、ALTER、DROP 语句在数据库中创建、修改、删除模式对象)、数据库系统事件(如系统启动或退出、异常错误)、用户事件(如登录或退出数据库)。

(2) 触发时间：用于指定触发器在触发事件发生之前(BEFORE)还是之后(AFTER)执行，也就是触发事件和该触发器的操作顺序。

(3) 触发操作：触发器执行时所进行的操作。

(4) 触发对象：包括表、视图、模式、数据库。只有在这些对象上发生了符合触发条件的触发事件，才会执行触发操作。

(5) 触发条件：由 WHEN 子句指定一个逻辑表达式。只有当该表达式的值为 TRUE 时，遇到触发事件才会自动执行触发器，使其执行触发操作。

(6) 触发频率：说明触发器内定义的动作被执行的次数。即语句级触发器和行级触发器。语句级触发器是指当某触发事件发生时，该触发器只执行一次；行级触发器是指当某触发事件发生时，对受到该操作影响的每一行数据，触发器都单独执行一次。

触发器种类比较多，涉及参数及构成要素多，应用比较复杂，尤其对初学者学习有一定难度，编写触发器时，需要注意以下几点。

(1) 触发器是一种特殊的存储过程，触发器不接收参数。

(2) 在一个表上的触发器越多，对在该表上的 DML 操作的性能影响就越大。

(3) 在触发器的执行部分只能用 DML 语句(SELECT、INSERT、UPDATE、DELETE)，不能使用 DDL 语句(CREATE、ALTER、DROP)。

(4) 触发器中不能包含事务控制语句(COMMIT、ROLLBACK、SAVEPOINT)。因为触发器是触发语句的一部分，触发语句被提交、回退时，触发器也被提交、回退了。

(5) 不同类型的触发器(如 DML 触发器、INSTEAD OF 触发器、系统触发器)的语法格式和作用有较大区别。

9.3.2　DML 触发器

1. DML 触发器概述

建立在基本表上的触发器称为 DML 触发器。当对基本表进行数据的 INSERT、UPDATE、DELETE 操作时，会激发相应的 DML 触发器的执行。DML 触发器包括语句级前触发器、语句级后触发器、行级前触发器、行级后触发器四大类，其执行的顺序如下。

(1) 如存在 BEFORE 级别语句触发器，则执行语句级前触发器。

(2) 对于受触发事件影响的每个记录的行级触发器。

● 如果存在，则执行行级前触发器。

● 执行当前记录的 DML 操作(触发事件)。

● 如果存在，则执行行级后触发器。

(3) 如果存在 AFTER 级别语句触发器，则执行语句级后触发器。

在每类触发器内部，根据事件的不同又分为不同种，如针对 INSERT 操作的语句级前触发器、语句级后触发器、行级前触发器、行级后触发器。对于同级别的 DML 触发器，其执行顺序是随机的。

2. 语句级触发器的创建

定义一个触发器时要考虑上述多种情况，并根据具体的需要来决定触发器的种类。创建 DML 触发器需要 CREATE TRIGGER 系统权限。创建 DML 触发器的语法格式如下：

```
CREATE [OR REPLACE] TRIGGER trigger_name
[BEFORE|AFTER trigger_event [OF column_name]
ON table_name
[FOR EACH ROW]
[WHEN trigger_condition]
DECLARE
    /*Declarative section */
BEGIN
    /*Executable section*/
EXCEPTION
    /*Exception section*/
END [trigger_name];
```

其中参数说明如下。

● OR REPLACE：表示如果存在同名触发器，则覆盖原有同名触发器。

● BEFORE、AFTER：说明触发器的类型。

● WHEN trigger_condition：表示当该条件满足时，触发器才能执行。

● trigger_event：指 INSERT、DELETE 或 UPDATE 事件。事件可以并行出现，中间用 OR 连接。

例题 9-13：创建一个触发器，禁止在休息日修改员工信息。

```
CREATE OR REPLACE TRIGGER tr_emp
BEFORE INSERT OR UPDATE OR DELETE ON emp
BEGIN
  IF to_char(sysdate,'DY', 'nls_date_language=american') IN ('SAT','SUN',
'MON') THEN
    raise_application_error(-20001,'不能在休息日修改员工信息');
  END IF;
END;
```

该触发器建立好后，如果在周六、周日修改员工表数据，激活触发器，将会触发错误，结果如下：

```
SQL>DELETE FROM emp WHERE empno=1000;
```

ORA-20001: 不能在休息日修改员工信息
ORA-06512: 在 "SCOTT.TR_EMP", line 3
ORA-04088: 触发器 'SCOTT.TR_EMP' 执行过程中出错

例题 9-14：创建一个触发器，禁止用户删除 DEPT 表中的记录。

```
CREATE OR REPLACE  TRIGGER  del_dept1
BEFORE  DELETE  ON  dept
BEGIN
   IF  DELETING  THEN
   raise_application_error(-20020, '禁止删除表dept中的记录');
   END IF;
END;
```

该触发器建立好后，执行下面语句激活触发器，系统提示禁止删除表 DEPT 的信息。

```
SQL>DELETE FROM dept WHERE deptno=10;
```

例题 9-15：为 EMP 表创建一个触发器，当执行插入操作时，统计操作后员工人数；当执行更新工资操作时，统计更新后员工最低工资；当执行删除操作时，统计删除后各个部门的人数及平均工资。

```
CREATE OR REPLACE TRIGGER trg_emp_dml
AFTER INSERT OR UPDATE OR DELETE ON emp
DECLARE
  v_count NUMBER;v_sal  NUMBER(6,2);
BEGIN
  IF INSERTING THEN
    SELECT count(*) INTO v_count FROM emp;
    DBMS_OUTPUT.PUT_LINE(v_count);
  ELSIF UPDATING THEN
    SELECT min(sal) INTO v_sal FROM emp;
    DBMS_OUTPUT.PUT_LINE(v_sal);
  ELSE
FOR v_dept IN (SELECT deptno,count(*) num,avg(sal) avg_sal
 FROM emp GROUP BY deptno) LOOP
    DBMS_OUTPUT.PUT_LINE(v_dept.deptno||v_dept.num||v_dept.avg_sal);
   END LOOP;
  END IF;
END trg_emp_dml;
```

3. 行级触发器的创建

行级触发器是指执行 DML 操作时，每操作一记录，触发器就执行一次，一个 DML 操作涉及多少个记录，触发器就执行多少次。语句级触发器对每个 DML 语句执行一次，如果一条 INSERT 语句在 TABLE 表中插入 500 行，那么这个表上的语句级触发器只执行一次，而行级的触发器就要执行 500 次。在行级触发器中可以使用 WHEN 条件，进一步控制触发器的执行。在触发器体中，可以对当前操作的记录进行访问和操作。

在行级触发器引入了:new 和:old 标识符，来访问和操作当前被处理记录中的数据。PL/SQL 将:new 和:old 作为 triggering_table%ROWTYPE 类型的两个变量。在不同触发事件中，:new 和:old 的意义不同，如表 9-3 所示。

表 9-3　:new 和:old 标识符含义

触发语句	:old	:new
INSERT	未定义，所有字段都为 NULL	当语句完成时，将要被插入的值
UPDATE	更新前行的原始值	当语句完成时，将要被更新的值
DELETE	行被删除前的原始值	未定义，所有字段都为 NULL

行级触发器引用:new 和:old 标识符时，只能作为单个字段引用，不能作为整个记录引用，使用方法为:new.field 和:old.field，在使用:new 或者:old 的操作时，需要注意以下问题。

(1) 必须是行级触发器，因为:new 或者:old 是当前触发表操作的当前行的新数据或者旧数据，所以必须在行级触发器中才能使用，否则编译时会出现错误。

(2) 当触发器被不同事件触发时，:new 和:old 的意义不同。INSERT 触发操作只有:new，DELETE 触发操作只有:old，UPDATE 触发操作都有。如果违反这些操作，编译时会报错。

(3) 使用触发器时修改:new 的值，只有行级前触发器才能修改:new 的值，而行级后触发器不可以。因为行级前触发器的执行是在本行 DML 操作之前，所以才能修改:new 的值。从逻辑上说，也只有在这时修改才有意义。如果行级后触发器要试图修改:new 的值会报变异错误。从逻辑上说后触发器的执行已经在本行 DML 操作，再修改:new 的值已经不会对数据产生影响了。

(4) 如在 WHEN 触发条件中使用:new 或者:old 标识符，直接写 old 或者 new，不能带符号“:”。

例题 9-16： 创建触发器，修改员工工资时，保证修改后的工资高于修改前的工资。

① 创建触发器。

```
CREATE OR REPLACE TRIGGER trg_ex2
BEFORE UPDATE OF sal ON emp
FOR EACH ROW
WHEN (new.sal<=old.sal)
BEGIN
    RAISE_APPLICATION_ERROR( -20001,'The salary is lower!');
END trg_ex2;
```

② 验证，修改员工号 1236 的工资。

```
SQL>UPDATE emp SET sal=2400 WHERE empno=1236;
    *
ERROR at line 1:
ORA-20001: The salary is lower!
ORA-06512: at "SCOTT.TRG_EMP", line 2
ORA-04088: error during execution of trigger 'SCOTT.TRG_EX2'
```

在行级触发器中，可以使用 WHEN 子句进一步控制触发器的执行。上面例题虽然触发事件 UPDATE 发生了，但是如果修改后的工资大于修改前的工资，则触发器并不执行，而只有当修改后的工资小于或等于修改前的工资时，触发器才执行。

例题 9-17： 为 EMP 表创建一个触发器，保证修改员工工资时，修改后的工资低于 10 号部门最高工资，同时高于 10 号部门的最低工资。

```
CREATE OR REPLACE TRIGGER tr_ex1
BEFORE  UPDATE  ON emp
```

```
FOR EACH ROW
DECLARE
v_sal_1 emp.sal%TYPE;
v_sal_2 emp.sal%TYPE;
BEGIN
   SELECT max(sal) INTO v_sal_1 FROM emp WHERE deptno=10;
SELECT min(sal) INTO v_sal_2 FROM emp WHERE deptno=10;
IF (:new.sal>v_sal_1) or (:new.sal>v_sal_2)     THEN
       RAISE_APPLICATION_ERROR(-20001, '工资修改超出范围,操作取消!');
END IF;
END;
```

例题 9-18：创建触发器 CHECK_SAL，当对职务为 CLERK 的雇员的工资修改超出 500
元至 2000 元的范围时，进行限制。

① 创建触发器。

```
CREATE OR REPLACE TRIGGER CHECK_SAL
     BEFORE UPDATE ON emp
     FOR EACH ROW
     BEGIN
IF :new.job='CLERK' AND (:new.sal<500 OR :new.sal>2000) THEN
       RAISE_APPLICATION_ERROR(-20001, '工资修改超出范围,操作取消!');
END IF;
END;
```

② 验证，更新员工号 7876 的工资。

```
SQL>UPDATE emp SET sal=800 WHERE empno=7876;
SQL>UPDATE emp SET sal=450 WHERE empno=7876;
SQL>COMMIT;
```

执行结果：

```
ERROR 位于第 1 行:
ORA-20001: 工资修改超出范围,操作取消!
ORA-06512: 在"EMP.CHECK_SAL", line 3
ORA-04088: 触发器 'EMP.CHECK_SAL' 执行过程中出错提交完成。
```

③ 检查工资的修改结果。

```
SQL>SELECT empno,ename,job,sal FROM emp WHERE empno=7876;
SQL>UPDATE emp SET sal=450 WHERE empno=7876;
```

执行结果：

EMPNO	ENAME	JOB	SAL
7876	ADAMS	CLERK	800

在触发器中，当 IF 语句的条件满足时，即对职务为 CLERK 的雇员工资的修改超出指
定范围时，用 RAISE_APPLICATION_ERROR 语句来定义一个临时定义的异常，并立即引
发异常。由于触发器是 BEFORE 类型，因此触发器先执行，触发器因异常而终止。通过运
行信息可以看到，第一条语句修改编号为 7876 的雇员 ADAMS 的工资为 800 元，修改语句
成功执行，触发器没有运行。第二条语句修改雇员 ADAMS 的工资为 450 元，激活触发器，
运行发生异常，修改语句执行失败，触发器就阻止了不符合条件的工资的修改。通过查询
可以看到，雇员 ADAMS 最后的工资是 800 元，即发生异常之前的修改结果。

例题 9-19：创建一个行级触发器 CASCADE_UPDATE，当修改部门编号时，EMP 表

的相关行的部门编号也自动修改。该触发器称为级联修改触发器。

```
CREATE TRIGGER CASCADE_UPDATE
AFTER UPDATE OF deptno
ON dept
FOR EACH ROW
BEGIN
UPDATE emp SET emp.deptno=:new.deptno
WHERE emp.deptno=:old.deptno;
END;
```

本例中的 **UPDATE OF deptno** 表示只有在修改表的 deptno 列时才引发触发器，对其他列的修改不会引起触发器的动作。注意，在语句中同时用到了:new 和:old 来引用修改部门编号前后的部门编号。

9.3.3　INSTEAD OF 触发器

INSTEAD OF 触发器是建立在视图上的触发器，只能对视图建立 INSTEAD OF 触发器，而不能对表、模式和数据库建立 INSTEAD OF 触发器。INSTEAD OF 用于对视图的 DML 触发，由于视图有可能是由多个表进行联结而成，因而并非所有的联结都是可更新的，但可以按照所需的方式执行更新。INSTEAD OF 触发器的主要作用是修改一个本来不可以修改的视图。创建 INSTEAD OF 触发器的语法格式如下：

```
CREATE [OR REPLACE] TRIGGER trigger_name
INSTEAD OF triggering_event [OF column_name]
ON view_name
FOR EACH ROW
[WHEN trigger_condition]
DECLARE
    /*Declarative section */
BEGIN
    /*Executable section*/
EXCEPTION
    /*Exception section*/
END [trigger_name];
```

例题 9-20：创建一个包括所有员工的视图，通过视图修改 EMP 表。

① 创建视图 emp_name。

```
CREATE VIEW emp_name AS SELECT ename FROM emp;
```

② 验证，插入一条记录。

```
SQL>INSERT INTO emp_name VALUES('BROWN');
```

向视图直接插入员工名将会发生错误，因为 EMP 表的员工编号列不允许为空。

例题 9-21：创建替代触发器，将向视图插入员工名转换为向 EMP 表插入员工编号和员工名，员工编号取当前的最大员工编号加 1。

① 创建替代触发器。

```
CREATE OR REPLACE TRIGGER change_name
    INSTEAD OF INSERT ON emp_name
    DECLARE
```

```
      V_EMPNO NUMBER(4);
   BEGIN
      SELECT MAX(EMPNO)+1 INTO V_EMPNO FROM EMP;
      INSERT INTO emp(empno,ename)  VALUES(V_EMPNO,:new.ename);
END;
```

② 验证，插入一条记录。

```
SQL>INSERT INTO emp_name VALUES('BROWN');
SQL>COMMIT;
```

创建替代触发器后，向视图直接插入员工名可以正常执行，不会发生错误。

例题 9-22： 创建一个包括员工及其所在部门信息的视图 empdept，然后向视图中插入一条记录信息：(2345,'TOM',3000, 'SALES')。

① 创建视图 empdept。

```
CREATE OR REPLACE VIEW empdept
AS
SELECT empno,ename,sal,dname FROM emp,dept WHERE emp.deptno=dept.deptno
WITH CHECK OPTION;
```

② 验证，插入一条记录。

```
SQL>INSERT INTO empdept VALUES(2345,'TOM',3000,'SALES') ;
SQL> COMMIT;
```

显示错误，不允许虚拟列。

③ 创建替代触发器。

```
CREATE OR REPLACE TRIGGER trig_view
INSTEAD OF INSERT ON empdept
FOR EACH ROW
DECLARE
v_deptno dept.deptno%type;
BEGIN
SELECT deptno INTO v_deptno FROM dept WHERE dname=:new.dname;
INSERT INTO emp(empno,ename,sal,deptno)
VALUES(:new.empno,:new.ename,:new.sal, v_deptno);
END trig_view;
```

④ 验证，插入一条记录，操作可以正常进行。

```
SQL>INSERT INTO empdept VALUES(2345,'TOM',3000,'SALES')
SQL>COMMIT;
```

因为 empdept 视图是建立在多表基础上的，是不可以修改的视图，不能通过该视图插入数据。可以通过建立 INSTEAD OF 触发器，修改该视图。

9.3.4 系统触发器

1. 系统触发器概述

系统触发器指基于 Oracle 数据库系统所建立的一种触发器，是建立在数据库或模式之上的触发器。触发事件包括 DDL 事件(CREATE、ALTER、DROP 语句)和数据库事件

(STARTUP、SHUTDOWN、SERVERERROR、LOGON、LOGOFF)，如表 9-4 所示，系统触发器提供了跟踪系统或数据库变化的机制。

表 9-4　系统触发器的触发事件

事　件	允许计时	描　述
STARTUP	AFTER	当实例开始时激发
SHUTDOWN	BEFORE	当实例关闭时激发
SERVERERROR	AFTER	只要错误发生就激发
LOGON	AFTER	在一个用户成功连接数据库时触发
LOGOFF	BEFORE	在用户注销时开始激发
CREATE	BEFORE,AFTER	在创建一个模式对象之前或之后激发
DROP	BEFORE,AFTER	在删除一个模式对象之前或之后激发
ALTER	BEFORE,AFTER	在更改一个模式对象之前或之后激发

2. 系统触发器的创建

创建数据库系统触发器需要 ADMINISTER DATABASE TRIGGER 系统权限，一般只有系统管理员拥有该权限。其创建语法与 DML 触发器的创建语法类似，创建系统触发器的语法格式如下：

```
CREATE [OR REPLACE] TRIGGER trigger_name
BEFORE|AFTER ddl_event_list|database_event_list
ON DATABASE|SCHEMA
[WHEN trigger_condition]
DECLARE
    /*Declarative section */
BEGIN
    /*Executable section*/
EXCEPTION
    /*Exception section*/
END [trigger_name];
```

系统触发器主要包括基于数据库(DATABASE)与基于模式(SCHEMA)两种。对于基于数据库(DATABASE)的触发器，只要系统中该事件发生，且满足触发条件，则触发器执行；对于基于模式(SCHEMA)的触发器，只有当特定模式中的触发事件发生时，模式级别的触发器才执行。STARTUP 和 SHUTDOWN 事件只能触发基于数据库的触发器。

例题 9-23：创建一个系统触发器，将每个用户的登录信息写入 temp_table 表中

```
CREATE OR REPLACE TRIGGER log_user_connection
  AFTER LOGON  ON DATABASE
  BEGIN
   INSERT INTO scott.temp_table  VALUES(user,sysdate);
  END log_user_connection;
```

例题 9-24：创建一个系统触发器，将用户名、登录时间与 IP 地址写入 log_table 表中。

```
CREATE OR REPLACE TRIGGER tr_logon
AFTER LOGON ON DATABASE
BEGIN
```

```
   INSERT INTO log_table(username,logon_time,address)
   VALUES(ora_login_user,sysdate,ora_client_ip_address);
END tr_logon;
```

其中：ora_login_user 返回登录用户名的事件属性函数，ora_client_ip_address 返回登录用户登录 IP 地址的事件属性函数。

例题 9-25： 创建一个系统触发器，将用户名、退出时间与 IP 地址写入 log_table 表中。

```
CREATE OR REPLACE TRIGGER tr_logoff
BEFORE LOGOFF ON DATABASE
BEGIN
   INSERT INTO log_table(username,logoff_time,address)
   VALUES(ora_login_user,sysdate,ora_client_ip_address);
END tr_logoff;
```

注意： ① 为了记录用户登录和退出事件，分别建立登录和退出触发器，记录登录用户和退出用户名、时间和 IP 地址，首先建立信息表 log_table，表中有用户名、用户登录时间、退出时间、登录的 IP 地址属性。

```
CREATE TABLE log_table(
username varchar2(20),
logon_time date,
logoff_time date,
address varchar2(20))
```

② 登录触发器和退出触发器只能是有特权的用户才能建立，并且登录触发器只能使用 AFTER 关键字，退出触发器只能使用 BEFORE 关键字。

③ 在数据库事件触发器中，可以使用一些事件属性。不同类型的触发器可以使用的事件属性有所不同。

9.3.5　触发器的管理

1. 修改触发器

可以使用 CREATE OR REPLACE TRIGGERS 语句修改触发器，此时不需要为触发器重新分配权限。

2. 查看触发器及其代码

可以通过查询数据字典视图 USER_TRIGGERS 查看当前用户所有的触发器及其代码等信息，也可以查看指定 Oracle 触发器代码。例如：

```
SQL>SELECT Trigger_name,Trigger_Body FROM User_Triggers WHERE
TRIGGER_NAME='TR_1';
```

3. 删除触发器

当不需要触发器时，可以使用 DROP TRIGGER 语句删除。语法格式为：

```
SQL>DROP TRIGGER trigger_name
```

9.4　案 例 实 训

例题 9-26：下面是一个综合的数据库事件触发器实例。首先为当前账户授予创建数据库事件触发器的权限 ADMINISTER DATABASE TRIGGER，然后创建一个数据库事件触发器，将系统事件名称、记录事件发生的时间写入 event_table 表中，最后予以验证。

①　为了记录系统事件名称、事件发生的时间，首先建立信息表 event_table，该表有系统事件名称与事件发生的事件属性。

```
CREATE TABLE event_table(event VARCHAR2(30),time DATE)
```

②　建立启动数据库触发器，将系统事件名称、事件发生的时间写入 event_table 表中。

```
CREATE OR REPLACE TRIGGER tr_startup
AFTER STARTUP ON DATABASE
BEGIN
  INSERT INTO event_table VALUES(ora_sysevent,sysdate);
END tr_startup;
```

③　建立关闭数据库触发器，将系统事件名称、事件发生的时间写入 event_table 表中。

```
CREATE OR REPLACE TRIGGER tr_shutdown
  BEFORE SHUTDOWN ON DATABASE
    BEGIN
      INSERT INTO event_table VALUES(ora_sysevent,sysdate);
    END tr_shutdown;
```

其中：ora_sysevent 用于返回触发触发器的系统事件名，sysdate 为系统时间。

注意：　①　为了跟踪例程启动和关闭事件，分别建立例程启动和关闭触发器。
②　为了记载例程启动和关闭的事件和时间，需要先建立事件表 event_table。
③　例程启动触发器和例程关闭触发器只能是有特权的用户才能建立，并且例程启动触发器只能使用 AFTER 关键字，例程关闭触发器只能使用 BEFORE 关键字。

本 章 小 结

本章主要介绍 Oracle 数据库的 PL/SQL 程序设计基本步骤，重点介绍了存储过程、函数、触发器三种数据对象的创建、调用及管理。

触发器是一种特殊的存储过程，没有参数传递，也没有函数值返回。建立在基本表上的触发器称为 DML 触发器。当对基本表进行数据的 INSERT、UPDATE、DELETE 操作时，会激发相应的 DML 触发器的执行。行级触发器是指执行 DML 操作时，每操作一记录，触发器就执行一次，一个 DML 操作涉及多少个记录，触发器就执行多少次。语句级触发器对每个 DML 语句执行一次。系统触发器指基于 Oracle 数据库系统所建立的一种触发器，是建立在数据库或模式之上的触发器。

习　题

1. 选择题

(1) 定义过程和定义函数的主要区别之一是，定义函数必须使用(　　)返回数据。

    A. RETURN 子句　　　B. THROW　　　　　C. RAISE　　　　　D. TRY

(2) (　　)是用 PL/SQL、Java 和 C 编写的过程，能够在对表或视图执行 DML 语句时执行。

    A. 过程　　　　　　　B. 触发器　　　　　　C. 函数　　　　　D. 程序包

(3) 从本质上来看，(　　)就是命名的 PL/SQL 程序块，它可以被赋予参数，存储在数据库中，然后由另外一个应用或 PL/SQL 例程调用。

    A. 异常　　　　　　　B. 过程　　　　　　　C. 表　　　　　　D. 视图

(4) 在 Oracle 中，当执行一条 DML 语句时即引起触发器执行一次，不论该语句影响几行数据，这种触发器叫作(　　)。

    A. 语句级触发器　　　　　　　　　　　B. 行级触发器

    C. INSTEAD OF 触发器　　　　　　　　D. 数据库触发器

2. 简答题

(1) 简述触发器的种类和对应的作用对象、触发事件。

(2) 简述行级触发器与语句级触发器的区别。

(3) 简述存储过程、函数、触发器的区别。

(4) 举例说明 INSTEAD OF 触发器。

(5) 简述系统触发器包括哪些事件。

3. 操作题

(1) 创建一个函数，以员工号为参数，返回该员工的工资。

(2) 创建一个存储过程，以部门号为参数，查询该部门的平均工资，并输出该部门中比平均工资高的员工号、员工名。

(3) 创建一个存储过程，以部门号为参数，返回该部门的人数和最高工资。

(4) 创建一个以部门号为参数，返回该部门最高工资的函数。

(5) 创建一个触发器，禁止在休息日改变雇员信息。

(6) 为 emp 表创建一个触发器，当执行插入操作时，统计操作后员工人数；当执行更新工资操作时，统计更新后员工平均工资；当执行删除操作时，统计删除后各个部门的人数。

(7) 创建一个 INSERT 触发器，当在员工表 EMP 中插入一条新记录时，给出"你已经插入了一条新记录！"的提示信息。

(8) 创建一个 INSERT 触发器，当在员工表 EMP 中插入一条新记录时，不允许在职工编号中出现重复的编号或出现空值。

(9) 创建一个 INSERT 触发器，当在员工表 EMP 中插入一条新记录时，Deptno(部门号码)必须是已经存在的部门号码，且 Sal 应该在 20000～8000 元之间。

(10) 创建一个 AFTER 触发器，在 DEPT 表中修改某部门编号的记录时，修改其相应的 EMP 表中职工的部门编号。

(11) 创建一个触发器，禁止用户删除 DEPT 表中的记录。

(12) 为 EMP 表创建一个触发器，保证修改员工工资时，修改后的工资低于该部门最高工资，同时高于该部门的最低工资。

第 10 章　安 全 管 理

本章要点：随着计算机的普及以及网络的发展，数据共享是数据库的主要特点之一，特别是基于网络的数据库，保护数据隐私，防范内外部威胁，保证数据安全则更加重要。数据库的安全性是指保护数据库以防止不合法使用所造成的数据泄露、更改或破坏。对于数据库系统而言，安全性是非常重要的。本章将主要介绍 Oracle 数据库基本知识、Oracle 数据库的认证方法、用户管理、权限管理、角色管理、概要文件管理等。

学习目标：理解 Oracle 数据库的安全性概念。掌握 Oracle 数据库的认证方法、用户管理、权限管理、角色管理、概要文件管理等。重点掌握用户管理、权限管理、系统权限与对象权限的区别、概要文件的应用。

10.1　Oracle 数据库安全性概述

随着计算机技术和网络技术的发展，数据库的应用十分广泛。在众多的数据库系统中，Oracle 数据库以其优异的性能、高效的处理速度、极高的安全级别等优点，被许多大型公司所使用。如我国银行、保险、通信等企业，大多都是采用 Oracle 数据库系统处理的。由于 Oracle 数据库系统被广泛应用，因而数据库的安全性问题也变得尤为重要。

数据库的安全性主要包含两个方面的含义：一方面是防止非法用户对数据库的访问，未授权的用户不能登录数据库；另一方面是每个数据库用户都有不同的操作权限，只能进行自己权限范围内的操作。在 Oracle 数据库中，为了防止外部操作对数据的破坏，采取了用户管理、权限管理、角色管理、表空间设置和配额、用户资源限制管理、数据库审计等一系列安全控制机制，以保证数据库的安全性。从总体上而言，Oracle 数据库是业界安全方面最完备的数据库产品。

Oracle 数据库的安全性是从用户登录数据库开始的。用户登录数据库时，系统对用户身份进行认证；当用户通过身份认证，对数据进行操作时，系统检查用户的操作是否具有相应的权限。同时，还要限制用户对存储空间、系统资源等的使用。虽然 Oracle 数据库系统有着极高的安全级别，但依然存在被破坏的可能性。因此，如何提高数据库的安全，防止数据库中的数据被窃取、篡改或者删除，已经成为各界人士所关注的问题。

10.2　用 户 管 理

10.2.1　用户管理概述

用户是数据库的使用者和管理者，用户要访问数据库，用户必须指定有效的数据库用户账户。Oracle 数据库通过设置用户及其安全参数来控制用户对数据库的访问和操作。用户管理是 Oracle 数据库的安全管理核心和基础。

1．用户属性

每个数据库用户都有一个唯一的数据库账户，Oracle 建议采用这种做法，从而避免潜在的安全漏洞，并为特定的审计活动提供有意义的数据。每个数据库用户都包括以下属性：

(1) 唯一的用户名：用户名不能超过 30 个字节，不能包含特殊字符，而且必须以字母开头。

(2) 用户身份认证方法：最常见的验证方法是口令，但是 Oracle Database 11g 支持其他多种验证方法，包括生物统计学验证、证书验证和标记验证。

(3) 默认表空间：如果没有为用户指定默认表空间，则系统将数据库的默认表空间作为用户的默认表空间。

(4) 临时表空间：用户创建临时对象的位置。数据库的默认临时表空间作为用户的临时表空间。

(5) 表空间配额：表空间配额限制用户在永久表空间中可以分配的最大存储空间。

(6) 概要文件：每个用户都必须有一个概要文件，如果没有为用户指定概要文件，Oracle 将为用户自动指定 DEFAULT 概要文件。

(7) 账户状态：在创建用户的同时，可以设定用户口令是否过期、账户是否锁定等的初始状态。常用的账户状态如表 10-1 所示。如果用户口令过期，需要重新为用户指定新口令；账户锁定后，用户就不能与 Oracle 数据库建立连接，必须对账户解锁后才允许用户访问数据库。

表 10-1 常用的账户状态说明

序号	账户状态	说　明
0	OPEN	当前账户是开放的用户，可以自由登录
1	EXPIRED	当前账户已经过期，用户必须在修改密码以后才可以登录系统。在登录的时候，系统会提示修改密码
2	EXPIRED(GRACE)	这是由 password_grace_time 定义的一个时间段，　在用户密码过期以后的第一次登录，系统会提示用户，密码在指定的时间段以后会过期，需要及时修改系统密码
3	LOCKED(TIMED)	这是一个有条件的账户锁定日期，　由 password_lock_time 进行控制，在 lock_date 加上 password_lock_time 的日期以后，账户会自动解锁
4	LOCKED	账户是锁定的，用户不可以登录，必须由安全管理员将账户打开，用户才可以登录

例题 10-1：查询每个用户的账号状态。

```
SQL>SELECT username,account_status FROM dba_users;

USERNAME                   ACCOUNT_STATUS
------------------------   --------------------------
SYS                        OPEN
SYSTEM                     OPEN
DBSNMP                     OPEN
```

Oracle数据库应用开发基础教程

```
SYSMAN                            OPEN
SCOTT                             EXPIRED & LOCKED
MY_USER                           OPEN
```

2．Oracle 认证方法

认证是指对需要使用数据、资源或应用程序的用户进行身份确认。用户成功通过认证后，才能连接数据库。Oracle 提供了多种身份认证方式，包括操作系统身份认证、网络身份认证、Oracle 数据库身份认证、多层身份认证和管理员身份认证等。下面介绍几种常用的认证方法。

1) 操作系统身份认证(OS Authentication)

操作系统身份认证可以很方便地连接到 Oracle，不需要再输入用户名和密码。如果采用操作系统身份认证的方式，则 Oracle 就不需要保存和管理用户密码了，它只需要将用户名保存到数据库中即可。当在服务器本地使用 as sysdba 身份登录数据库时，默认使用操作系统验证，即仅验证发起连接的操作系统用户是否属于 dba 组，如果是 dba 组，则允许登录，否则不允许，而与登录时所使用的数据库用户名和口令无关。如下面代码所示：

```
$id oracle
$sqlplus sys/errpasswd as  sysdba
$sqlplus erruser/errpasswd as  sysdba
$sqlplus  /  as sysdba
SQL>SHUTDOWN IMMEDIATE
```

💡 **注意：** 任何用户只要拥有 sysdba 权限，在登录时以 as sysdba 身份登录，该用户就使用操作系统认证方式。不管是否是 sys 用户，或者密码是否正确，用户都能登录系统，这样存在安全隐患。

在 Linux 默认情况下，sqlnet.ora 文件中的 SQLNET.AUTHENTICATION_SERVICES 的值设置为 ALL，或者不设置的情况下，OS 认证才能成功，设置为其他任何值都不能使用 OS 认证。可把 sqlnet.ora 文件中的 SQLNET.AUTHENTICATION_SERVICES 设置为 NONE，关闭操作系统认证。用户认证方法是基于 Oracle 密码验证，只有正确的 sys 用户与密码才能登录系统。

```
#vi /u01/app/oracle/product/11.2.0/db_1/network/admin/sqlnet.ora
SQLNET.AUTHENTICATION_SERVICES=(NONE)
$sqlplus sys/errpasswd as sysdba
$sqlplus erruser/errpasswd as sysdba
$sqlplus  /  as  sysdba
```

💡 **注意：** 关闭操作系统认证，用户认证方法是基于 Oracle 密码验证。即使用户拥有 sysdba 权限，也不能登录，只有正确的 sys 用户与密码才能登录系统。

2) 口令文件认证(Password file Authentication)

当用户通过网络以 as sysdba 身份登录数据库时，或当禁用操作系统验证后，服务器本地使用 as sysdba 身份登录数据库时将使用口令文件验证，即验证发起连接的数据库用户及口令与口令文件核对一致才允许登录，否则不允许。例如：

```
$ls -l  /u01/app/oracle/product/11.2.0/db_1/dbs/orapwora11
```

```
SQL>SELECT * FROM v$pwfile_users;
$sqlplus system/lnsystem as sysdba
```

💡 **注意：**　只有 sys 用户拥有 sysdba 权限，system 用户没有 sysdba 权限，所以 system 用户不能登录。因操作系统认证优先口令文件认证，只有关闭操作系统认证，口令文件认证才能生效。

3）　Oracle 数据库身份认证(Database Authentication)

Oracle 数据库使用存储在数据库中的信息对试图连接数据库的用户进行身份认证。为了建立数据库身份验证机制，在创建用户时，需要指定相应的用户密码。当通过网络不使用 as sysdba 身份连接数据库，或在服务器本地不使用 as sysdba 身份登录数据库时，默认使用数据库验证，即到数据库中验证该数据库用户及口令是否正确，只有提供匹配的用户名和密码，才能够登录到 Oracle 数据库；否则，不允许登录数据库。Oracle 数据库以加密格式将密码存储在数据字典中，其他用户不能查看密码数据，但用户可以随时修改自己的密码。

3．Oracle 数据库初始用户

在创建 Oracle 数据库时会自动创建一些用户，这些用户大多数是用于管理的账户。由于其口令是公开的，所以创建后大多数都处于封锁状态，需要管理员对其进行解锁并重新设定口令。在这些用户中，有下列 4 个比较特殊的用户。

(1)　SYS：被授予了 DBA 角色和 SYSDBA 权限，是数据库中具有最高权限的数据库管理员。

(2)　SYSTEM：被授予 SYSOPER 权限，是一个辅助的数据库管理员，不能启动和关闭数据库，但可以创建用户、删除用户等。

(3)　SCOTT：是一个用于测试网络连接的用户，其口令为 TIGER。

(4)　PUBLIC：是包括数据库中所有用户的一个用户组，要为数据库中每个用户都授予某个权限。

10.2.2　创建用户

在 Oracle 数据库中，创建用户操作一般由 DBA 用户来完成，如果以其他用户身份创建用户，要求该用户具有 CREATE USER 的系统权限。创建一个用户后，将同时在数据库中创建一个同名模式，该用户拥有的所有数据库对象都在该同名模式中。创建用户的基本语法格式如下：

```
CREATE USER <username> IDENTIFIED BY <pwd>
[DEFAULT TABLESPACE tablespace_name]
[TEMPORARY TABLESPACE temp_tablespace_name]
[QUOTA n K|M|UNLIMITED ON tablespace_name]
[PROFILE profile_name]
[PASSWORD EXPIRE]
[ACCOUNT LOCK | UNLOCK];
```

其参数说明如下。

- username：所创建用户名。
- pwd：指定用户密码。
- DEFAULT TABLESPACE：指定用户默认的表空间，如果没有指定，Oracle 将数据库默认表空间作为用户的默认表空间。
- TEMPORARY TABLESPACE：指定用户临时表空间。
- QUOTA：指定表空间配额，用来设置用户对象在表空间上可占用的最大空间。
- PROFILE：为用户指定概要文件，默认的概要文件为 DEFAULT。
- PASSWORD EXPIRE：指定口令到期后，强制用户在登录时修改口令。
- ACCOUNT LOCK(UNLOCK)：设置用户初始状态为锁定(不锁定)，默认为不锁定。

例题 10-2：在 ora11 数据库中创建名为"my_user1"的用户账户，用户密码为 user123。

```
SQL>CONN / as sysdba
SQL>CREATE USER my_user1 IDENTIFIED BY user123;
```

> **注意**：① 初始创建的用户没有任何权限，不能执行任何数据库操作。必须为用户授予适当的权限，用户才可以进行相应的数据库操作。例如，授予用户 CREATE SESSION 权限后，用户才可以连接到数据库。
> ② 如果不指定 DEFAULT TABLESPACE，Oracle 会将数据库默认表空间作为用户的默认表空间。

例题 10-3：创建一个用户 my_user2，口令为 user2，默认表空间为 USERS，在该表空间的配额为 8MB，初始状态为锁定。

```
SQL>CREATE USER my_user2 IDENTIFIED BY user2
2  DEFAULT TABLESPACE USERS QUOTA 8M ON USERS ACCOUNT LOCK;
```

例题 10-4：创建一个用户 user3，口令为 user3，默认表空间为 USERS，在该表空间的配额为 10MB。口令设置为过期状态。概要文件为 my_profile(假设该概要文件已经创建)。

```
SQL>CREATE USER user3 IDENTIFIED BY user3 DEFAULT TABLESPACE USERS
2  QUOTA 10M ON USERS PROFILE my_profile PASSWORD EXPIRE;
```

10.2.3　修改用户

用户创建后，数据库管理员可以根据需要对用户口令、认证方式、默认表空间、临时表空间、表空间配额、概要文件和用户状态等信息进行修改。修改数据库用户使用 ALTER USER 语句实现。

例题 10-5：将用户 scott 解锁，口令修改失效，修改口令为 tiger。

```
SQL>ALTER USER scott ACCOUNT UNLOCK;
SQL>ALTER USER scott PASSWORD EXPIRE;
SQL>ALTER USER scott IDENTIFIED BY tiger;
```

例题 10-6：将用户 my_user2 的口令修改为 user23，同时将该用户解锁。

```
SQL>ALTER USER my_user2 IDENTIFIED BY user23 ACCOUNT UNLOCK;
```

例题 10-7：将用户 scott 加锁。

```
SQL>ALTER USER scott ACCOUNT LOCK;
SQL>CONN scott/tiger
```

给 scott 用户加锁的窗口如图 10-1 所示。

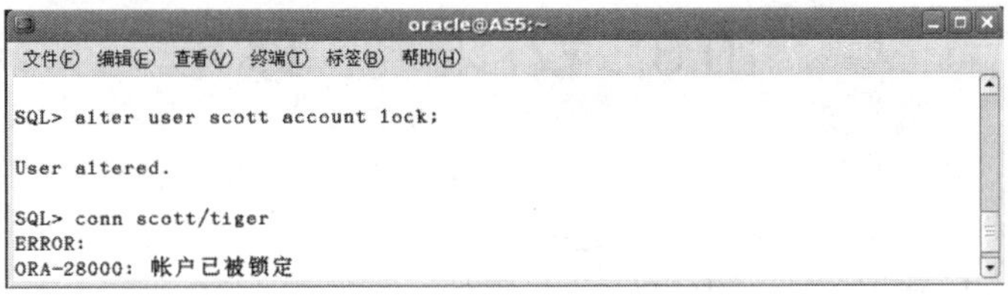

图 10-1　给 scott 用户加锁

例题 10-8：修改用户 user3 的默认表空间为 ora11tbs1，在该表空间的配额为 10MB，在 USERS 表空间的配额为 8MB。

```
SQL>ALTER USER user3 DEFAULT TABLESPACE ora11tbs1 QUOTA 10M
2  ON ora11tbs1 QUOTA 8M ON USERS;
```

10.2.4　删除用户

删除用户操作一般由 DBA 用户来完成，当一个用户被删除时，其所拥有的所有对象也随之被删除。删除用户语句的基本语法为：

```
DROP USER username [ CASCADE ];
```

其中：CASCADE 用来删除包含数据库对象的用户。

例题 10-9：删除用户 my_user1。

```
SQL>DROP USER my_user1;
```

10.2.5　查询用户信息

可以通过查询数据字典视图或动态性能视图来获取用户创建时间、用户账号状态、所在的默认表空间、用户的登录时间、用户会话号等信息。

例题 10-10：查看数据库所有用户名、账号状态及其默认表空间。

```
SQL>SELECT username,account_status,default_tablespace FROM dba_users;
```

查询结果如图 10-2 所示。

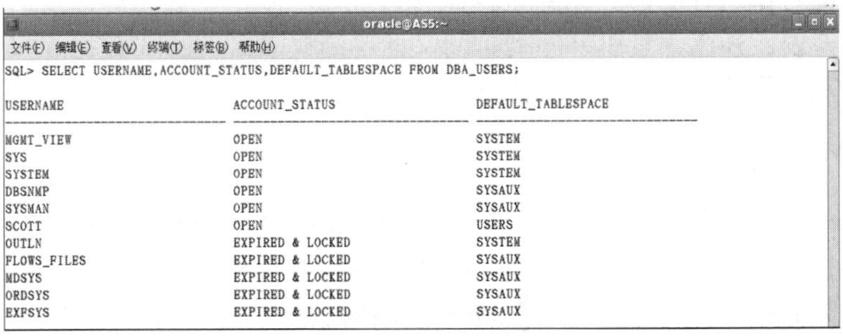

图 10-2　查询用户信息

例题 10-11: 查看数据库中各用户的登录 ID 号、登录时间、会话号。

```
SQL>SELECT SID,logon_time,username FROM v$session;
```

10.3 权 限 管 理

权限(Privilege)是用户对某一数据对象的操作权力。Oracle 数据库使用权限来控制用户对数据的访问和用户所能执行的操作。建立用户时，用户没有任何权限，不能执行任何数据库操作。在 Oracle 数据库中，用户权限有两种：系统权限和对象权限。

10.3.1 系统权限

系统权限是指在数据库级别执行某种操作的权限，或针对某一类对象执行某种操作的权限。系统权限是 Oracle 里已经规定好的权限，这些权限是不能自己去扩展的。Oracle 提供了多种系统权限，可以将系统权限授予用户、角色、PUBLIC 用户组。由于系统权限有较大的数据库操作能力，因此，应该将系统权限合理地授予不同管理层次的用户。常用的系统权限如表 10-2 所示。

表 10-2 常用的系统权限

系统权限	描 述
CREATE SESSION	连接到数据库
CREATE TABLE	创建表
CREATE ANY TABLE	在任何方案中建表
DROP TABLE	删除表
DROP ANY TABLE	删除任何方案中的表
CREATE PROCEDURE	创建存储过程
EXECUTE ANY PROCEDURE	执行任何方案中的存储过程
CREATE TRIGGER	创建触发器
CREATE USER	创建用户
DROP USER	删除用户

应根据用户不同的身份，授予相应的系统权限。例如，数据库管理员可以拥有对数据库任何模式中的对象进行创建、删除、修改等管理的权限；而数据库开发人员应该具有在自己模式下创建表、视图、索引、序列、同义词等的权限。Oracle 数据库权限管理的过程就是权限授予和回收的过程。

1. 系统权限的授权

在 Oracle 数据库系统中，定义系统权限称为授权(Authorization)。系统权限操作一般由 DBA 用户来完成，如果以其他用户操作，要求该用户具有相应的系统权限。在 Oracle 数据库中，系统权限的授予使用 GRANT 语句，基本语法格式如下：

```
GRANT system_privilege TO username|rolename | PUBLIC [ WITH ADMIN OPTION ];
```

其中：

- system_privilege：表示系统权限，多个权限以逗号分隔。
- username：表示用户，多个用户以逗号分隔。
- rolename：表示角色，多个角色以逗号分隔。
- PUBLIC：表示对系统中所有用户授权，如果将某个权限授予 PUBLIC 用户组，则数据库中所有用户都具有该权限。
- WITH ADMIN OPTION：表示被授权的用户、角色可以将相应的系统权限授予其他用户或角色，即系统权限的传递性。

💡 注意： 给用户授予系统权限时，只有 DBA 才应当拥有 ALTER DATABASE 系统权限；普通用户一般只具有 CREATE SESSION 系统权限；应用程序开发者一般需要拥有 CREATE TABLE、CREATE VIEW 和 CREATE INDEX 等系统权限。

例题 10-12：以 "SYS" 用户登录，创建名为 "my_user" 的用户账户，并授予该用户 CREATE SESSION 和 CREATE TABLE 系统权限。

```
SQL>CONN / AS SYSDBA
SQL> CREATE USER my_user IDENTIFIED BY aaa;
SQL>GRANT CREATE SESSION,CREATE TABLE TO my_user;
```

💡 注意： 创建用户 my_user 之后，如果没有授予 CREATE SESSION 权限，用户 my_user 是不能登录的。只有授予 CREATE SESSION 权限，用户 my_user 才能登录。

例题 10-13：创建用户 user2，为用户 user2 授予 CREATE SESSION、CREATE TABLE、CREATE VIEW 系统权限。

```
SQL>CREATE USER user2 IDENTIFIED BY user123;
SQL>GRANT CREATE SESSION,CREATE TABLE,CREATE VIEW to user2;
```

例题 10-14：创建用户 Jeff，为用户 Jeff 授予 CREATE SESSION、CREATE TABLE、CREATE VIEW 系统权限。Jeff 获得权限后，为用户 Emi 授予 CREATE TABLE 权限。

```
SQL>CONNECT / as sysdba;
SQL>CREATE USER Jeff IDENTIFIED BY Jeff;
SQL>CREATE USER Emi IDENTIFIED BY Emi;
SQL>GRANT CREATE SESSION,CREATE TABLE,CREATE VIEW TO Jeff
2  WITH ADMIN OPTION;
SQL>CONNECT Jeff/Jeff@ora11
SQL>GRANT CREATE TABLE TO Emi;
```

2. 系统权限的回收

数据库管理员或系统权限传递用户可以将用户所获得的系统权限回收。系统权限回收使用 REVOKE 语句，基本语法为：

```
REVOKE system_privilege FROM username | role | PUBLIC;
```

例题 10-15：撤销用户 "my_user" 的连接数据库的权限，并进行测试。

```
SQL>REVOKE CREATE SESSION FROM my_user;
SQL>CONN my_user/aaa;
```

运行结果显示用户不能连接，因为没有 CREATE SESSION 权限。

例题 10-16：SYS 用户和 SYSTEM 用户分别给 my_user1 用户授予 CREATE TABLE 系统权限，当 SYS 用户回收 my_user1 用户的 CREATE TABLE 系统权限后，用户 my_user1 不再具有 CREATE TABLE 系统权限。

```
SQL>CONNECT / AS SYSDBA
SQL>GRANT CREATE TABLE TO my_user1;
SQL>CONNECT system/manager@ora11
SQL>GRANT CREATE TABLE TO my_user1;
SQL>CONNECT my_user1/user1@ora11
SQL>CREATE TABLE test1(sno NUMBER,sname CHAR(10));
SQL>CONNECT/AS SYSDBA
SQL>REVOKE CREATE TABLE FROM my_user1;
SQL>CONNECT my_user1/user1@ ora11
SQL>CREATE TABLE test2(sno NUMBER,sname CHAR(10));
```

第 1 行出现错误：

ORA-01031：权限不足

在上面例题中，说明了多个管理员授予用户同一个系统权限后，其中一个管理员回收其授予该用户的系统权限时，该用户将不再拥有相应的系统权限。

例题 10-17：在例 10-14 中，为了终止 Jeff 用户将获得的 CREATE SESSION、CREATE TABLE、CREATE VIEW 系统权限再授予其他用户，需要先回收 Jeff 用户的相应系统权限，然后给 Jeff 用户重新授权，但不使用 WITH ADMIN OPTION 子句。

```
SQL>CONNECT/as sysdba
SQL>REVOKE CREATE SESSION,CREATE TABLE,CREATE VIEW FROM Jeff;
SQL>GRANT CREATE SESSION,CREATE TABLE,CREATE VIEW TO Jeff;
```

例题 10-18：从例 10-14 可知，用户 Jeff 被授予 CREATE TABLE 系统权限。Jeff 获得权限后，为用户 Emi 授予 CREATE TABLE 权限。当 SYS 用户回收 Jeff 的 CREATE TABLE 权限后，用户 Emi 仍然具有 CREATE TABLE 权限。

```
SQL>CONNECT / AS SYSDBA
SQL>REVOKE CREATE TABLE FROM Jeff;
SQL>CONNECT Emi/Emi@ora11
SQL>CREATE TABLE test(sno NUMBER,sname CHAR(10));
```

当 SYS 用户回收 Jeff 的 CREATE TABLE 权限后，并不影响 Emi 用户从 Jeff 用户处获得的 CREATE TABLE 权限。如果该用户的系统权限被回收后，并不会级联收回其他用户相同的系统权限。系统权限回收的关系如图 10-3 所示。

💡 **注意**： ① 给某一个用户授权时使用了 WITH ADMIN OPTION 子句，因此，该用户获得的系统权限具有传递性，并且可以给其他用户授权。如果该用户的系统权限被回收后，其他用户的系统权限并不受影响。

② 系统权限无级联，即 A 授予 B 权限，B 授予 C 权限，如果 A 收回 B 的权限，C 的权限不受影响；系统权限可以跨用户回收，即 A 可以直接收回 C 用户的权限。

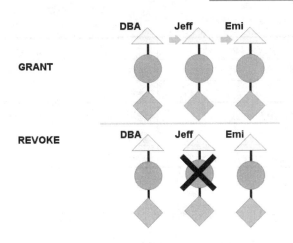

图 10-3 撤销用户 Jeff 权限

例题 10-19：执行下面的命令，查看 MARY 与 TEST 用户是否具有 CREATE TABLE 权限。

```
SQL>SELECT name FROM system_privilege_map;
SQL>GRANT create any table TO mary WITH ADMIN OPTION;
SQL>SELECT * FROM dba_sys_privs WHERE grantee='MARY';
SQL>CONNECT mary/mary123
SQL>CREATE TABLE scott.ttt (I number);
SQL>GRANT create any table TO test;
SQL>CONNECT / AS sysdba
SQL>SELECT * FROM dba_sys_privs WHERE grantee='TEST';
SQL>REVOKE create any table FROM mary;
SQL>SELECT * FROM dba_sys_privs WHERE grantee='MARY';
SQL>SELECT * FROM dba_sys_privs WHERE grantee='TEST';
```

执行上述命令，MARY 的 CREATE TABLE 权限被收回了，不具有 CREATE TABLE 权限，但 TEST 用户仍然具有 CREATE TABLE 权限。

10.3.2 对象权限

1. 对象权限分类

对象权限是指对某个特定的数据库对象(如表和视图)执行某种操作的权限，如对特定表的插入、删除、修改、查询的权限。对象权限的管理实际上是对象所有者对其他用户操作该对象的权限管理。在 Oracle 数据库中，不同类型的模式对象有不同的对象权限，而有的对象并没有对象权限，只能通过系统权限进行控制，如簇、索引、触发器等。常用的对象权限如表 10-3 所示。

表 10-3 常用的对象权限

对象权限	适合对象	描 述
SELECT	表、视图、序列	进行数据查询
INSERT	表、视图	进行数据插入

对象权限	适合对象	描　述
UPDATE	表、视图	进行数据更新
DELETE	表、视图	进行数据删除
EXECUTE	存储过程、函数、包	调用或执行相关数据库对象如包、存储过程等
ALTER	表、序列	修改相关数据库对象，如表、序列等对象
ALL	具有对象权限的所有模式对象	所有对象权限

2. 对象权限的授权

在 Oracle 数据库中，为用户授予某个数据库对象权限的语法为：

```
GRANT object_ privilege | ALL ON [ schema.] object TO username | rolename
[WITH GRANT OPTION];
```

其中：

- object_ privilege：表示对象权限列表，以逗号分隔。
- [schema.]object：表示指定的模式对象，默认为当前模式中的对象。
- username：表示用户列表，以逗号分隔。
- rolename：表示角色列表，以逗号分隔。
- WITH GRANT OPTION：表示允许对象权限接收者把此对象权限授予其他用户。

例题 10-20：将 scott 模式下的 emp 表的 SELECT、INSERT、UPDATE 权限授予 userl 用户。

```
SQL>CONNECT / AS SYSDBA
SQL>GRANT SELECT,INSERT,UPDATE ON scott.emp TO userl;
```

例题 10-21：将 scott 模式下的 emp 表的 SELECT、INSERT、UPDATE 权限授予 user2 用户。user2 用户再将 emp 表的 SELECT、UPDATE 权限授予 user3 用户。

```
SQL>CONNECT / AS SYSDBA
SQL>GRANT SELECT,INSERT,UPDATE ON scott.emp TO user2
2  WITH GRANT OPTION;
SQL>CONNECT user2/user2@ora11
SQL>GRANT SELECT,UPDATE ON scott.emp TO user3;
```

3. 对象权限回收

在 Oracle 数据库中，对象权限回收的基本语法为：

```
REVOKE object_ privilege | ALL ON [schema.]object FROM username | rolename ;
```

例题 10-22：回收 user1 用户在 scott 模式下 emp 表上的 SELECT、UPDATE 权限。

```
SQL>REVOKE SELECT,UPDATE ON scott.emp FROM user1;
```

例题 10-23：将例 10-21 中 user2 用户在 scott 模式下的 emp 表的 SELECT、UPDATE 权限收回。

```
SQL>REVOKE SELECT,UPDATE ON scott.emp FROM user2;
```

虽然只收回了 user2 用户在 scott 模式下的 emp 表的 SELECT、UPDATE 权限，但同时系统也自动收回了 user3 用户在 scott 模式下相应的权限。

💡 注意：　　给某一个用户授权时使用了 WITH GRANT OPTION 子句，因此，该用户获得的对象权限具有传递性，并且可以给其他用户授权。如果该用户的对象权限被回收，则其他用户的对象权限也被回收。

例如，当 SYS 用户回收 Jeff 用户在 scott.emp 表上的 SELECT、INSERT 对象权限后，Emi 用户从 Jeff 用户获得的在 scott.emp 表上的 SELECT、INSERT 对象权限也被回收，对象权限回收的级联关系如图 10-4 所示。

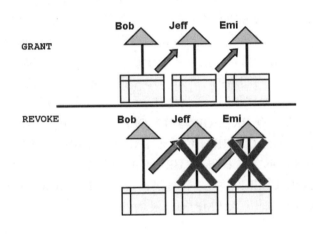

图 10-4　撤销用户 Jeff 权限

例题 10-24： 执行下面的命令，查看 MARY 与 TEST 用户是否具有在 scott.emp 表上的 SELECT 权限。

```
SQL>GRANT select on scott.dept TO mary WITH GRANT OPTION;
SQL>SELECT * FROM dba_tab_privs WHERE grantee='MARY';
SQL>CONNECT mary/mary123
SQL>SELECT * FROM  scott.dept;
SQL>GRANT select on scott.dept TO test;
SQL>CONNECT  /  as sysdba
SQL>SELECT * FROM dba_tab_privs WHERE grantee='TEST';
SQL>REVOKE select on scott.dept FROM mary;
SQL>SELECT * FROM dba_tab_privs WHERE grantee='MARY';
SQL>SELECT * FROM dba_tab_privs WHERE grantee='TEST';
```

执行上述命令，MARY 的在 scott.emp 表上的 SELECT 权限被收回了，不具有在 scott.emp 表上的 SELECT 权限，同时 TEST 用户相应具有在 scott.emp 表上的 SELECT 权限被收回。

4．查询权限信息

通过数据字典视图 dba_tab_privs，可以查看所有用户或角色拥有的对象权限；通过数据字典视图 user_tab_privs，可以显示当前用户拥有的对象权限。可以通过下列数据字典视图查询数据库权限信息。

例题 **10-25**：查询当前用户所具有的系统权限。

```
SQL>SELECT * FROM user_sys_privs;
```

10.4 角 色 管 理

10.4.1 Oracle 数据库角色概述

所谓角色就是一系列相关权限的集合。可以将要授权相同身份用户的所有权限先授予角色，然后将角色授予用户，这样用户就得到了该角色所具有的所有权限，从而简化了权限的管理。角色权限的授予与回收和用户权限的授予与回收完全相似，所有可以授予用户的权限也可以授予角色。通过角色向用户授权的过程实际上是一个间接的授权过程。

角色是对用户的一种分类管理方法，类似于在业务系统中经常提到的"建岗授权"，不同权限的用户可以分为不同的角色。例如，DBA 角色是 Oracle 创建的时候自动生成的角色，它包含大多数数据库的操作权限，因此只有系统管理员才能够被授予 DBA 角色。例如，在某单位人事管理系统中，有 HR_MGR 与 HR_CLERK 两个角色，权限、角色、用户之间的关系如图 10-5 所示。向 HR_CLERK 角色授予了对职工表(EMP)表的 SELECT 和 UPDATE 权限以及 CREATE SESSION 系统权限。向 HR_MGR 角色授予了对职工表(EMP)的 DELETE 和 INSERT 权限以及 HR_CLERK 角色。管理员被授予了 HR_MGR 角色，现在管理员就具有查询、删除、插入和更新职工表(EMP)的权限。

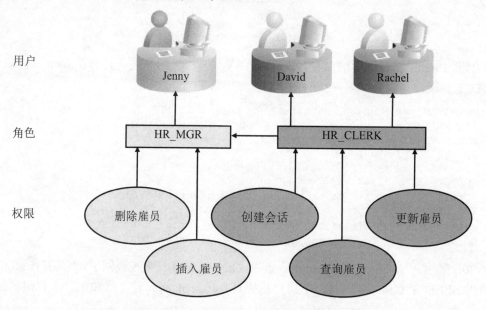

图 10-5 权限、角色、用户之间的关系

在 Oracle 数据库中，角色分系统预定义角色和用户自定义角色两类。系统预定义角色指在 Oracle 数据库创建时由系统自动创建的一些常用的角色，这些角色已经由系统授予了相应的权限。Oracle 数据库允许用户自定义角色，并对自定义角色进行权限的授予与回收。同时允许对自定义的角色进行修改、删除和使角色生效或失效。为了方便管理用户权限，

Oracle 提供了一系列预定义的系统角色，DBA 可以直接利用预定义的角色为用户授权，也可以修改预定义角色的权限。也就是说，如果没有特殊的需要，DBA 可以不用自定义角色，而是使用系统提供的角色就足够了。表 10-4 列出了几个常用的预定义角色及其具有的系统权限。

表 10-4　常用的 Oracle 预定义系统角色

系统内置角色	描　述
CONNECT	具有 CREATE(ALTER)SESSION、CREATE TABLE、CREATE VIEW、CREATE SEQUENCE 等权限
RECOURCE	具有 CREATE TABLE、CREATE SEQUENCE、CREATE　PROCEDURE、CREATE TRIGGER 等权限
DBA	具有所有的系统权限和 WITH ADMIN OPTION 选项
EXP_FULL_DATABASE 和 IMP_FULL_DATABASE	具有执行数据库导出操作的权限、具有执行数据库导入操作的权限

10.4.2　自定义角色

1. 创建角色

自定义角色是在建立数据库后由 DBA 用户创建的角色。该类角色初始没有任何权限，为了使角色起作用，可以为其授予相应的权限。角色不仅可以简化权限管理，还可以通过禁止或激活角色控制权限的可用性。如果预定义的角色不符合用户的需要，数据库管理员还可以根据自己的需求创建更多的自定义角色。创建角色的基本语法如下：

```
CREATE ROLE rolename [ NOT IDENTIFIED ] | [ IDENTIFIED BY password ];
```

其中：

- rolename：用于指定自定义角色名称。
- NOT IDENTIFIED：指定该角色生效时不需要口令，适合于公用角色或用户默认角色。
- IDENTIFIED BY password：指创建验证方式的角色，适合于用户私有角色，激活角色时，必须提供口令。

如果角色是公用角色或用户的默认角色，可以采用非验证方式。建立角色时，如果不指定任何验证方式，表示该角色使用非验证方式，也可以通过指定 NOT IDENTIFIED 选项使角色为非验证方式。

例题 10-26：创建一个公用角色"public_role"。

```
SQL>CONN SYSTEM/***
SQL>CREATE ROLE public_role;
```

例题 10-27：对于用户所需的私有角色而言，建立角色时应为其提供密码，创建一个私有角色"low_role"。

```
SQL>CREATE ROLE low_role IDENTIFIED BY lowrole;
```

2. 角色权限的授予与回收

创建一个角色后，如果不给角色授权，那么角色是空的，没有任何权限。因此，在创建角色后，需要给角色授予适当的系统权限、对象权限或已有角色。角色权限的授予与回收和用户权限的授予与回收的语法基本一致，详见 10.3 节。但是需要注意，系统权限 UNLIMITED TABLESPACE 和对象权限的 WITH GRANT OPTION 选项不能授予角色；不能用一条 GRANT 语句同时授予系统权限和对象权限。

例题 10-28：为公用角色"public_role"授权。

```
SQL>GRANT CREATE SESSION TO public_role WITH ADMIN OPTION;
SQL>GRANT SELECT,INSERT,UPDATE ON scott.emp TO public_role;
```

例题 10-29：收回公用角色"public_role"授权对学生表的 INSERT、UPDATE 权限。

```
SQL>REVOKE INSERT,UPDATE ON 学生表 FROM public_role;
```

3. 修改角色

修改角色是指为角色添加口令、取消角色口令的认证方式。修改角色的语法为：

```
ALTER ROLE role_name [ NOT IDENTIFIED ] | [ IDENTIFIED BY password ];
```

例如，为 high_role 角色添加口令，取消 low_role 角色口令。

```
SQL>ALTER ROLE high_role IDENTIFIED BY highrole;
SQL>ALTER ROLE low_role NOT IDENTIFIED;
```

4. 删除角色

如果不再需要某个角色，则可以使用 DROP ROLE 语句删除角色。角色被删除后，原来拥有该角色的用户就不再拥有该角色了，相应的权限也就没有了。例如，删除 low_role 角色：

```
SQL>DROP ROLE low_role;
```

5. 给用户或角色分配角色或回收角色

角色由系统权限和对象权限组成，就像系统权限和对象权限一样，可以将其授予给用户或其他角色，也可以从用户或其他角色撤销。授予角色的基本语法如下：

```
GRANT role_name TO user | role_name [ WITH ADMIN OPTION ];
```

例题 10-30：将角色"public_role"分配给用户"my_user"。

```
SQL>GRANT public_role TO my_user;
```

例如，从用户"my_user"回收角色 high_role，代码如下：

```
SQL>REVOKE high_role FROM my_user;
```

10.4.3 查询角色信息

可以通过以下数据字典视图或动态性能视图获取数据库角色相关信息。

- dba_roles：包含数据库中所有角色及其描述。

- dba_role_privs：包含为数据库中所有用户和角色授予的角色信息。
- role_sys_privs：为角色授予的系统权限信息。
- role_tab_privs：为角色授予的对象权限信息。
- session_privs：当前会话所具有的系统权限信息。
- session_roles：当前会话所具有的角色信息。

可以通过数据字典视图 dba_roles 查询当前数据库中所有的预定义角色，通过 dba_sys_privs 查询各个预定义角色所具有的系统权限。

例题 10-31：查询当前数据库的所有预定义角色。

```
SQL>SELECT * FROM dba_roles;
```

查询结果窗口如图 10-6 所示。

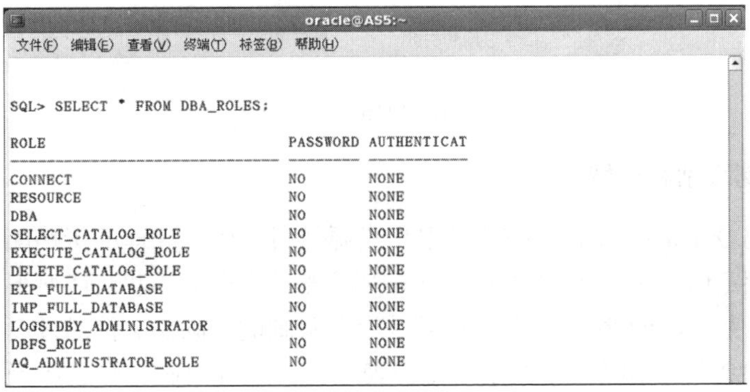

```
SQL> SELECT * FROM DBA_ROLES;

ROLE                           PASSWORD AUTHENTICAT
------------------------------ -------- -----------
CONNECT                        NO       NONE
RESOURCE                       NO       NONE
DBA                            NO       NONE
SELECT_CATALOG_ROLE            NO       NONE
EXECUTE_CATALOG_ROLE           NO       NONE
DELETE_CATALOG_ROLE            NO       NONE
EXP_FULL_DATABASE              NO       NONE
IMP_FULL_DATABASE              NO       NONE
LOGSTDBY_ADMINISTRATOR         NO       NONE
DBFS_ROLE                      NO       NONE
AQ_ADMINISTRATOR_ROLE          NO       NONE
```

图 10-6　查询所有预定义角色

例题 10-32：查询角色 CONNECT 所具有的系统权限信息。

```
SQL>SELECT * FROM role_sys_privs WHERE role='CONNECT';
```

查询结果如图 10-7 所示。

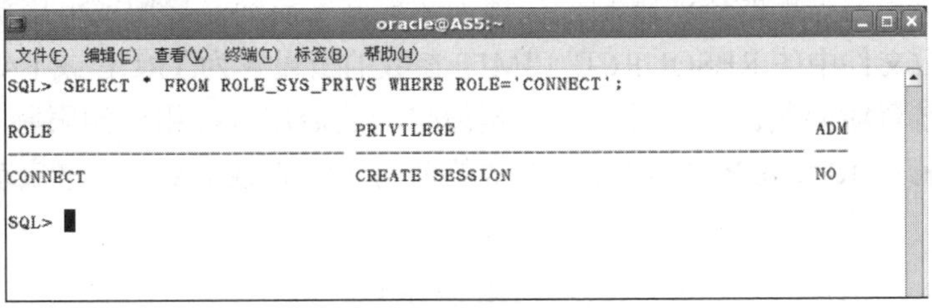

```
SQL> SELECT * FROM ROLE_SYS_PRIVS WHERE ROLE='CONNECT';

ROLE                           PRIVILEGE                                ADM
------------------------------ ---------------------------------------- ---
CONNECT                        CREATE SESSION                           NO

SQL>
```

图 10-7　查询角色 CONNECT

10.5　概要文件管理

10.5.1　概要文件概述

1. 概要文件的作用

概要文件(Profile)是描述如何使用系统资源管理数据库口令及其验证方式的文件，它也是 Oracle 安全管理的重要部分。利用概要文件，可以限制用户对数据库和系统资源的使用，同时还可以对用户口令进行管理。通常 DBA 创建概要文件，然后将概要文件分配给相应的用户，不必为每个用户单独创建一个概要文件，但每个数据库用户必须有一个概要文件。概要文件构成图如图 10-8 所示。

图 10-8　概要文件构成图

2. 资源限制级别和类型

概要文件是 Oracle 提供的一种针对用户资源使用和密码管理的策略配置。借助概要文件，可以实现特定用户资源上的限制和密码管理规则的应用。默认情况下，用户连接数据库，形成会话，使用 CPU 资源和内存资源是没有限制的。概要文件通过对一系列资源参数的设置，从会话级和调用级两个级别对用户使用资源进行限制。会话级资源限制是对用户在一个会话过程中所能使用的资源进行限制，而调用级资源限制是对一条 SQL 语句在执行过程中所能使用的资源进行限制。利用概要文件可以限制的数据库和系统资源包括 CPU 使用时间、逻辑读、每个用户的并发会话数、用户连接数据库的空闲时间、用户连接数据库的时间、私有 SQL 区和 PL/SQL 区的使用。

只有当数据库启用了资源限制时，为用户分配的概要文件才起作用。可以采用下列两种方法启用或停用数据库的资源限制。一种为在数据库启动前启用或停用资源限制。将数据库初始化参数文件中的 RESOURCE_LIMIT 参数的值设置为 TRUE 或 FALSE(默认)，来启用或停用系统资源限制。另一种为在数据库启动后启用或停用资源限制，使用 ALTER SYSTEM 语句修改 RESOURCE_LIMIT 参数的值为 TRUE 或 FALSE，来启动或关闭系统资源限制。例如：

```
SQL>ALTER SYSTEM SET RESOURCE_LIMIT=TRUE;
```

10.5.2　概要文件的功能

Oracle 数据库概要文件是口令限制、资源限制的命令集合，其功能按参数分为两类：一类是数据库与系统资源管理功能，另一类是口令管理功能。

1. 口令管理

1)　用户账户锁定

用户账户锁定用于控制用户连续登录 Oracle 数据库时失败的最大次数。如果登录失败次数达到限制，那么 Oracle 会自动锁定该用户账户。Oracle 提供了两个选项来强制用户定期改变口令。

- FAILED_LOGIN_ATTEMPTS：指定允许连续登录失败次数。
- PASSWORD_LOCK_TIME：设定当用户登录失败后，用户账户被锁定的天数。

2) 口令有效期和宽限期

口令有效期是指用户账号口令的有效使用时间，口令宽限期是指在用户账户口令到期后的宽限使用时间。默认情况下，用户口令是一直生效的，但出于口令安全的考虑，DBA 用户应该强制用户更改口令。

- PASSWORD_LIFE_TIME：设置用户口令有效天数，达到限制的天数后，该口令将过期，需要设置新口令。
- PASSWORD_GRACE_TEME：指定口令宽限期天数(单位：天)，在这几天中，用户将接收到一个关于口令过期需要修改口令的警告。当达到规定的天数后，原口令过期。

3) 口令历史

口令历史用于控制用户账户口令的可重用次数或可重用时间。使用该选项 Oracle 会将口令修改信息放到数据字典中。当用户账户修改口令时，Oracle 会对新、旧口令比较，保证用户不会重用历史口令。

- PASSWORD_REUSE_TIME：指定一个用户口令被修改后，必须经过多少天后才能使用该口令。
- PASSWORD_REUSE_MAX：指定一个口令被重新使用前，必须经过多少次修改。

4) 口令复杂性校验

口令复杂性校验是通过设置口令校验函数 PASSWORD_VERIFY_FUNCTION 实现的，强制用户使用复杂口令，以保证口令的有效性。

2．系统资源管理

1) 限制会话资源

限制会话资源是指限制会话在连接期间所占的系统资源，主要指 CPU 资源和内存资源。当超过会话资源限制时，Oracle 不再对 SQL 语句做任何处理并返回错误信息。为了有效地利用系统资源，应对用户资源进行有效的限制。可以使用的选项有：

- CPU_PER_SESSION：指定用户在一次会话(SESSION)期间可占用的 CPU 时间(单位：秒 1/100)。
- LOGICAL_READS_PER_SESSION：指定一个会话可读取数据块的最大数量。
- PRIVATE_SGA：指定用户私有的 SGA 区的大小，该选项只适用于共享服务器模式。
- COMPOSITE_LIMIT：指定可以消耗的综合资源总限额。该参数由 CPU_PER_SESSION、LOGICAL_READS_PER_SESSION、PRIVATE_SGA、CONNECT_TIME 几个参数综合决定。

2) 限制调用资源

限制调用资源是指限制单条 SQL 语句可占用的最大资源。当执行 SQL 语句时，如果超出调用级资源限制，Oracle 会自动终止语句处理，并回退该语句操作。可以使用的选

项有:

- CPU_PER_CALL: 指定每次调用可占用的最大 CPU 时间(单位:秒 1/100)。
- LOGICAL_READS_PER_CALL: 指定每次调用可以执行的最大逻辑读次数,包括从内存中读取的数据块和从磁盘中读取的数据块的总和。

3) 限制其他资源

除了会话资源和调用资源外,还可以限制的资源有:

- SESSIONS_PER_USER: 指定一个用户的最大并发会话数。
- CONNECT_TIME: 指定一个会话可持续的最大连接时间(单位:分钟)。

IDLE_TIME: 指定一个会话处于连续空闲状态的最大时间(单位:分钟)。

💡 **注意:** 为用户创建概要文件时,在概要文件中进行资源限制参数和口令管理参数的设置,以限制用户对数据库和系统资源的使用及对用户口令的管理。对于用户概要文件中没有设置的参数,将采用 DEFAULT 概要文件相应参数的设置。注意不要使用会导致 SYS、SYSMAN 和 DBSNMP 口令失效以及相应账户被锁定的概要文件。

10.5.3 概要文件的管理

在 Oracle 数据库创建的同时,系统创建一个名为 DEFAULT 的默认概要文件。如果没有为用户指定一个概要文件,系统默认将 DEFAULT 概要文件作为用户的概要文件。概要文件的管理主要包括创建、修改、删除、查询,以及将概要文件分配给用户。

1. 创建概要文件

可使用 CREATE PROFILE 语句创建概要文件,执行该语句必须具有 CREATE PROFILE 系统权限。其语法格式为:

```
CREATE PROFILE profile_name LIMIT resource_parameters |password_parameters;
```

其中:

- profile_name: 用于指定要创建的概要文件名称。
- resource_parameters: 用于设置资源限制参数。
- password_parameters: 用于设置口令参数。

例题 10-33: 创建一个名为 res_profile 的概要文件,要求每个用户最多可以创建 3 个并发会话;每个会话持续时间最长为 30 分钟;如果会话在连续 10 分钟内空闲,则结束会话。

```
SQL>CREATE PROFILE res_profile LIMIT SESSIONS_PER_USER 3
2  CONNECT_TIME 30 IDLE_TIME 10;
```

例题 10-34: 创建一个名为 pwd_profile 的概要文件,如果用户连续 3 次登录失败,则锁定该账户,7 天后该账户自动解锁。

```
SQL>CREATE PROFILE pwd_profile LIMIT FAILED_LOGIN_ATTEMPTS 3
2  PASSWORD_LOCK_TIME 7;
```

2．将概要文件分配给用户

将概要文件赋予某个数据库用户，在用户连接并访问数据库服务器时，系统就按照概要文件给他分配资源。概要文件只有授予用户后才能发挥作用，在创建用户和修改用户时都可以将概要文件授予用户。

例题 10-35：将概要文件分配给一个指定用户，为其授予名为 res_profile 的概要文件。

方法一，在创建用户时将概要文件授予用户。

```
SQL>CREATE USER newuser IDENTIFIED BY newuser profile res_profile;
```

方法二，如果用户已经创建，修改用户将概要文件授予用户。

```
SQL>ALTER USER newuser profile res_profile;
```

3．修改概要文件

创建概要文件后，如果应用系统环境发生了变化，概要文件中的参数设置已经不合时宜了，可以使用 ALTER PROFILE 语句来修改这些限制。ALTER PROFILE 语句中参数的设置情况与 CREATE PROFILE 语句相同。语法格式为：

```
ALTER PROFILE profile_name LIMIT resource_parameters | password_parameters;
```

例题 10-36：修改 pwd_profile 概要文件，将用户口令有效期设置为 7 天，宽限期为 3 天。

```
SQL>ALTER PROFILE pwd_profile LIMIT PASSWORD_LIFE_TIME 7
2  PASSWORD_GRACE_TIME 3;
```

4．删除概要文件

当不再需要一个概要文件时，可以使用 DROP PROFILE 语句将其删除。如果一个概要文件已经赋予了用户，那么在 DROP PROFILE 命令中要使用 CASCADE 选项。使用 CASCADE 关键字将把概要文件从所赋予的用户收回。语法格式为：

```
DROP PROFILE profile_name CASCADE;
```

例题 10-37：删除 LUCK_PROF 与 UNLUCK_PROF 概要文件，UNLUCK_PROF 已经分配给用户。

① 查看概要文件。

```
SQL>SELECT * FROM dba_profiles
2  WHERE resource_name='FAILED_LOGIN_ATTEMPTS';

PROFILE              RESOURCE_NAME            RESOURCE LIMIT
-----------------    ----------------------   --------------------
DEFAULT              FAILED_LOGIN_ATTEMPTS    PASSWORD 10
MONITORING_PROFILE   FAILED_LOGIN_ATTEMPTS    PASSWORD UNLIMITED
LUCK_PROF            FAILED_LOGIN_ATTEMPTS    PASSWORD DEFAULT
UNLUCK_PROF          FAILED_LOGIN_ATTEMPTS    PASSWORD 7
```

② 删除 LUCK_PROF 与 UNLUCK_PROF 概要文件。

```
SQL>DROP PROFILE luck_prof;
SQL>DROP PROFILE unluck_prof CASCADE;
```

③ 查看删除情况。

```
SQL>SELECT * FROM dba_profiles WHERE resource_name='FAILED_LOGIN_ATTEMPTS';
```

PROFILE	RESOURCE_NAME	RESOURCE LIMIT
DEFAULT	FAILED_LOGIN_ATTEMPTS	PASSWORD 10
MONITORING_PROFILE	FAILED_LOGIN_ATTEMPTS	PASSWORD UNLIMITED

> **提示：** 对概要文件的修改只有在用户开始一个新的会话时才会生效。如果为用户指定的概要文件被删除，则系统自动将 DEFAULT 概要文件指定给该用户。

5. 查询概要文件

可以通过下列数据字典视图或动态性能视图查询概要文件相关信息。

- user_password_limits：包含通过概要文件为用户设置的口令策略信息。
- user_resource_limits：包含通过概要文件为用户设置的资源限制参数。
- dba_profiles：包含所有概要文件的基本信息。

例题 10-38： 查询系统有哪些概要文件。

```
SQL>SELECT distinct profile FROM dba_profiles;
```

例题 10-39： 查询 DEFAULT 概要文件里默认有哪些资源限制与密码限制。

```
SQL>SELECT resource_name,limit FROM dba_profiles WHERE profile='DEFAULT'
2  AND LIMIT<>'UNLIMITED';
```

运行结果为：

RESOURCE_NAME	LIMIT
FAILED_LOGIN_ATTEMPTS	10
PASSWORD_LIFE_TIME	180
PASSWORD_VERIFY_FUNCTION	NULL
PASSWORD_LOCK_TIME	1
PASSWORD_GRACE_TIME	7

从上面的显示结果可以看出，DEFAULT 概要文件中密码有效期由默认的 180 天，宽限为 7 天，如果用户连续 7 次登录失败，则锁定该账户 1 天。初始定义对资源不限制，可以通过 ALTER PROFILE 命令来改变。

10.6 案 例 实 训

例题 10-40： 创建一个名为 myprofile 的概要文件，如果用户连续 3 次登录失败，则锁定该账户 2 天，密码有效期为 7 天，口令宽限期天数为 3 天。把概要文件分配给 test 用户，修改概要文件使一个用户的最大并发会话数为 3。

① 创建概要文件 myprofile，并查看该概要文件。

```
SQL>CREATE PROFILE myprofile LIMIT failed_login_attempts 3
2   password_lock_time 2
```

```
3    password_life_time 7
4    password_grace_time 3;
SQL>SELECT resource_name,limit FROM dba_profiles
2    WHERE PROFILE='MYPROFILE';
```

② 创建 test 用户，并把 myprofile 概要文件分配给用户，同时查询该用户的概要文件。

```
SQL>CREATE USER test IDENTIFIED BY test123 PROFILE myprofile;
SQL>GRANT connect TO test;
SQL>ALTER USER test PROFILE myprofile;
SQL>SELECT username,profile FROM dba_users WHERE username='TEST';
```

③ 修改概要文件资源限制参数 sessions_per_user，同时查询概要文件信息。

```
SQL>ALTER SYSTEM SET resource_limit=true;
SQL>ALTER PROFILE myprofile LIMIT sessions_per_user  3;
SQL>SELECT resource_name,limit FROM dba_profiles
2  WHERE profile='MYPROFILE';
```

注意： Oracle 11g 启动参数 RESOURCE_LIMIT 无论设置为 FALSE 还是 TRUE，密码有效期都是生效的。资源限定默认为关闭，通过 SHOW PARAMETER RESOURCE_LIMIT 语句可以查询，通过 ALTER SYSTEM SET RESOURCE_LIMIT =TRUE 语句可使资源限制生效。

本 章 小 结

随着计算机的普及以及网络的发展，数据共享是数据库的主要特点之一。对于网络的数据库，数据共享是数据库的主要特点之一，安全性是非常重要的。本章主要介绍 Oracle 11g 数据库的认证方法、用户管理、权限管理、角色管理、概要文件管理等。

Oracle 11g 数据库的认证方法有操作系统身份认证、口令文件认证、Oracle 数据库身份认证，其中操作系统身份认证优先口令文件认证。概要文件(Profile)是口令限制、资源限制的命令集合。概要文件创建之后需要分配给用户才能生效。

习　　题

1. 选择题

(1) 若用户要连接数据库，则该用户必须拥有的权限是(　　　)。

    A. CREATE TABLE　　　　　　　　B. CREATE INDEX

    C. CREATE SESSION　　　　　　　D. CONNECT

(2) 当禁用操作系统验证后，服务器本地使用 as sysdba 身份登录数据库时将使用(　　　)。

    A. 数据库验证　　　　　　　　　　B. 外部验证

    C. 口令文件验证　　　　　　　　　D. 网络验证

(3) 下列选项中，不属于系统权限的是(　　　)。

    A. SELECT　　　　　　　　　　　　B. CREATE VIEW

C. CREATE TABLE   D. CREATE SESSION

(4) 撤销用户指定权限的命令是(　　)。

    A. DROP RIGHT   B. REVOKE

    C. REMOVE RIGHT   D. DELETE RIGHT

(5) 删除用户 MISER 的概要文件的语句是(　　)。

    A. DROP PROFILE MISER

    B. DELETE PROFILE MISER

    C. DROP PROFILE MISER CASCADE

    D. DELETE PROFILE MISER CASCADE

(6) 资源文件中 SESSIONS_PER_USER 限制了什么？(　　)

    A. 数据库的并发会话数量   B. 每用户会话数量

    C. 每用户进程数量   D. 以上都不是

(7) 哪个视图包含所有概要文件的资源使用参数？(　　)

    A. DBA_PROFILE   B. DBA_PROFILES

    C. DBA_USERS   D. DBA_RESOURCES

(8) 一次性可分配多少个概要文件给用户？(　　)

    A. 1 个   B. 2 个   C. 3 个   D. 4 个

(9) 概要文件不能限制数据库和系统资源 (　　)。

    A. CPU 占用时间   B. 数据库连接时间

    C. 每个用户的并发会话数   D. 读取数据块时间

(10) 下列选项中，不属于角色的是(　　)。

    A. CONNECT   B. DBA

    C. RESOURCE   D. CREATE SESSION

(11) 下列选项中，不属于数据对象权限的是(　　)。

    A. DELETE   B. REVOKE   C. INSERT   D. UPDATE

2．简答题

(1) Oracle 数据库中给用户授权的方法有哪几种？

(2) Oracle 数据库的安全控制机制有哪些？

(3) 简述 Oracle 数据库用户的操作系统认证、数据库认证、口令认证。

(4) 简述 Oracle 数据库用户的系统权限与对象权限的区别。

(5) 简述什么是概要文件及概要文件的作用。

(6) 简述什么是角色，角色的分类及作用。

(7) 分别列举几种常用的系统权限、对象权限和角色。

3．操作题

(1) 创建一个口令认证的用户 user_1，口令为 user_1，默认表空间为 USERS，初始账户为锁定状态。

(2) 创建一个口令认证的数据库用户 user_2，口令为 user_2。

(3)　将用户 SCOTT 的账户解锁，并更改密码为 tiger。

(4)　为 usera_1 用户授权 Create Session 权限、Scott.emp 的 SELECT 权限和 UPDATE 权限，同时允许该用户将获取的权限授予其他用户。

(5)　创建一个名为 pwd_profile 的概要文件，如果用户连续 3 次登录失败，则锁定该账户，5 天后该账户自动解锁，并将概要文件分配给一个指定用户。

(6)　用 usera_exer 登录数据库，查询和更新 scott.emp 中的数据。同时，将 scott.emp 的 SELECT 权限和 UPDATE 权限授予 userb_exer。

(7)　创建角色 rolea 和 roleb，将 CREATE TABLE 权限、scott.emp 的 SELECT 权限和 UPDATE 权限授予 rolea；将 CONNECT、RESOURCE 角色授予 roleb。

第 11 章　备份与恢复

本章要点：Oracle 数据库在长期使用过程中，都会存在一定的安全隐患，由于人为操作或自然灾害等因素可能会造成数据丢失或被破坏，从而对用户的工作造成重大损害。建立一整套的数据库备份与恢复机制是保证数据库安全运行的一项重要内容，也是数据库管理员的重要职责。本章主要介绍了数据库物理备份与恢复的概念、物理备份与恢复方法、逻辑备份与恢复方法、RMAN 备份与恢复方法。

学习目标：了解 Oracle 数据库的备份与恢复分类。掌握物理备份与恢复方法、逻辑备份与恢复方法、RMAN 备份与恢复方法。重点掌握物理备份完全恢复与不完全恢复的使用方法及区别。

11.1　备份与恢复概述

数据库系统运行过程中出现故障是不可避免的，轻则导致事务异常中断，影响数据库中数据的正确性，重则破坏数据库，使数据库中的数据部分或全部丢失。数据库备份与恢复的目的就是保证在各种故障发生后，数据库管理员制定合理的数据库备份与恢复策略，执行有效的数据库备份与恢复操作，使数据库中的数据能从错误状态恢复到某种逻辑一致的状态。备份与恢复是数据库的一对相反操作，数据库备份就是对数据库中部分或全部数据进行复制，形成副本，存放到一个相对独立安全的设备上，以备将来数据库出现故障时使用；数据库恢复是指在数据库发生故障时，使用数据库备份的副本还原数据库，使数据库恢复到无故障状态。

11.1.1　备份类型

Oracle 数据库的备份方法很多，无论使用哪种备份方法，备份的目的都是在出现故障后能够以尽可能小的时间和代价恢复系统。

1. 物理备份和逻辑备份

根据数据备份方式的不同，数据库备份分为物理备份和逻辑备份两类。物理备份就是将实际组成 Oracle 数据库系统的数据文件、重做日志文件、控制文件、初始化参数文件等操作系统文件从一处复制到另一处的备份过程，将形成的副本保存到与当前系统独立的磁盘或磁带上。物理备份又分为冷备份、热备份。Oracle 逻辑备份是指利用 Oracle 提供的导出工具将数据库中的数据抽取出来存放到一个二进制文件中。二进制格式文件可以在各个平台上通用，因此，逻辑备份应用于数据库之间数据传送或移动。通常，数据库备份以数据库物理备份为主，数据库逻辑备份为辅。

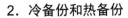

2．冷备份和热备份

根据数据库备份时是否关闭数据库服务器，物理备份分为冷备份(Cold Backup)和热备份(Hot Backup)两种。冷备份又称停机备份，是指在关闭数据库的情况下备份所有的关键性文件包括数据文件、控制文件、联机日志文件，将其复制到另外的存储设备上。此外冷备份也可以包含对参数文件和口令文件的备份，但是这两种备份是可以根据需要进行选择的。冷备份实际也是一种物理备份，是一个备份数据库物理文件的过程。热备份又称联机备份，它是在数据库运行的情况下，采用归档日志模式(archive log mode)对数据库进行备份。热备份要求数据库处于归档日志模式下操作，并需要大量的档案空间，当执行备份时，只能在数据文件级或表空间进行。

3．完全备份和部分备份

物理备份还可以根据数据库备份的规模不同，分为完全数据库备份和部分数据库备份。完全数据库备份是对于构成数据库的全部数据文件、在线日志文件和控制文件的一个备份。完全数据库备份只能是脱机备份，在数据库正常关闭后进行。在数据库关闭的时候，数据库文件的同步号与当前检查点是一致的，不存在不同步的问题，对于这一类备份方法，在复制回数据库备份文件后不需要进行数据库恢复。数据库部分备份是指对部分数据文件、表空间、控制文件、归档重做日志文件等进行备份，可以在数据库关闭或运行的时候进行。例如，在数据库关闭时备份一个数据文件或在数据库联机时备份一个表空间。部分数据库备份由于存在数据库文件之间的不同步，在备份文件复制回数据库时需要实施数据库恢复，所以这种方式只能在归档模式下使用归档日志进行数据库恢复。

11.1.2　恢复类型

Oracle 数据库恢复是指在数据库发生故障时，数据库不能正常运行，需要使用数据库备份文件还原数据库，使数据库恢复到无故障状态。数据库故障类型很多，数据库管理员会根据不同的故障类型，采用不同的恢复策略，选择合适的恢复方法恢复数据库。根据数据库恢复时使用的备份不同，恢复分为物理恢复和逻辑恢复两类。所谓的物理恢复，就是利用物理备份文件恢复损毁文件，是在操作系统级别上进行的。逻辑恢复是指利用逻辑备份的二进制文件，使用 Oracle 提供的导入工具(如 IMPDP、IMPORT)将部分或全部信息重新导入数据库，恢复损毁或丢失的数据。根据数据库恢复程度的不同，恢复可分为完全恢复和不完全恢复。如果数据库出现故障后，能够利用备份使数据库恢复到出现故障时的状态，称为完全恢复，否则称为不完全恢复。如果数据库处于归档模式，且日志文件是完整的，则可以将数据库恢复到备份时刻后的任意状态，实现完全恢复或不完全恢复；如果数据库处于非归档模式，则只能将数据库恢复到备份时刻的状态，即实现不完全恢复。

11.2　物理备份与恢复

11.2.1　冷备份与恢复

冷备份是当数据库的所有可读写的数据库物理文件具有相同的系统改变号(SCN)时所进行的备份，使数据库处于一致状态的唯一方法是数据库正常关闭。故只有在数据库正常关闭情况下的备份才是一致性备份。冷备份既适用于 ARCHIVELOG 模式，也适用NOARCHIVELOG 模式。冷备份是将关键性文件复制到另外位置的一种说法。对于备份Oracle 信息而言，冷备份是最快和最安全的方法。冷备份的优点如下。

- 只需复制文件，是快速且简单的备份方法。
- 恢复时只需将文件再复制回去，容易恢复到某个时间点上。
- 维护量较少，但安全性相对较高。

虽然冷备份简单、快捷，但是在很多情况下，没有足够的时间或不允许关闭数据库进行冷备份，因此，冷备份也有如下不足。

- 单独使用时，只能提供到"某一时间点上"的恢复。
- 在实施备份的全过程中，数据库必须要做备份而不能做其他工作。也就是说，在冷备份过程中，数据库必须是关闭状态。
- 若磁盘空间有限，只能复制到磁带等其他外部存储设备上，速度会很慢。
- 冷备份不能按表或按用户恢复。

如果数据库可以正常关闭，而且允许关闭足够长的时间，那么就可以采用冷备份。冷备份可以在归档模式下进行备份，也可以在非归档模式进行备份。冷备份方法是：首先关闭数据库，然后使用操作系统复制命令备份所有的物理文件。恢复是指当数据库某些数据意外损坏，利用冷备份文件恢复数据库。

例题 11-1：将数据库名为 ora11 作一个冷备份，备份的文件放置在 backup/目录下，然后利用冷备份数据恢复数据库。下面给出冷备份与恢复的详细步骤。

(1) 以 SYSDBA 身份登录数据库。

```
SQL>CONN / AS SYSDBA;
```

(2) 查看文件信息，包括数据文件、控制文件、日志文件。

① 查看数据文件。

```
SQL>SELECT name FROM v$datafile;
```

② 查看控制文件。

```
SQL>SELECT name FROM v$controlfile;
```

③ 查看日志文件。

```
SQL>SELECT member FROM v$logfile;
```

(3) 关闭数据库。

```
SQL>SHUTDOWN IMMEDIATE
```

(4) 创建文件夹 backup/，把数据库的数据文件、控制文件、日志文件复制到此文件夹。

① 建立文件夹 backup/。

```
SQL>!mkdir /backup
```

② 把数据文件、控制文件、日志文件复制到文件夹 backup/。

```
[oracle@AS5 ~]$ cp  /u01/app/oracle/oradata/ora11/*.dbf  /backup/
[oracle@AS5 ~]$ cp  /u01/app/oracle/oradata/ora11/*.ctl  /backup/
[oracle@AS5 ~]$ cp  /u01/app/oracle/oradata/ora11/*.log  /backup/
[oracle@AS5 ~]$ cp  $ORACLE_HOME/dbs/spfileora11.ora   /backup/
```

③ 查看文件夹 backup/。

```
SQL>!ls /backup/
```

(5) 启动数据库，往 scott.dept 表添加 2 条记录。

① 启动数据库，查看 scott 用户下的部门表 dept 信息。

```
SQL>STARTUP
SQL>SELECT * FROM scott.dept;
```

DEPTNO	DNAME	LOC
10	ACCOUNTING	NEW YORK
20	RESEARCH	DALLAS
30	SALES	CHICAGO
40	OPERATIONS	BOSTON

② 往 scott.dept 表添加 2 条记录，查看 dept 信息。

```
SQL>INSERT INTO scott.dept VALUES(50,'aaa','aaa');
SQL>INSERT INTO scott.dept VALUES(60,'bbb','bbb');
SQL>COMMIT;
SQL>SELECT * FROM scott.dept;
```

DEPTNO	DNAME	LOC
10	ACCOUNTING	NEW YORK
20	RESEARCH	DALLAS
30	SALES	CHICAGO
40	OPERATIONS	BOSTON
50	aaa	aaa
60	bbb	bbb

(6) 数据库恢复，模拟数据库文件破坏，删除文件，利用冷备份数据恢复数据库。

① 关闭数据库。

```
SQL>SHUTDOWN IMMEDIATE;
```

② 模拟数据库文件破坏，删除文件，启动数据库失败。

```
SQL>!rm /u01/app/oracle/oradata/ora11/*
SQL>!ls /u01/app/oracle/oradata/ora11/
SQL>STARTUP
```

```
ORACLE instance started.
..............................
ORA-00205: error in identifying control file, check alert log for more info
```

(7) 将冷备份的所有数据文件、控制文件、日志文件复制到原来所在位置。

① 将冷备份的所有文件复制到原来所在位置。

```
SQL>!cp /backup/* /u01/app/oracle/oradata/ora11/
SQL>!cp /backup/control01.ctl
2    /u01/app/oracle/flash_recovery_area/ora11/control02.ctl;
```

② 启动数据库，查看 dept 表的信息。

```
SQL>ALTER DATABASE MOUNT;
SQL>ALTER DATABASE OPEN;
SQL>SELECT * FROM scott.dept;
```

DEPTNO	DNAME	LOC
10	ACCOUNTING	NEW YORK
20	RESEARCH	DALLAS
30	SALES	CHICAGO
40	OPERATIONS	BOSTON

💡 **注意:** 冷备份中必须复制所有的数据文件、控制文件、联机重做日志文件。冷备份必须在数据库关闭的情况下进行，当数据库处于打开状态时，执行数据库文件系统备份是无效的。利用冷备份数据恢复数据库为不完全恢复，只能将数据库恢复到最近一次完全冷备份的状态。

11.2.2 热备份与恢复

冷备份和热备份是根据数据库备份时是否关闭数据库服务器定义的，都属于物理备份。虽然冷备份简单、快捷，但是在很多情况下，没有足够的时间可以关闭数据库进行冷备份，这时只能采用热备份。热备份是在联机状态下，数据库在归档模式下进行的数据文件、控制文件、归档日志文件等的备份。对数据库进行热备份时，数据库必须运行在 ARCHIVELOG 模式下，因为在写日志进程重新使用它之前，副本是由每一个 REDO 日志文件组成的，写日志进程在循环方式中通过 REDO 日志文件进行循环。在 ARCHIVELOG 模式中运行数据库时，可以选择当每个 REDO 日志文件写满时手工地生成备份或者启动可选的归档进程进行自动备份。热备份的优点为：

- 可在表空间或数据库文件级备份，备份的时间短。
- 备份时数据库仍可使用。
- 可达到秒级恢复(恢复到某一时间点上)。
- 恢复是快速的，大多数情况下在数据库仍工作时恢复。

热备份可以给 Oracle 用户提供一个不间断的运行环境。因为热备份通过操作系统命令备份物理文件将消耗大量系统资源，因此通常都是安排在用户访问频率较低的时候(如夜间)进行的。热备份的缺点为：

- 难以维护，所以要特别仔细小心，不允许以失败而告终。
- 若备份不成功，所得结果不可用于时间点的恢复。
- 不能出错，否则后果严重。

1. 热备份

热备份是在联机状态下，数据库在归档模式下进行的数据文件、控制文件、归档日志文件等的备份。在 SQL*Plus 环境中进行数据库完全热备份的步骤如下。

(1) 启动 SQL*Plus，以 SYSDBA 身份登录数据库。

(2) 将数据库设置为归档模式。

用 ARCHIVELOGLIST 命令，查看当前数据库是否处于归档日志模式。如果没有处于归档日志模式，需要先将数据库转换为归档模式，并启动自动存档。

(3) 以表空间为单位，进行数据文件备份，依照下述步骤在线备份其他所有表空间的数据文件。

① 查看当前数据库有哪些表空间，以及每个表空间中有哪些数据文件。

```
SQL>SELECT tablespace_name, file_name FROM dba_data_files ORDER BY
tablespace_name;
```

② 分别对每个表空间中的数据文件进行备份，其方法为：

● 将需要备份的表空间(如 USERS)设置为备份状态。

```
SQL>ALTER TABLESPACE USERS BEGIN BACKUP;
```

● 将表空间中所有的数据文件复制到备份磁盘。

```
SQL>HOST COPY /u01/app/oracle/oradata/ora11/users01.dbf
/u01/BACKUP/users01.dbf
```

● 结束表空间的备份状态

```
SQL>ALTER TABLESPACE USERS END BACKUP;
```

(4) 备份控制文件及控制文件重新生成脚本。

通常应该在数据库物理结构做出修改之后，如添加、删除或重命名数据文件，添加、删除或修改表空间，添加或删除重做日志文件和重做日志文件组等，都需要重新备份控制文件。

① 将控制文件备份为二进制文件。

```
SQL>ALTER DATABASE BACKUP CONTROLFILE TO '/u01/BACKUP/CONTROL.BAK';
```

② 将控制文件备份为文本文件。

```
SQL>ALTER DATABASE BACKUP CONTROLFILE TO TRACE;
SQL>host ls -lt /u01/app/oracle/admin/ora11/udump/*.trc
```

(5) 备份重做日志文件与参数文件。

① 对当前重做日志文件立即进行归档。

```
SQL>ALTER SYSTEM ARCHIVE LOG CURRENT;
```

这条命令导致 Oracle 切换到一个新的日志文件，当前联机重做日志文件归档，并且 Oracle 归档所有未被归档的重做日志文件。

② 备份归档重做日志文件，一旦归档了当前联机的重做日志文件，用操作系统复制的命令将所有的归档重做日志文件复制到备份磁盘中。

③ 备份初始化参数文件，将初始化参数文件复制到备份磁盘中。

当数据库处在 ARCHIVE 模式时，一定要保证指定的归档路径可写，否则数据库就会挂起，直到能够归档所有归档信息后才可以使用。Oracle 数据库以自动归档的方式工作在 ARCHIVE 模式下，其中参数 LOG_ARCHIVE_DEST1 是指定的归档日志文件的路径，建议与 Oracle 数据库文件存在不同的硬盘，一方面减少磁盘 I/O 竞争，另一方面也可以避免数据库文件所在硬盘毁坏之后的文件丢失。

💡 注意： ALTER SYSTEM SWITCH LOGFILE 和 ALTER SYSTEM ARCHIVE LOG CURRENT 的区别：

① ALTER SYSTEM SWITCH LOGFILE 是强制日志切换，不一定就归档当前的重做日志文件，主要还看自动归档是否打开。若自动归档打开，就归档当前的重做日志；若自动归档没有打开，就不归档当前重做日志。

② ALTER SYSTEM ARCHIVE LOG CURRENT 是归档当前的重做日志文件，即切换日志文件，同时不管自动归档有没有打开都归档。

③ ALTER SYSTEM SWITCH LOGFILE 对单实例数据库执行日志切换，而 ALTER SYSTEM ARCHIVE LOG CURRENT 会对数据库中的所有实例执行日志切换。

2. 归档模式下数据库的完全恢复

数据库完全恢复是指归档下一个或多个数据文件出现损坏时，使用操作系统命令复制热备份的数据文件替换损坏的数据文件，再结合归档日志和重做日志文件，采用前滚技术重做自备份以来的所有改动，采用回滚技术回滚未提交的操作，最终将数据文件恢复到数据库故障时刻的状态。数据库完全恢复是由还原(Restore)与恢复(Recover)两个过程组成的。如图 11-1 所示，其中还原(Restore)就是将原先备份的文件复制回去替换损坏或丢失的操作系统文件；恢复(Recover)就是使用 recover 命令将从备份操作完成开始到数据文件崩溃这段时间内所提交的数据从归档日志文件或重做日志文件写回到还原的数据文件中，这一操作会自动执行。

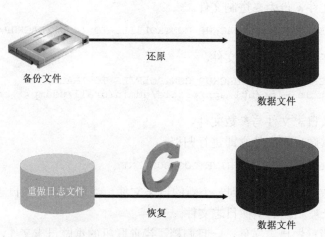

图 11-1 数据库完全恢复示意图

1)　归档模式丢失关键文件恢复

如果丢失或损坏了某个数据文件，且该文件属于 SYSTEM 或 UNDO 表空间，用热备份文件恢复数据，须执行以下任务。

(1)　实例可能会也可能不会自动关闭。如果未自动关闭，使用 SHUTDOWN ABORT 命令关闭实例。

(2)　装载数据库。

(3)　还原并恢复缺失的数据文件。

(4)　打开数据库。

例题 11-2：将数据库名为 ora11 作一个热备份，热备份的文件放置在 backup/目录下，假如 system 表空间的数据文件 system01.dbf 损坏，利用热备份数据恢复数据库。下面给出热备份与恢复的详细步骤。

(1)　归档模式下的数据库完整备份。

①　以 SYSDBA 身份登录数据库。

```
SQL>CONN / as SYSDBA
```

②　将数据库设置为归档模式。

```
SQL>SHUTDOWN IMMEDIATE
SQL>STARTUP MOUNT
SQL>ALTER DATABASE ARCHIVELOG
SQL>ALTER DATABASE OPEN
```

③　归档模式下对数据文件 system01.dbf 备份。

```
SQL>ALTER TABLESPACE SYSTEM BEGIN BACKUP;
SQL>host cp /u01/app/oracle/oradata/ora11/system01.dbf
2 /u01/backup/system01.dbf;
SQL>ALTER TABLESPACE SYSTEM END BACKUP;
```

(2)　模拟 system 表空间的数据文件 system01.dbf 损坏，然后利用热备份进行归档模式下的数据库完全恢复。

①　建立一个测试表，然后添加记录数据。

```
SQL>CREATE TABLE test_1(id NUMBER PRIMARY KEY,name CHAR(20))
2 TABLESPACE system;
SQL>INSERT INTO test_1 VALUES(1,'WANGLI');
SQL>COMMIT;
SQL>INSERT INTO test_1 VALUES(2,'SHENJUN');
SQL>COMMIT;
SQL>ALTER SYSTEM SWITCH LOGFILE;
SQL>SELECT * FROM test_1;
```

```
ID   NAME
--   --------------------
1    WANGLI
2    SHENJUN
```

②　关闭数据库，删除文件 system01.dbf。

```
SQL>SHUTDOWN IMMEDIATE;
SQL>host rm  /u01/app/oracle/oradata/ora11/system01.dbf;
```

③ 数据库启动不成功。

```
SQL>STARTUP;
```

```
.......................
Database mounted.
ORA-01157: cannot identify/lock data file 1 - see DBWR trace file
ORA-01110: data file 1: '/u01/app/oracle/oradata/ora11/system01.dbf'
```

④ 利用备份的数据文件恢复数据库。

```
SQL>host cp /u01/backup/system01.dbf /u01/app/oracle/oradata/ora11/;
SQL>RECOVER DATABASE;
SQL>ALTER DATABASE OPEN;
```

⑤ 查看测试表信息。

```
SQL>SELECT * FROM test_1;
```

```
ID    NAME
---   --------------------
1     WANGLI
2     SHENJUN
```

注意： 利用热备份数据，在归档模式下，恢复数据库为完全恢复。热备份数据时没有测试表，恢复时能够完全恢复到故障时刻。

2) 归档模式丢失非关键文件恢复

例题 11-3： 将数据库名为 ora11 作一个热备份，热备份的文件放置在 backup/目录下，假如 users 表空间的数据文件 users01.dbf 损坏，利用热备份数据恢复数据库。下面给出热备份与恢复的详细步骤。

① 建立/u01/backup。

```
[oracle@AS5 ~]$ mkdir /u01/backup
[oracle@AS5 ~]$ sqlplus / as sysdba
SQL>STARTUP
```

② 将数据库设置为归档模式。

```
SQL>SHUTDOWN IMMEDIATE
SQL>STARTUP MOUNT
SQL>ALTER DATABASE ARCHIVELOG
SQL>ARCHIVE LOG LIST
SQL>ALTER DATABASE OPEN
```

③ 在 users 表空间建立测试表 test_2。

```
SQL>CREATE TABLE test_2(id NUMBER PRIMARY KEY,
2  name CHAR(20)) TABLESPACE users;
SQL>INSERT INTO test_2 VALUES(1001,'LILI');
SQL>COMMIT;
SQL>SELECT * FROM test_2;
```

```
ID      NAME
-----   --------------------
1001    LILI
```

④　数据备份。

```
SQL>ALTER TABLESPACE USERS BEGIN BACKUP;
SQL>host cp
2  /u01/app/oracle/oradata/ora11/users01.dbf   /u01/backup/users01.dbf;
SQL>ALTER TABLESPACE USERS END BACKUP;
```

⑤　继续添加数据。

```
SQL>INSERT INTO test_2 VALUES(2002,'DAIHONG');
SQL>COMMIT;
```

⑥　关闭数据库，删除数据文件，数据库启动失败。

```
SQL>SHUTDOWN IMMEDIATE;
SQL>host rm /u01/app/oracle/oradata/ora11/users01.dbf;
SQL>STARTUP;     (数据库启动到 MOUNT 状态)
```

```
ORACLE instance started.
........................
ORA-01157: cannot identify/lock data file 4 - see DBWR trace file
ORA-01110: data file 4: '/u01/app/oracle/oradata/ora11/users01.dbf'
```

⑦　把损坏的文件离线，打开数据库。

```
SQL>ALTER DATABASE DATAFILE 4 OFFLINE;
SQL>ALTER DATABASE OPEN;
SQL>SELECT * FROM test_2;
```

```
ERROR at line 1:
ORA-00376: file 4 cannot be read at this time
ORA-01110: data file 4: '/u01/app/oracle/oradata/ora11/users01.dbf'
```

⑧　把备份文件复制到指定位置，恢复数据库。

```
SQL>!cp /u01/backup/users01.dbf /u01/app/oracle/oradata/ora11/;
SQL>RECOVER DATAFILE 4;
```

```
Media recovery complete.
```

```
SQL>ALTER DATABASE DATAFILE 4 ONLINE;
```

⑨　查看恢复数据。
```
SQL>SELECT * FROM test_2;  (显示 2 条记录)
```

```
ID     NAME
-----  ------------------------
1001   LILI
2002   DAIHONG
```

从上面测试实例，验证利用热备份数据，在归档模式下，丢失非关键文件恢复为完全恢复。热备份数据时只有 1 条记录，恢复时能够完全恢复到故障时刻。

3. 归档模式下数据库的不完全恢复

在归档模式下，数据库的不完全恢复主要是指归档模式下数据文件损坏后，没有将数据库恢复到故障时刻的状态，使用已备份的数据文件、归档日志文件和重做日志将数据库恢复到备份点和失败点之间某一时刻的状态，即恢复到失败之前的最近时间点之前的时间点。不完全恢复仅仅是将数据恢复到某一个特定的时间点或特定的 SCN，而不是当前时间点。在进行数据库不完全恢复之前，首先确保对数据库进行了完全备份。不完全恢复会影响整个数据库，需要在 MOUNT 状态下进行。在不完全恢复后，通常需要使用 RESETLOGS 选项打开数据库，当使用 RESETLOGS 后，SCN 计数器不会被重置，原来的重做日志文件被清空，新的重做日志文件序列号重新从 1 开始，因此原来的归档日志文件都不再起作用了，应该移走或删除；打开数据库后，应该及时备份数据库，因为原来的备份都已经无效了。

由于归档模式下，对数据文件只能执行前滚操作，而无法将已经提交的操作回滚，因此只能通过应用归档重做日志文件和联机重做日志文件将备份时刻的数据库向前恢复到某个时刻，而不能将数据库向后恢复到某个时刻。所以，在进行数据文件损坏的不完全恢复时必须先使用完整的数据文件备份将数据库恢复到备份时刻的状态。

不完全恢复的语法为：

```
RECOVER DATABASE [ UNTIL TIME time | CANCEL | CHANGE scn ];
```

其中：TIME 选项表示基于时间的不完全恢复，将数据库恢复到指定时间点；CANCEL 选项表示基于撤销的不完全恢复，数据库的恢复随用户输入 CANCEL 命令而终止；CHANGE 选项表示基于 SCN 的不完全的恢复，将数据库恢复到指定的 SCN 值。

不完全恢复的应用情形主要有介质故障(MEDIA FAILURE)导致部分、全部联机重做日志(ONLINE REDO LOG)损坏，用户操作失误(USER ERROR)导致数据丢失，归档重做日志(ARCHIVED REDO LOG)丢失，当前控制文件(CONTROL FILE)丢失。不完全恢复的前提条件是 Oracle 数据库启动到 MOUNT 状态，即参数文件、控制文件存在并且可用。在做不完全恢复前建议在恢复前后做一次备份，避免恢复失败导致不必要的损失。不完全恢复的步骤：

(1) 关闭数据库，如果数据库不能正常关闭，则强制关闭数据库。

```
SQL>SHUTDOWN ABORT
```

(2) 用备份的所有备份数据文件将数据库的所有数据文件恢复到备份时刻的状态。

(3) 将数据库启动于装载模式，并确保数据文件处于联机状态。

```
SQL>STARTUP MOUNT
```

(4) 执行数据库不完全恢复命令，将数据库恢复到某个时间点、CANCEL、SCN 值。

```
SQL>RECOVER DATABASE UNTIL TIME time;
SQL>RECOVER DATABASE UNTIL CANCEL;
SQL>RECOVER DATABASE UNTIL CHANGE scn;
```

(5) 使用 RESETLOGS 选项打开数据库，并验证恢复。

💡 注意：　不完全恢复仅仅是将数据恢复到某一个特定的时间点或特定的 SCN，而不是当前时间点。只要进行不完全恢复，就要使用 RESETLOGS 方式打开，以确保数据库的一致性。

例题 11-4：将数据库名为 ora11 作一个热备份，热备份的文件放置在 backup/目录下。如果用户发现删除数据的操作是错误的，或数据文件发生了损坏，需要恢复到删除操作之前的状态，此时就需要利用热备份数据采用数据库不完全恢复。下面给出热备份与数据库不完全恢复的详细步骤。

(1)　建立测试。

```
SQL>CREATE TABLE test(a INT) TABLESPACE users;
SQL>INSERT INTO test VALUES(1);
SQL>COMMIT;
SQL>INSERT INTO test VALUES(2);
SQL>COMMIT;
SQL>SELECT * FROM test;  // 里面有 2 条记录
```

```
A
----------  ------------------------
1
2
```

(2)　查数据文件。

```
SQL>SELECT file_name FROM dba_data_files;
```

(3)　快速备份方法。

```
SQL>ALTER DATABASE ora11 BEGIN BACKUP;
SQL>hostcp/u01/app/oracle/oradata/ora11/*.dbf  /u01/backup/;
SQL>ALTER DATABASE ora11 END BACKUP;
```

(4)　继续添加数据。

```
SQL>INSERT INTO test VALUES(3);
SQL>COMMIT;
SQL>SELECT * FROM test; //显示 3 条记录
```

```
A
----------  ------------------------
1
2
3
```

(5)　查看数据库 current_scn，删除测试表。

```
SQL>SELECT current_scn FROM v$database;
```

```
CURRENT_SCN
----------- ------------------------
920251
```

```
SQL>DROP TABLE test;
```

(6)　关闭数据库，复制备份数据，启动数据库失败。

```
SQL>SHUTDOWN IMMEDIATE;
SQL>host cp /u01/backup/* /u01/app/oracle/oradata/ora11/;
SQL>STARTUP;
```

```
ORACLE instance started.
.............................
Database mounted.
ORA-01113: file 1 needs media recovery
ORA-01110: data file 1: '/u01/app/oracle/oradata/ora11/system01.dbf'
```

(7) 执行数据文件的不完全恢复命令，查看测试表。

① 基于 SCN 恢复。

```
SQL>RECOVER DATABASE UNTIL CHANGE 920251;
```

② 基于时间恢复。

```
SQL>RECOVER DATABASE UNTIL TIME '2014-12-28 20:25:52';
Media recovery complete.
SQL>ALTER DATABASE OPEN RESETLOGS;
Database altered.
SQL>SELECT * FROM test;

A
-----------  ------------------------
1
2
3
```

💡 **注意:** 从上面测试实例，验证利用热备份数据，在归档模式下，数据库恢复到了用户删除操作(DROP TABLE test)之前的状态。

11.3 逻辑备份与恢复

11.3.1 逻辑备份与恢复概述

逻辑备份是指利用 Oracle 提供的导出工具，将数据库中选定的信息导出二进制文件存储到操作系统中。逻辑恢复是指利用 Oracle 提供的导入工具将逻辑备份转储文件导入数据库内部，从而进行数据库的逻辑恢复。逻辑备份与恢复必须在数据库运行的状态下进行，因此当数据库发生介质损坏而无法启动时，不能利用逻辑备份恢复数据库。因此，数据库备份与恢复是以物理备份与恢复为主，逻辑备份与恢复为辅的。

Oracle 数据库提供了 Export 和 Import 实用程序，用于实现数据库逻辑备份与恢复。在 Oracle 10g 以上版本数据库中又推出了数据泵技术，即 Data Pump Export(Expdp)和 Data Pump Import(Impdp)实用程序，实现数据库的逻辑备份与恢复。需要注意的是，这两类逻辑备份与恢复实用程序虽然在使用上非常相似，但之间并不兼容。Export、Import 是客户端应用程序，既可以在服务器端使用，也可以在客户端使用。Expdp 和 Impdp 是服务器端实用程序，只能在 Oracle 服务器端使用，不能在客户端使用。基于数据泵技术的 Expdp/Impdp 工具在灵活性和功能性上与 Export/Import 相比，提供并行处理导入或导出任务、数据库链接远端数据库导出或导入任务、非常细粒度的对象控制等很多新特性。本节主要介绍 Expdp/Impdp 工具。

11.3.2 Expdp 和 Impdp

Expdp 和 Impdp 是服务器端的工具程序，使用 Expdp 和 Impdp 工具时，其转储文件只能存放在由 Directory 对象指定的特定数据库服务器操作系统目录，而不能使用直接指定的操作系统目录。DIRECTORY 对象是 Oracle 10g 以上版本提供的一个新功能，它是一个指向了操作系统中的一个路径。每个 DIRECTORY 对象都包含 Read、Write 两个权限，可以通过 GRANT 命令授权给指定的用户或角色。拥有读写权限的用户就可以读写该 DIRECTORY 对象指定的操作系统路径下的文件。无论在什么地方使用 Expdp，生成的文件最终页是在服务器上由 DIRECTORY 对象指定的位置。因此，使用 Expdp 和 Impdp 工具时，需要首先创建 DIRECTORY 目录，并对该目录的读、写权限授予相应的数据库用户。

首先，以管理员身份登录，创建逻辑目录，该命令不会在操作系统创建真正的目录。

```
SQL>CREATE OR REPLACE DIRECTORY dpdir AS '/u01';
```

其次，给 SYSTEM、SCOTT 用户赋予在指定目录的操作权限。

```
SQL>GRANT READ,WRITE ON DIRECTORY dpdir TO SYSTEM,SCOTT;
```

💡 **注意：** 执行 Expdp 和 Impdp 命令需要拥有 EXP_FULL_DATABASE 和 IMP_FULL_DATABASE 权限，授权语句如下：

```
SQL>GRANT EXP_FULL_DATABASE,IMP_FULL_DATABASE TO SYSTEM,SCOTT;
```

Expdp 和 Impdp 实用程序提供了三种应用接口供用户调用，即命令行接口(Command-Line Interface)、参数文件接口(Parameter File Interface)与交互式命令接口(Interactive-Command Interface)。

Expdp/Impdp(导出/导入)模式决定了所要导出/导入的内容范围。Expdp/Impdp 提供了 5 种导出/导入模式，在命令行中通过参数设置来指定。导出/导入模式分别为全库导出/导入模式(Full Export Mode)、模式导出/导入模式(Schema Mode)、表导出/导入模式(Table Mode)、表空间导出/导入模式(Tablespace Mode)与传输表空间导出/导入模式(TransPortable Tablespace)。

1. Expdp 命令

1) 命令行接口方式导出

命令行接口(Command-Line Interface)方式导出是在命令行中直接指定参数设置，是最简单、最直观、最方便的调用方式。

(1) 全库导出模式(Full Export Mode)：通过参数 FULL 指定，将数据库中的所有信息导出到转储文件中。

例题 11-5： 把当前数据库 ora11 全部导出，导出到转储文件 full.dmp。

```
$expdp system/manager DIRECTORY=dpdir DUMPFILE=full.dmp FULL=y;
```

(2) 模式导出模式(Schema Mode)：通过参数 SCHEMAS 指定，是默认的导出模式，将一个或多个模式中的所有对象导出到指定的转储文件中。

例如：把 SCOTT 模式下的所有对象及其数据导出到转储文件 scott.dmp。

```
$expdp scott/tiger@ora11 DIRECTORY=dpdir DUMPFILE=scott.dmp SCHEMAS=scott;
```

(3) 表导出模式(Table Mode)：通过参数 TABLES 指定，将一个或多个表的结构及其数据、分区及其依赖对象导出到转储文件中。

例题 11-6：把 SCOTT 模式下的 emp 表导出到转储文件 emp.dmp。

```
$expdp scott/tiger@ora11 DIRECTORY=dpdir DUMPFILE=emp.dmp TABLES=emp;
```

(4) 表空间导出模式(Tablespace Mode)：通过参数 TABLESPACES 指定，将一个或多个表空间中的所有对象及其依赖对象的定义和数据导出到转储文件。

例题 11-7：把 example 表空间中的数据导出到转储文件 e.dmp。

```
$expdp system/manager DIRECTORY=dpdir DUMPFILE=e.dmp TABLESPACES=example;
```

(5) 传输表空间导出模式(TransPortable Tablespace)：通过参数 TRANSPORT_TABLESPACES 指定，将一个或多个表空间中所有对象及其依赖对象的定义信息导出到转储文件。通过该导出模式以及相应导入模式，可以实现将一个数据库表空间的数据文件复制到另一个数据库中。

例题 11-8：把 users 表空间中对象的定义信息及其数据导出到转储文件 u.dmp。

```
$expdp system/manager DIRECTORY=dpdir DUMPFILE=u.dmp
TRANSPORT_TABLESPACES=users TRANSPORT_FULL_CHECK=y;
```

2) 参数文件接口方式导出

参数文件接口(Parameter File Interface)方式导出是指将需要导出的各种参数设置放入一个文件中，在命令行中通过 PARFILE 参数指定该参数文件。

例题 11-9：利用参数文件接口方式将 SCOTT 模式下的 EMP、DEPT 两个表导出到转储文件 e_d.dmp。

① 建立文本文件 a.txt，文本文件内容为：

```
$cat a.txt
DIRECTORY=dpdir DUMPFILE=e_d.dmp  INCLUDE=TABLE:" in ('EMP', 'DEPT') "
SCHEMAS=scott
```

② 运行 Expdp 命令。

```
$expdp scott/tiger PARFILE=a.txt
```

3) 交互命令接口方式导出

交互命令接口(Interactive-Command Interface)方式导出是用户可以通过交互命令进行导出操作管理。Data Pump 导入导出任务支持停止、重启等状态操作。如用户执行导入或者导出任务，执行了一半时，使用 Crtl+C 快捷键中断了任务(或其他原因导致的中断)，此时任务并不是被取消，而是被转移到后台。可以再次使用 Expdp/Impdp 命令，附加 ATTACH 参数的方式重新连接到中断的任务中，并选择后续的操作。用于对导出作业进行管理的命令如表 11-1 所示。下面介绍交互命令方式导出的基本步骤。

(1) 执行一个作业。

```
$expdp scott/tiger FULL=YES DIRECTORY=dpdir
DUMPFILE=expdp01.dmp,expdp02.dmp FILESIZE=2G PARALLEL=3
LQGFILE=dpfull.log JOB_NAME=dpfull
```

使用 PARALLEL 参数可以提高数据泵的效率，前提是必须有多个 Expdp 的文件，如 expdp01.dmp、expdp02.dmp 等，不然会有问题。

表 11-1　Expdp 交互命令及其功能

命令名称	功能描述
ADD_FILE	向转储文件集中添加转储文件
CONTINUE_CLIENT	返回到记录模式。如果处于空闲状态，将重新启动作业
EXIT_CLIENT	退出客户机会话并使作业处于运行状态
FILESIZE	后续 ADD_FILE 命令的默认文件大小 (字节)
HELP	总结交互命令
KILL_JOB	分离和删除作业
PARALLEL	更改当前作业的活动进程的数目。PARALLEL=integer
START_JOB	启动/恢复当前作业
STATUS	在默认值 (0)，将显示可用时的新状态的情况下，要监视的频率(以秒计)作业状态
STOP_JOB	顺序关闭执行的作业并退出客户机。STOP_JOB=IMMEDIATE 将立即关闭数据泵作业

(2) 作业开始执行后，按 Ctrl+C 快捷键。

(3) 在交互模式中输入导出作业的管理命令，根据提示进行操作。

```
Export>STOP_JOB=IMMEDIATE
Are you sure you wish to stop this job ( [Y] /N) : Y
```

2. Impdp 命令

Oracle 数据泵还原命令 Impdp 是相对于 Expdp 命令的，方向是反向的，即对于数据库备份进行还原操作。Oracle 数据泵还原就是使用工具 Impdp 将备份文件中的对象和数据导入数据库中，但是导入要使用的文件必须是 Expdp 所导出的文件。

1) 命令行接口方式导入

(1) 全库导入模式(Full Import Mode)：通过参数 FULL 指定，利用全库导出模式逻辑备份文件进行恢复整个数据库。

例题 11-10：利用当前数据库 ora11 逻辑备份文件 full.dmp 恢复数据库。

```
$impdp system/manager DIRECTORY=dpdir DUMPFILE=full.dmp FULL=y;
```

(2) 模式导入模式(Schema Mode)：通过参数 SCHEMAS 指定，是默认的导入模式，如果某个模式数据意外损坏或丢失，可以使用该模式的逻辑备份文件进行恢复。

例如：假如 SCOTT 模式下的所有对象及其数据丢失，使用该模式的备份文件 scott.dmp 恢复该模式下的所有对象及其数据。

```
$impdp scott/tiger@ora11 DIRECTORY=dpdir DUMPFILE=scott.dmp SCHEMAS=scott;
```

(3) 表导入模式(Table Mode)：通过参数 TABLES 指定，如果某模式下的表数据丢失，使用该表导出模式的逻辑备份文件进行恢复。

例题 11-11：如果 SCOTT 模式下的 emp 表中数据丢失，可以使用表导出模式的逻辑备份文件 emp.dmp 进行恢复。

```
$impdp scott/tiger@ora11 DIRECTORY=dpdir DUMPFILE=emp.dmp NOLOGFILE=Y
TABLES=emp;
```

(4) 表空间导入模式(Tablespace Mode)：通过参数 TABLESPACES 指定，如果一个表空间的所有对象及数据丢失，使用该表空间导出模式的逻辑备份文件进行恢复。

例题 11-12：假如 example 表空间中的数据丢失，利用 example 表空间导出模式的逻辑备份文件 e.dmp 恢复 example 表空间的数据。

```
$impdp system/manager DIRECTORY=dpdata1 DUMPFILE=e.dmp
TABLESPACES=example;
```

(5) 传输表空间导入模式(Transportable Tablespace)：通过参数 TRANSPORT_TABLESPACES 指定，利用传输表空间导出模式逻辑备份文件到另一个远程数据库中。

例题 11-13：利用数据库 ora11 中 USERS 表空间导出模式逻辑备份文件 u.dmp，到数据库链接 dblink_test 所对应的远程数据库中。

```
$impdp system/manager DIRECTORY=dpdir NETWORK_LINK=dblink_test
TRANSPORT_TABLESPACES=users DUMPFILE=u.dmp TRANSPORT_TABLESPACES=users
TRANSPORT_FULL_CHECK=n TRANSPORT_DATAFILES='app/oradata/test.dbf'
```

💡 **注意**： 目标库的版本要等于或者高于备份的源数据库的版本，需要创建数据库链接以及具有登录到远程数据库的账号权限。TRANSPORT_TABLESPACES 参数选项有效的前提条件是 NETWORK_LINK 参数需被指定。

2) 参数文件接口方式导入

参数文件接口(Parameter File Interface)方式导入是指将导入参数设置放入一个文件中，在命令行中通过 PARFILE 参数指定该参数文件。

例题 11-14：利用 SCOTT 模式下的 EMP、DEPT 两个表的逻辑备份文件 e_d.dmp，通过参数文件接口方式导入 SCOTT 模式下的 EMP、DEPT 两个表。

① 建立文本文件 emp_dept.txt，文本文件内容为：

```
$cat emp_dept.txt
DIRECTORY=dpdir DUMPFILE=e_d.dmp TABLE=EMP,DEPT SCHEMAS=scott
```

② 运行 Impdp 命令。

```
$impdp scott/tiger  PARFILE=emp_dept.txt
```

3) 交互命令接口方式导入

Impdp 交互执行方式与 Expdp 类似，在 Impdp 命令执行作业导入的过程中，可以使用 Impdp 的交互命令对当前运行的导入作业进行控制管理。

11.4 利用 RMAN 备份与恢复

11.4.1 RMAN 概述

Recovery Manager(RMAN)是 Oracle 提供的 DBA 工具，用于管理备份和恢复操作。RMAN 只能用于 Oracle 8 或更高的版本中。它能够备份整个数据库或数据库部件，其中包括表空间、数据文件、控制文件和归档文件。RMAN 可以按要求存取和执行备份和恢复。
RMAN 备份的优点如下。

    (1)　支持在线热备份。

    (2)　支持多级增量备份。

    (3)　支持并行备份、恢复。

    (4)　减少所需要备份量备份，恢复使用简单。

    RMAN 备份和恢复一个数据库的具体工作实际上是由目标数据库上的进程完成的，目标数据库(Target Database)指的是要备份的数据库。RMAN 实用程序是 Database Utilities 的一部分。Database Utilities 是一组命令行形式的使用程序，包括 IMPORT、EXPORT、SQL*LOADER 和 DBVERIFY。 典型的安装 Oracle 时会自动安装 RMAN。RMAN 需要访问目标数据库上 SYS 模式中存在的各种数据包,还需要具有启动和关闭目标数据库的权限。因此 RMAN 通常以 SYSDBA 用户身份连接到目标数据库。

11.4.2　RMAN 基本操作

    RMAN 基本操作主要包括创建恢复目录、连接数据库、注册数据库、通道分配等。

1. 创建恢复目录

    RMAN 自动维护备份和恢复所需的各种信息，可以在没有恢复目录(NOCATALOG)下运行，这个时候备份信息，默认保存在控制文件中。将备份保存在控制文件是很危险的，如果控制文件破坏将导致备份信息的丢失与恢复的失败，而且,没有恢复目录,很多 RMAN 命令将不被支持。所以对于重要的数据库，需要创建恢复目录。恢复目录也是一个数据库，只不过这个数据库用来保存备份信息，一个恢复目录可以用来备份多个数据库。故推荐在一单独的服务器上用 CATALOG 恢复目录中存放该信息的副本。一个 CATALOG 恢复目录由数据库中多个表和存储过程等对象组成，用来保存远程目标数据库的控制信息。CATALOG 恢复目录也可以和被备份的目标数据库位于同一主机，也可单独放在另一主机上，从而确保最大的可恢复性。下面给出创建 CATALOG 恢复目录的详细步骤。

    (1)　在 RMAN 服务器上，建立专用表空间。

```
SQL>CONN  / AS SYSDBA;
SQL>CREATE TABLESPACE rmantablespace
    DATAFILE '/u01/rmantablespace.dat' SIZE 20M;
```

    (2)　建立 RMAN 专用用户，为 RMAN 用户授权。

    ①　建立 RMAN 专用用户。

```
SQL>CREATE USER rman IDENTIFIED BY rman123
DEFAULT TABLESPACE rmantablespace;
```

    ②　为 RMAN 用户授权。

```
SQL>GRANT RESOURCE,CONNECT,RECOVERY_CATALOG_OWNER to rman;
```

    (3)　测试登录，创建 CATALOG 恢复目录。

```
$RMAN  CATALOG rman/rman123
```

```
RMAN> CREATE CATALOG TABLESPACE rmantablespace;
```

同一 CATALOG 恢复目录中可以存放多个目标数据库的控制信息以便同时控制多个目标数据库进行备份，且能存放任意长度时间的备份数据(控制文件默认只能存最近 7 天的备份数据，由 CONTROL_FILE_RECORD_KEEP_TIME 参数决定)。CATALOG 包含了所有的备份信息，故该恢复目录本身也需进行备份，因为较小(100M 内)，因此可对其进行冷备份或逻辑备份。

2. 启用 RMAN，连接并注册数据库

RMAN 恢复目录创建成功后，需要在恢复目录对目标数据库进行注册。目标数据库就是需要备份的数据库，一个恢复目录可以注册多个目标数据库。在 RMAN 中可以建立与目标数据库或恢复目录数据库的连接。与目标数据库建立连接时，用户必须具有 SYSDBA 系统权限，以保证可以进行数据库的备份、修复与恢复。下面给出注册目标数据库的详细步骤。

(1) 测目标数据库链路，启动 RMAN。

```
$SQLPLUS  sys/yijian123@mydb1  AS SYSDBA
$ RMAN
```

(2) 连接目标数据库，在 CATALOG 中注册目标数据库信息。

```
RMAN>CONNECT  TARGET  sys/yijian123@mydb1;
RMAN>CONNECT  CATALOG rman/rman123
RMAN>REGISTER DATABASE;
```

3. 查看和修改 RMAN 备份配置

RMAN 配置数据库时，应当考虑在控制文件中存储备份记录的时间。备份记录包括数据库备份记录，以及指定的数据文件、控制文件、参数文件、归档目录的备份记录。

(1) 查看 RMAN 备份配置，RMAN 支持的 I/O 设备类型有磁盘(DISK)和磁带(SBT)两种，默认情况下为磁盘，设置默认的备份设备为磁盘。

```
RMAN>SHOW ALL;
RMAN>CONFIGURE DEFAULT DEVICE TYPE TO DISK;
```

(2) RMAN 对目标数据库进行备份与恢复操作时，必须为操作分配通道。可以根据预定义的配置参数自动分配通道，也可以在需要时手动分配通道。设置自动分配通道的参数。

```
RMAN>CONFIGURE DEVICE TYPE DISK PARALLELISM 2;
```

指定在以后的备份与恢复操作中并行度为 2，即同时开启 2 个通道进行备份与恢复。并行的数目决定了开启通道的个数。如果指定了通道配置，将采用指定的通道；如果没有指定通道，将采用默认通道配置。

(3) 设置备份文件的路径及文件名格式，只适用于磁盘设备。

```
RMAN>CONFIGURE CHANNEL DEVICE TYPE DISK FORMAT '/backup/backup_%U';
```

(4) 配置进行任何备份操作时，都对控制文件和参数文件同时进行备份，默认是禁止自动备份(OFF)。

```
RMAN>CONFIGURE CONTROLFILE AUTOBACKUP ON;
```

(5)　备份管理器 RMAN 提供了 CONFIGURE RETENTION POLICY 命令设置备份保存策略，即设置备份文件保留多长时间。RMAN 会将超出时间的备份文件标识为废弃 (OBSOLETE)。例如，基于备份数量的备份保存策略，相同目标的备份除最新 3 份外其他都设置为 OBSOLETE 过期状态。

```
RMAN>CONFIGURE RETENTION POLICY TO REDUNDANCY 3;
```

如果进行了上述设置，当完成三次备份后，在做完第四次备份的时候，第一次备份结果将被标识为废弃。Oracle 11g 默认的备份保留策略是用该方法设置的，且 REDUNDANCY 为 1。

11.4.3　RMAN 备份和恢复

使用 RMAN 进行数据库备份与恢复操作时，数据库必须运行在归档模式下，且处于加载或打开状态，并且 RMAN 必须与目标数据库建立连接。使用 RMAN 进行数据库恢复时只能使用之前使用 RMAN 生成的备份，可以实现数据库的完全恢复，也可以实现数据库的不完全恢复。下面主要介绍数据库的全库备份与恢复、表空间的备份与恢复、数据文件的备份与恢复。

1. 全库备份与恢复

1)　全库备份

可以使用 BACKUP DATABASE 命令备份整个数据库，包括所有的控制文件、数据文件、初始化参数文件，但不包括归档日志文件。备份整个数据库的步骤如下。

(1)　备份目标库所有数据文件、控制文件与参数文件。

```
RMAN>BACKUP DATABASE FORMAT '/u01/%u';
```

在 BACKUP 语句中，可以使用选项设置备份的存储位置与命名规则。如果没有设置备份路径会自动备份到 RMAN 默认路径，通过 SHOW ALL，也可以检查参数更改备份路径。

(2)　调用 SQL 语句对目标库进行日志切换，以便生成最新的归档文件进行备份，从而保证数据的完整性和一致性。

```
RMAN>sql 'alter system archive log current';
```

(3)　查看目标库备份信息。

```
RMAN>LIST BACKUP OF DATABASE;
```

2)　全库恢复

使用 RMAN 生成的数据库全库备份就可以对整个数据库进行完全恢复，数据库必须处于加载状态。恢复整个数据库的步骤如下。

(1)　关闭目标服务器，删除或移动文件模拟目标服务器故障。

```
SQL>SHUTDOWN IMMEDIATE;
$mv /u01/app/oracle/oradata/ora11/*
$mv $ORACLE_HOME/dbs/spfile*.ora
```

(2)　启动 RMAN，连接恢复目录服务器，将目标数据库设置为加载状态，由于缺少文件，目标数据库只能连接上，但不能启动。

```
$RMAN
RMAN>CONNECT TARGET sys/yijian123@mydb1
connected to target database (not started)
RMAN>CONNECT CATALOG rman/rman123
RMAN>STARTUP NOMOUNT;
```

(3) 还原参数文件，RMAN 用户连接数据库时，有一个数据库编号 DBID，恢复时需要设置 DBID。

```
SET DBID=123456789
RMAN>RESTORE SPFILE FROM AUTOBACKUP;
```

(4) 还原控制文件。

```
RMAN>SHUTDOWN  IMMEDIATE;
RMAN>STARTUP NOMOUNT;
RMAN>RESTORE CONTROLFILE FROM AUTOBACKUP;
```

(5) 控制文件恢复之后，数据库能启动到 MOUNT 状态，还原数据文件。

```
RMAN>ALTER DATABASE MOUNT;
```

(6) 进行恢复，忽略日志文件报错，重设日志文件，打开数据库。

```
RMAN>ALTER DATABASE MOUNT;
RMAN>RESTORE DATABASE;
RMAN>RECOVER DATABASE;
RMAN>ALTER DATABASE OPEN RESETLOGS;
```

2. 表空间备份与恢复

可以使用 BACKUP TABLESPACE 命令备份一个或多个表空间，其实是将表空间下的所有数据文件进行备份。如果一个表空间的多个数据文件同时损坏或丢失，可以使用 RESTORE TABLESPACE 与 RECOVER TABLESPACE 命令对整个表空间进行完全恢复。下面给出表空间备份与恢复的步骤。

(1) 指定备份表空间，查看表空间备份信息。备份信息包括数据文件列表、设备类型、经过时间、完成时间等。

```
RMAN>BACKUP TABLESPACE users;
RMAN>LIST BACKUP OF TABLESPACE users;
```

(2) 启动 RMAN，连接目标服务器，连接恢复目录服务器，关闭目标服务器。

```
$RMAN
RMAN>CONNECT TARGET sys/yijian123@remotedb
RMAN>CONNECT CATALOG rman/rman123
RMAN>SHUTDOWN IMMEDIATE;
```

(3) 删除或移动文件模拟目标服务器故障，同时将这些文件所在的表空间设置为脱机状态。

```
$MV /u01/app/oracle/oradata/ora10/users.dbf
RMAN>SQL 'ALTER TABLESPACE users OFFLINE IMMEDIATE';
```

(4) 启动目标服务器为加载状态，修复表空间，恢复表空间。

```
RMAN>STARTUP MOUNT;
```

```
RMAN>RESTORE TABLESPACE users;
RMAN>RECOVER TABLESPACE users;
```

（5）表空间恢复结束后将表空间设置为联机状态。

```
RMAN>ALTER DATABASE OPEN;
RMAN>SQL 'ALTER TABLESPACE users ONLINE IMMEDIATE';
```

3. 数据文件备份与恢复

可以使用 BACKUP DATAFILE 命令备份一个或多个数据文件，可以通过数据文件名称或编号指定要备份的数据文件。如果数据库中某个数据文件损坏或丢失，可以使用 RESTORE DATAFILE 与 RECOVER DATAFILE 命令对数据文件进行恢复。

11.5　案 例 实 训

例题 11-15： 使用 BACKUP DATAFILE 命令对数据文件进行备份，假如数据库中某个数据文件损坏或丢失，使用 RESTORE DATAFILE 与 RECOVER DATAFILE 命令对数据文件进行恢复。下面给出数据文件备份与恢复的步骤。

① 查看数据文件，指定备份数据文件。

```
SQL>SELECT FILE_ID,FILE_NAME FROM dba_data_files;

FILE_ID     FILE_NAME
--------    ----------------------------------------------------------
   4        /u01/app/oracle/oradata/ora11/users.dbf
   3        /u01/app/oracle/oradata/ora11/undotbs01.dbf
   2        /u01/app/oracle/oradata/ora11/sysaux01.dbf
   1        /u01/app/oracle/oradata/ora11/system01.dbf
   5        /u01/app/oracle/oradata/ora11/example01.dbf

RMAN>BACKUP DATAFILE '/u01/app/oracle/oradata/ora11/users.dbf';
```

上面 BACKUP 后面直接用文件名指定备份文件，当然也可以用指定的文件 ID，例如：

```
RMAN>BACKUP DATAFILE 4 ;
RMAN>LIST BACKUP OF DATAFILE 4;
```

② 启动 RMAN，连接目标服务器，连接恢复目录服务器，关闭目标服务器。

```
$RMAN
RMAN>CONNECT TARGET sys/yijian123@remotedb
RMAN>CONNECT CATALOG rman/rman123
RMAN>SHUTDOWN IMMEDIATE;
```

③ 删除或移动文件模拟目标服务器故障，同时将该文件设置为脱机状态。

```
$MV/u01/app/oracle/oradata/ora11/users.dbf
RMAN>SQL 'ALTER TABLESPACE users OFFLINE IMMEDIATE';
```

④ 启动目标服务器为加载状态，修复表空间，恢复表空间。

```
RMAN>STARTUP MOUNT;
RMAN>RESTORE DATAFILE '/u01/app/oracle/oradata/ora11/users.dbf';
RMAN>RECOVER DATAFILE '/u01/app/oracle/oradata/ora11/users.dbf';
```

⑤　数据文件恢复结束后将数据文件设置为联机状态。

```
RMAN>SQL 'ALTER DATABASE DATAFILE
'/u01/app/oracle/oradata/ora11/users.dbf' ' ONLINE;
```

本 章 小 结

　　Oracle 数据库在长期使用过程中，由于人为操作或自然灾害等因素可能会造成数据丢失或被破坏，数据库的备份与恢复是保证数据库安全运行的一项重要内容，也是数据库管理员的重要职责。本章主要介绍了数据库物理备份与恢复的概念、物理备份与恢复方法、逻辑备份与恢复方法、RMAN 备份与恢复方法。

　　数据库恢复常用的有数据库完全恢复与数据库不完全恢复。数据库完全恢复是由还原(Restore)与恢复(Recover)两个过程组成的。数据库的不完全恢复主要是将数据恢复到某一个特定的时间点或特定的 SCN，而不是当前时间点。

习 题

1. 选择题

(1)　执行不完全恢复时，数据库必须处于什么状态? (　　)

　　A. 关闭　　　　　　　　B. 卸载　　　　　　　　C. 打开　　　　　　D. 装载

(2)　数据库完全备份时，数据库应该处于(　　)。

　　A. MOUNT 状态　　　B. NO MOUNT 状态　　C. 归档模式　　　　D. 非归档模式

(3)　下列选项中属于逻辑备份的是(　　)。

　　A. 冷备份　　　　　　　B. 热备份　　　　　　　C. IMPDP　　　　　D. EXPDP

(4)　数据库备份时需要关闭数据库的(　　)。

　　A. 冷备份　　　　　　　B. 热备份　　　　　　　C. EXPORT　　　　D. EXPDP

(5)　在逻辑备份中，不能进行数据导出的是(　　)。

　　A. 表方式　　　　　　　B. 用户方式　　　　　　C. 数据块方式　　　D. 全库方式

(6)　下面哪一种不完全恢复需要使用 SCN 号作为参数? (　　)

　　A. 基于时间的不完全备份　　　　　　　B. 基于撤销的不完全备份

　　C. 基于 SCN 的不完全备份　　　　　　　D. 基于顺序的不完全备份

(7)　某用户误删除了 emp 表，为了确保不会丢失该表数据，应该采用(　　)恢复方法。

　　A. IMP 导入该表数据　　　　　　　　　B. 完全恢复

　　C.不完全恢复　　　　　　　　　　　　　D. OS 复制命令

2. 简答题

(1)　什么是数据库备份? 什么是数据库恢复?

(2)　数据库备份分哪些类型? 分别有何不同?

(3)　数据库恢复分哪些类型? 分别有何不同?

(4)　归档模式下数据库完全恢复与数据库不完全恢复的区别有哪些?

(5) 物理备份和逻辑备份的主要区别是什么？分别适用于什么情况？

(6) 简述使用 RMAN 进行数据库备份与恢复时需要预先做好哪些准备工作。

3. 操作题

(1) 将数据库名为 ora11 作一个冷备份，备份的文件放置在 bak/目录下，模拟删除 EMP 表，请给出利用冷备份数据恢复数据库的详细步骤，并上机验证。

(2) 将数据库名为 ora11 作一个热备份，热备份的文件放置在 bak/目录下。假如 SYSTEM 表空间的数据文件 system01.dbf 损坏，请给出利用热备份数据恢复数据库的详细步骤。

(3) 将数据库名为 ora11 作一个热备份，热备份的文件放置在 bak/目录下。如果用户发现删除数据的操作是错误的，分别给出基于时间点、基于 SCN 值的不完全恢复步骤。

(4) 使用 EXPDP 命令，将数据库的 USERS 表空间中的所有内容导出。

(5) 使用 EXPDP 命令，将 SCOTT 模式下的 EMP、DEPT 表导出。

(6) 在 SCOTT 模式下，删除 EMP、DEPT 表，然后利用第(5)题中的逻辑备份文件恢复 EMP 表与 DEPT 表。

(7) 利用 RMAN 对数据库进行整个数据库的恢复与备份。

(8) 模拟数据文件损坏，利用 RMAN 对数据库进行表空间的恢复与备份。

第 12 章　基于 Oracle 数据库的应用

本章要点： 本章介绍一个有线收费管理系统的系统分析、数据库的设计与实现，以及应用程序的设计与开发。通过本章的学习读者可以清楚地了解基于 Oracle 数据库应用的开发过程。

学习目标： 了解基于 Oracle 数据库应用的开发思想，掌握基于 Oracle 数据库应用的系统分析、数据库的设计、应用程序的设计与实现的基本流程。

12.1　有线电视收费管理系统需求分析

系统开发的总体任务是实现有线电视台收费的系统化、规范化和自动化，从而达到提高有线电视台收费管理高效、准确的目的。有线电视台的收费管理业务异常复杂，主要任务是进行有线电视用户信息的管理、有线电视用户交费的管理以及用户信息和交费信息的统计查询管理。本系统的实施不仅可以改变原有的收费方式使有线电视收费管理工作变得容易，而且还能使有线电视收费变得智能化、信息化。

有线电视收费管理系统分层数据流程图的第一步是画出 0 层图。把整个系统作为一个大加工，表明系统的输入和输出以及数据的源点与终点，如图 12-1 所示。

图 12-1　系统 0 层 DFD 图

根据自顶向下、逐层分解的原则，对系统 0 层处理功能细化分成若干处理功能，产生第 1 层细化 DFD 图，如图 12-2 所示。

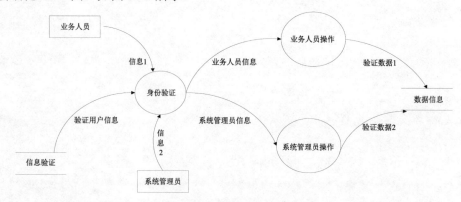

图 12-2　系统的 1 层 DFD 图

12.2 系统概要设计

12.2.1 系统功能模块设计

有线电视收费管理系统包含系统设置模块、用户管理模块、收费管理模块、统计查询模块、日志管理模块、地址维护模块。系统总体功能结构如图 12-3 所示。

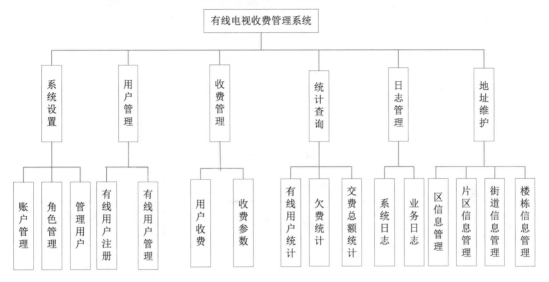

图 12-3 系统总体功能结构

12.2.2 数据库设计

1．数据库概念结构设计

本系统主要实体包括有线用户类别实体、有线电视用户交费信息实体、区信息实体、片区信息实体、街道信息实体、楼栋信息实体等。主要实体及其实体之间关系 E-R 图如图 12-4 所示。

2．数据库逻辑结构设计

数据库逻辑结构设计的主要任务就是把概念结构模型转化为特定 DBMS 支持下的数据模型。系统的数据库逻辑结构如下。

(1) 用户类别表(UserType)：表示有线电视的用户类别(见表 12-1)。

(2) 有线电视用户状态表(UserState)： 表示有线电视用户所处的状态(见表 12-2)。

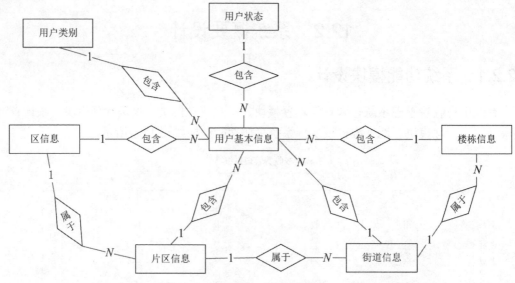

图 12-4 用户管理 E-R 图

表 12-1 用户类别表

列 名	数据类型	长 度	允 许 空	字段说明
UserTypeID	int	4	否	用户类别主键标识
UserTypeNum	nvarchar	50	否	用户类别编号
UserTypeName	nvarchar	50	否	用户类别名称

表 12-2 有线电视用户状态表

列 名	数据类型	长 度	允 许 空	字段说明
UserStateID	int	4	否	用户状态主键标识
UserStateNum	nvarchar	50	否	用户状态编号
UserStateName	nvarchar	50	否	用户状态名称

(3) 管理员信息表(Admin)：系统中所有管理员的信息(见表 12-3)。

表 12-3 管理员信息表

列 名	数据类型	长 度	允 许 空	字段说明
AdminID	bigint	8	否	管理员主键标识 ID
AdminName	nvarchar	50	否	管理员名称(账户名称)
AdminPass	nvarchar	50	否	管理员密码
AdminPassDate	nvarchar	50	否	密码修改时间
BulidID	bigint	8	否	创建者的 ID
RealName	nvarchar	50	否	管理员真实姓名
RegionID	bigint	8	否	管理员所在地区 ID
RegionNum	nvarchar	50	否	管理员所在地区编码
RegionName	nvarchar	50	否	管理员所在地区名称

(4) 用户信息表(UserInfo)：用户注册信息(见表 12-4)。

表 12-4　用户注册信息表

列　名	数据类型	长　度	允 许 空	字段说明
UserID	bigint	8	否	用户信息主键标识
UserNum	nvarchar	50	否	用户编号
UserName	nvarchar	50	否	用户名称
UserAddress	nvarchar	100	否	用户详细地址
UserTel	nvarchar	50	否	联系电话
UserStateNum	nvarchar	50	否	用户状态编号
UserTypeNum	nvarchar	50	否	用户类别编号
PreferTypeNum	nvarchar	50	是	对单户优惠类别编号
STBCount	int	4	否	机顶盒数量
AreaID	int	4	否	区表编号
SectionID	int	4	是	片区表编号
StreetID	int	4	是	街道表编号
FloorID	int	4	是	楼栋编号
MoveFlag	int	4	是	用户改迁标志
OpenEditDate	nvarchar	50	否	开户时间
EditDate	nvarchar	50	否	更新时间
Remark	nvarchar	500	是	用户基本信息备注

(5) 区信息表(Area)：保存市下属的区信息(见表 12-5)。

表 12-5　区信息表

列　名	数据类型	长　度	允 许 空	字段说明
AreaID	int	4	否	区号
RegionID	bigint	8	是	地区 ID
AreaName	nvarchar	50	否	区名称

(6) 交费信息表(Charge)：保存用户的交费信息(见表 12-6)。

表 12-6　交费信息表

列　名	数据类型	长　度	允 许 空	字段说明
ChargeID	bigint	8	否	收费管理表主键标识
ChargeNum	nvarchar	50	否	收费管理交易流水号
UserNum	nvarchar	50	否	用户编号
ChargeState	int	4	否	收费管理表的状态
InstallCharge	nvarchar	50	否	初装费

续表

列　名	数据类型	长　度	允　许　空	字段说明
MoveCharge	nvarchar	50	否	改迁费
Forfeit	nvarchar	50	否	滞纳金
LicenseFee	nvarchar	50	否	收视费
PlicenseFee	nvarchar	50	否	收视费优惠额
AllCharge	nvarchar	50	否	每一次交费总额
DeadLineTime	nvarchar	50	否	下次交费日期
AdminID	bigint	8	否	收费人员 ID
RealName	nvarchar	50	否	收费人员姓名
EditDateTime	nvarchar	50	否	实际交费日期
Remark	nvarchar	500	是	收费备注

(7) 楼栋信息表(Floor)：保存街道下属的楼栋信息(见表 12-7)。

表 12-7　楼栋信息表

列　名	数据类型	长　度	允　许　空	字段说明
FloorID	int	4	否	楼栋编号
StreetID	int	4	否	街道号
SectionID	int	4	否	片区号
AreaID	int	4	否	区号
FloorName	nvarchar	50	否	楼栋名称

(8) 片区信息表(Section)：保存区下属的片区信息(见表 12-8)。

表 12-8　片区信息表

列　名	数据类型	长　度	允　许　空	字段说明
SectionID	int	4	否	片区号
AreaID	int	4	否	区号
SectionName	nvarchar	50	否	片区名称

(9) 街道信息表(Street)：保存片区下属的街道信息(见表 12-9)。

表 12-9　街道信息表

列　名	数据类型	长　度	允　许　空	字段说明
StreetID	int	4	否	街道号
SectionID	int	4	否	片区号
AreaID	int	4	否	区号
StreetName	nvarchar	50	否	街道名称

12.3　系统详细设计及实现

有线电视收费管理系统是一个典型的信息管理系统(MIS)。有线电视收费管理系统是为了在现有资源基础上,通过网络平台实现资源信息共享,更加方便灵活地进行有线电视收费管理而开发的系统。有线电视收费管理系统是基于浏览器/服务器(B/S)的体系结构设计开发,并基于 Java Platform Enterprise Edition 平台结合 Java EE 的主流开源框架技术 Struts1.2 进行设计开发。本系统运用当前 Java 开发领域最为流行的开发工具 MyEclipse 6.5 进行程序的设计开发,系统后台数据库应用的是基于 Linux 环境下的 Oracle 11g。下面简单介绍主要模块功能及实现的关键代码。

12.3.1　登录模块的设计

系统登录是本系统安全使用的前提,为了防范非法用户的入侵,系统登录需要输入用户登录名、登录密码。用户输入信息后系统根据管理员信息表中的管理员名称、密码进行核对比较,如果输入正确,则在登录成功主界面予以显示。否则,系统会提示用户输入信息有误,用户就不能进入相应的系统界面。系统登录界面如图 12-5 所示。

图 12-5　系统登录主界面

在有线收费管理系统程序实现过程中,采用了 JDBC(Java DataBase Connectivity) 数据库连接方式。JDBC 是一种用于执行 SQL 语句的 Java API,可以为多种关系数据库提供统一访问,它有一组用 Java 语言编写的类和接口组成。在本系统中建立应用程序与 Oracle 数据库连接的程序为:

```
package com.glb.gra.base.calldb;
import java.sql.*;
public class DataBaseClass {
    private Connection conn = null;// 数据库连接类
    public DataBaseClass() {    conn = null;    }
    static {
      try
        {
         private static String driverName = "oracle.jdbc.driver.OracleDriver";
```

```
        }
     catch (Exception e)
       {System.out.println("加载数据库驱动出错！");
        e.printStackTrace();
        }
     }
public Connection GetConnection() {
    String url = "jdbc:oracle:thin:@192.168.31.129:1521:ora11";
    String user ="glbCATV";
    String pass= "19870910";
try { // 创建数据库连接
    conn = DriverManager.getConnection(url, name, pass);
    return conn;
    }
catch (Exception e)
{ System.out.println("创建数据库连接失败！");
  e.printStackTrace();
  return null;
 }
}}
```

　　登录窗口检验用户名称和密码输入是否正确，在 Struts 框架中通过 action 来控制跳转，相当于 MVC 中 C 层，用户登录 Struts 框架 action 核心代码如下：

```
public ActionForward login(ActionMapping mapping, ActionForm form,
HttpServletRequest request, HttpServletResponse response) throws Exception
    {LoginForm loginForm = (LoginForm)form;
    if(!Common.isEmpty(loginForm.getUserName())|| !Common.isEmpty
(loginForm.getUserPass()))

      {Admin admin = AdminDAO.getT_B_User(loginForm);
      if (admin.getAdminPass().equals(loginForm.getUserPass().trim()))
      { String roles = AdminDAO.getRoleIDByadminID(admin.getAdminID());
       admin.setRoles(roles);
       request.getSession().setAttribute("sessionBean", admin);
       return mapping.findForward("login_ok");
       }
       Else
        {ActionMessages errors = new ActionMessages();
         errors.add("ResultMeaaage",new ActionMessage("<script>alert('
            用户名或密码错误，请重新输入！');</script>",false));;
         saveErrors(request,errors);
         return mapping.findForward("login_er");
         }
      }
else
    {//用户名或者密码为空
    ActionMessages errors = new ActionMessages();
    errors.add("ResultMeaaage",new ActionMessage("<script>alert('用户名或
密
    码错误,请重新输入！');</script>",false));;
    saveErrors(request,errors);
    return mapping.findForward("login_er");
}}
```

12.3.2　系统主页面设计

系统主窗体主要提供系统各种功能操作的入口，不同的用户角色成功登录系统后具有不同的操作权限。根据用户类型的不同该系统有两个主页面。

1．系统管理员登录后主页面

系统管理员主页面的功能模块有系统设置模块、用户管理模块、收费管理模块、查询统计模块、日志管理模块、地址维护模块，如图 12-6 所示。

图 12-6　系统管理员登录成功后主界面

2．业务人员登录后主界面

业务人员主界面功能模块有：用户管理模块、收费管理模块、查询统计模块。业务人员登录成功后的界面如图 12-7 所示。

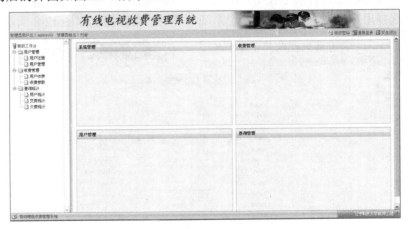

图 12-7　业务人员登录成功后主界面

在用户管理中，用户注册功能实现的关键代码为：

```
public ActionForward insert(ActionMapping mapping, ActionForm form,
HttpServletRequest       request, HttpServletResponse response) throws
Exception
{
AdminManageForm amf = (AdminManageForm)form;
long buildID =
((Admin)request.getSession().getAttribute("sessionBean")).getAdminID();
int falg = AdminManageDAO.insertAdminManage(buildID, amf, request);
if(falg > 0)
{ActionMessages errors = new ActionMessages();
errors.add("ResultMeaaage",new ActionMessage("<script>alert('添加成功！
');</script>",false));
saveErrors(request,errors);
return list(mapping, form, request, response);}
else if(falg == -1)
    {ActionMessages errors = new ActionMessages();
     errors.add("ResultMeaaage",new ActionMessage("<script>alert('账户已
存在，请更改！');</script>",false));;
     saveErrors(request,errors);
     }
    else if(falg == 0)
    {ActionMessages errors = new ActionMessages();
    errors.add("ResultMeaaage",new ActionMessage("<script>alert('系统繁忙
中,请稍候再试！');</script>",false));;
    saveErrors(request,errors);
     }
    return mapping.findForward("insert");
    }
```

12.3.3　用户管理

有线电视的用户管理分为单用户管理和集体户管理两类。用户管理主要操作有修改有线电视用户的使用状态、有线电视用户的改迁、查询操作等。通过有线电视用户管理统一界面进入，选择用户类型，进入用户管理系统，单用户管理界面如图 12-8 所示。

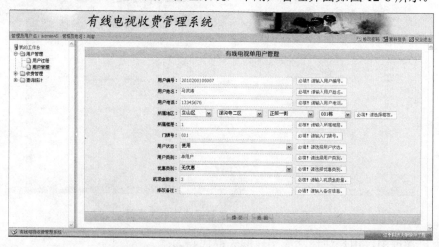

图 12-8　有线电视单用户进行信息修改主界面

有线电视的用户管理功能实现的关键代码为：

```
public class UserManageAction extends DispatchAction
{ //有线电视用户管理的统一入口
    public ActionForward entryManage(ActionMapping mapping, ActionForm form,
    HttpServletRequest request, HttpServletResponse response)
    {
    List userTypeList = DataDictDAO.getUserTypeList();
    Admin admin = (Admin)request.getSession().getAttribute("sessionBean");
    int parmFlag = ChargeManageDAO.isSetInit(admin);
    request.setAttribute("parmFlag", parmFlag);
    request.setAttribute("userTypeList", userTypeList);
    return mapping.findForward("entryManage");
    }
    //具体每个单用户的详细信息
public ActionForward singleDetail(ActionMapping mapping, ActionForm form,
HttpServletRequest request, HttpServletResponse response)
    {
    String userNum = request.getParameter("userNum"); //得到用户的编号
    UserManageForm umf = UserManageDAO.getUser(userNum);
    request.setAttribute("umf", umf);
    return mapping.findForward("singleDetail");
    }
    //管理每个具体的用户
public ActionForward userEdit(ActionMapping mapping, ActionForm form,
HttpServletRequest request, HttpServletResponse response)
    {Admin admin = (Admin)request.getSession().getAttribute
("sessionBean");
    String userNum = request.getParameter("userNum");
    List userStateList = DataDictDAO.getUserStateList();
    List preferTypeList = DataDictDAO.getPreferTypeList(admin);
    UserManageForm umf = UserManageDAO.getUser(userNum);
    request.setAttribute("userStateList", userStateList);
    request.setAttribute("preferTypeList", preferTypeList);
    request.setAttribute("umf", umf);
    return mapping.findForward("singleEdit");
    }}
```

12.3.4　收费管理

用户交费功能包括业务人员对有线电视用户的费用征收以及查看每个有线电视用户的所有交费记录。如果预交费用，就有预交费用优惠。交费记录显示出此用户从开通到当前时间所有的交费记录。当业务人员制定完收费参数后，就能进行有线电视用户收费，如图 12-9 所示。

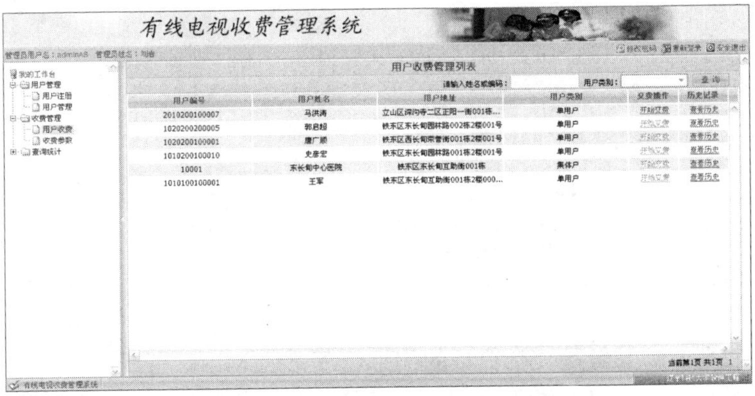

图 12-9　有线电视用户交费初始化主界面

单击"开始交费"链接，如果用户已经完成交费，系统会提示下次交费时间。如果应该交费，单击"开始交费"链接，系统后台会根据制定的收费标准自动计算此用户应交费用条目、应交费总额、实际交费总额。用户交费页面如图 12-10 所示。

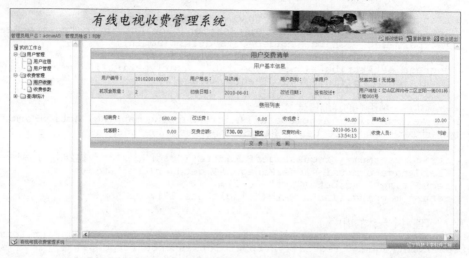

图 12-10   有线电视用户交费明细界面

收费管理中的有线电视用户交费初始化主界面及用户开始交费功能实现的关键代码为：

```
public class ChargeManageAction extends DispatchAction
{///开始交费初始化
public ActionForward chargeList(ActionMapping mapping, ActionForm form,
HttpServletRequest request, HttpServletResponse response) throws Exception
  {//得到用户编号
    String userNum = Common.conventNull(request.getParameter("userNum"));
    Admin admin =
(Admin)request.getSession().getAttribute("sessionBean");
    UserManageForm umf = UserManageDAO.getUser(userNum);
    Charge charge1 = ChargeManageDAO.isInitCharge(userNum);
    Charge charge = ChargeManageDAO.charege(admin, userNum, umf, charge1);
    request.setAttribute("charge", charge);
    request.setAttribute("umf", umf);
    return mapping.findForward("chargeList");
    }
    //有线电视收费标准明细查看
public ActionForward ruleDetail(ActionMapping mapping, ActionForm form,
HttpServletRequest request, HttpServletResponse response) throws Exception
{//long regionID = Long.parseLong(request.getParameter("regionID"));
 //通过 Session 得到登录者的对象 admin
 Admin admin = (Admin)request.getSession().getAttribute("sessionBean");
 long regionID = admin.getRegionID();
 String ruleArr[] = ChargeManageDAO.getRuleBean(regionID);
 request.setAttribute("ruleArr", ruleArr);
 return mapping.findForward("ruleDetail");
 }}
```

有线电视收费管理系统是一个典型的信息管理系统(MIS)。有线电视收费管理系统是为了在现有资源基础上，通过网络平台实现资源信息共享，更加方便灵活地进行有线电视收费管理而开发的系统。有线电视收费管理系统是基于浏览器/服务器(B/S)的体系结构设计开发，使有线电视台有线收费业务变得更加灵活，从而为有线电视台节约了有线收费运营成本。

本 章 小 结

本章主要介绍一个基于 Oracle 11g 数据库应用的有线电视收费管理系统实例。详细介绍一个有线电视收费管理系统的系统分析、数据库的设计与实现，以及应用程序的设计与开发。通过本章的学习可以清楚地掌握基于 Oracle 数据库应用的开发过程及基本技能。

习　　题

操作题

(1)　建立 Java 与 Oracle 数据库间的 JDBC 连接，并访问数据库。

(2)　在 Oracle 数据库中创建一个存储过程，尝试在应用程序中调用该存储过程。

(3)　在 Oracle 数据库中创建一个函数，尝试在应用程序中调用该函数。

(4)　在 Oracle 数据库中创建一个触发器，休息时间禁止修改数据库。

(5)　根据本章有线电视收费系统的功能描述、界面设计及主要功能实现的介绍，完成有线电视收费系统的开发。

参 考 文 献

[1] 孙风栋. Oracle 11g 数据库基础教程[M]. 北京：电子工业出版社，2014.

[2] 张凤荔，王瑛，李晓黎. Oracle 11g 数据库基础教程[M]. 北京：人民邮电出版社，2014.

[3] David C. Kreines，Brian Ladkey. Oracle 数据库管理[M]. 张玉英，译. 中国：中国水利出版社，2014.

[4] 彭晓青. MVC 模式的应用架构系统的研究与实现[M]. 北京：电子工业出版社，2013.

[5] 丁振凡. Java 语言实用教程新编版[M]. 北京：北京邮电大学出版社，2011.

[6] 丁士锋. Oracle PL/SQL 从入门到精通[M]. 北京：清华大学出版社，2012.

[7] 张宝银，杨忠民，蒋新民. Oracle 11g SQL 和 PL/SQL 编程指南[M]. 北京：清华大学出版社，2014.

[8] 李强. Oracle 11g 数据库项目应用开发[M]. 2 版. 北京：电子工业出版社，2015.